科学出版社“十三五”普通高等教育本科规划教材

景观格局空间分析技术及其应用

（第二版）

主　编　郑新奇　张春晓　付梅臣

副主编　刘东亚　胡业翠　郑敏睿

科学出版社

北　京

内 容 简 介

《景观格局空间分析技术及其应用（第二版）》仍以科学性、系统性、操作性和易读性为指导思想，以景观生态学为理论基础，在 GIS 和 Fragstats 4.2 软件支持下，首先简要介绍景观生态学的基本原理、景观类型与景观结构的基本知识；其次阐述景观格局空间分析的指标选择技巧；然后详细介绍新版 Fragstats 进行景观格局空间分析的操作方法与使用技巧；最后通过介绍近年来景观格局空间分析的新案例（包括二维平面景观、三维立体景观等对城市、农村、林业、农业等景观格局空间分析实例），来探讨景观格局空间分析技术在景观生态管理与决策支持中的应用。

本书适用于地理科学、农业科学、生态学、环境科学、土壤学、土地资源管理、国土空间规划等相关专业的学生学习，同时也可供科学研究、规划管理等科技人员参考。

图书在版编目(CIP)数据

景观格局空间分析技术及其应用/郑新奇，张春晓，付梅臣主编. —2版. —北京：科学出版社，2022.10

科学出版社“十三五”普通高等教育本科规划教材

ISBN 978-7-03-071279-0

Ⅰ. ①景…　Ⅱ. ①郑…　②张…　③付…　Ⅲ. ①景观设计-高等学校-教材　Ⅳ. ①TU983

中国版本图书馆 CIP 数据核字(2021)第 274446 号

责任编辑：文　杨　郑欣虹/责任校对：杨　赛　周思梦

责任印制：张　伟/封面设计：迷底书装

科 学 出 版 社 出版

北京东黄城根北街 16 号

邮政编码：100717

http://www.sciencep.com

北京科印技术咨询服务有限公司数码印刷分部印刷

科学出版社发行　各地新华书店经销

*

2010 年 12 月第　一　版　开本：787×1092　1/16

2022 年 10 月第　二　版　印张：15 3/4　插页：1

2024 年 12 月第三次印刷　字数：373 000

定价：89.00 元

(如有印装质量问题，我社负责调换)

第二版前言

《景观格局空间分析技术及其应用》2010 年由科学出版社出版，之后受到了广大读者的欢迎。2016 年入选中国知网首届《中国高被引图书年报》TOP3。近年来，生态文明建设、国土空间规划、土地覆被变化、人类活动影响和气候变化等成为学术研究热点，景观格局的空间分析技术受到研究人员的追捧。据不完全统计，本书在京东商城以及其他网上书店一度拍卖价格超过 600 元。由此可见，读者对该书的需求程度极高。

鉴于此，经科学出版社组织专家论证，2018 年将本书列入第三批科学出版社“十三五”普通高等教育本科规划教材。为了更好地修订本书，作者团队重新对景观格局空间分析技术的进展进行了梳理，尤其是对新版 Fragstats 和 GIS 的结合应用进展进行了分析，决定将之前的部分内容进行革新，并补充了新的研究内容，如丰富了景观指数选择、二维景观格局分析和三维景观格局分析等内容。这些内容的修订和补充结合了我们的工作总结及同行专家的指导，经过两年的探索我们完成了《景观格局空间分析技术及其应用（第二版）》，第二版进一步强化了关键知识、关键技术和关键技巧等，希望为读者提供更多参考或指导。

本书是我们团队合作的结果。原计划 2019 年正式修订完成出版，但 2019 年底突发新冠疫情，导致 2020 年底才完成修订工作。具体工作分工：第 1 章和第 2 章由付梅臣、张雷撰稿；第 3 章和第 4 章由张春晓、姚慧、刘院闯撰稿；第 5 章和第 6 章由唐宽金、任利伟、孟令娜、郑新奇、王海廷、张镨元撰稿；第 7 章和第 8 章由胡业翠、郑敏睿、李天乐撰稿；第 9 章由唐宽金、郑新奇、肖子威撰稿；第 10 章由刘金花、郑新奇、张国鹏撰稿；第 11 章由林慧、郑新奇、朱邦仁撰稿；第 12 章由李小敏、郑新奇撰稿。全书由张春晓、刘东亚、郑敏睿统稿，由郑新奇、张春晓定稿。

本次修订倾注了作者们大量的心力，但限于知识面和专业领域，书中可能仍然存在较多不足，敬请读者批评指正。

郑新奇　张春晓

2020 年 12 月

第一版前言

景观生态学是一门新的交叉学科，在过去二三十年间得到了飞速的发展。空间格局、生态过程与尺度之间的相互作用是景观生态学研究的核心问题之一。空间格局、空间结构以及地理现象在时间和空间上的动态演变也是地理学研究的核心问题。景观格局是景观异质性在空间上的综合表现，是人类活动和环境干扰促动下的结果。现代景观格局的形成通常不再是单一的自然干扰所致，而往往是自然过程与人文因素共同作用的结果。由于自然因素与人文社会经济的影响，土地利用结构及土地资源的质量不断发生变化，从而影响区域生态环境和全球环境的变化。分析研究区域土地利用变化过程、规律及驱动因素，了解景观格局的形成原因与作用机制，明确景观格局演变对生态系统的影响，能够让人类审视与重新规划其对自然的行为，为合理的开发自然资源，保护生态环境，推动自然经济社会的良性发展和调控人类行为提供科学的决策依据。

景观格局是一定社会形态下的人类活动和经济发展的状况直接反映。土地景观格局的复杂程度与社会的发展阶段是紧密联系的，人口增加、社会重大变革或国家政策变化都会在土地景观格局上表现出来。随着全球环境变化和土地利用/土地覆盖变化的日益加剧，产生了全球、区域、局地等不同尺度的景观生态响应，这其中以土地景观的变化最为典型。1993 年国际地圈生物圈计划（IGBP）和国际全球变化人文因素计划（IHDP）共同发起对土地利用与全球土地覆被变化的研究。在 IGBP 和 IHDP 的推动下，土地利用/覆被研究成为全球变化研究的热点。全球土地计划（GLP）是 IGBP/IHDP 联合发起的土地利用与土地覆被计划（LUCC）的后续。GLP 是当前国际全球环境变化 4 个核心研究计划（水系统、碳、食物、土地）之一，其核心目标是：量测、模拟和理解人类-环境耦合系统。因此，很多学者开始关注景观生态学在土地利用变化研究中的应用，土地景观格局研究已成了景观生态学、土地科学、全球变化研究领域中的热点问题。据不完全统计，关于土地景观格局方面已发表中文成果自 2000 年的十几篇，增加到 2008 年的过百篇。

随着土地景观格局变化研究内容的深入，土地景观格局的研究方法已由最初的定性描述发展到定量分析和空间分析技术与数学模型相结合的定量表征。也就是说，现代土地景观格局的研究越来越依赖空间分析技术。空间分析技术可以为研究土地景观格局的变化提供坚实的基础。基于地统计学的土地景观指数模型和动态变化模型则为定量分析景观格局变化提供了强有力的工具，基于元胞自动机、遗传算法、粒子群模型等与景观格局量化指标结合为土地景观格局研究拓宽了新的视野。但是，目前比较常用的土地景观格局研究的主要空间分析技术是地理信息系统和 Fragstats 的结合，以及在此基础上的扩展。对应用中遇到的一些景观格局分析非常基础的和敏感的问题，如景观指数的选择、景观尺度、粒度的确定等，缺乏专门的系统研究。

经过几年的探索，结合我们的工作总结，在同行专家的不断指导和启发下，我们共同撰写了《景观格局空间分析技术及其应用》，旨在通过关键知识、关键技术、关键技巧等的归纳和总结，给读者提供参考或指导。

本书是团队合作的结果。具体工作分工是：第 1 章、第 2 章由付梅臣撰稿，第 3 章、第 4 章、第 7 章由张春晓、郑新奇、姚慧撰稿，第 5 章、第 6 章由王娇、郑新奇、李小敏、唐宽金、任利伟、孟令娜撰稿，第 8 章由胡业翠撰稿，第 9 章、第 10 章、第 11 章由林慧、郑新奇、唐宽金撰稿，第 12 章由林慧、郑新奇撰稿。全书由郑新奇定稿。

由于作者水平和资料限制，书中可能存在各种各样的不足，敬请读者批评指正。如果阅读本书能给您的工作、学习等提供哪怕些许的帮助，我们也将甚感欣慰。

郑新奇

2010 年 8 月

目　录

第 1 章　景观格局空间分析概述

1.1　景观生态学概述

1.1.1　景观和景观生态学的定义

景观生态学中的景观将地理学家采用的表示空间的“水平”分析方法和生态学家使用的表示功能的“垂直”方法结合了起来。在生态学中，景观的定义可概括为狭义景观和广义景观两种。狭义景观是指在几十至几百千米范围内，由不同类型生态系统所组成的具有重复性格局的异质性地理单元；反映气候、地理、生物、经济、社会和文化综合特征的景观复合体称为区域。狭义景观和区域即人们通常所指的宏观景观；广义景观则包括从微观到宏观不同尺度上的、具有异质性或斑块性的空间单元。广义景观概念强调空间异质性，景观的绝对空间尺度随研究对象、方法和目的而变化。它体现了生态学系统中多尺度和等级结构的特征，有助于多学科、多途径研究（邬建国，2000）。

景观生态学（landscape ecology）最简单的表述是研究景观结构、功能和动态的一门新兴学科。简而言之，景观生态学是研究景观单元的类型组成、空间配置及其与生态学过程相互作用的综合性学科，其强调空间格局、生态学过程与尺度之间的相互作用，也是景观生态学研究的核心所在。景观生态学是地理学、生态学系统论以及控制论等多学科交叉渗透而形成的一门新的综合学科。

1.1.2　景观生态学发展简史

景观生态学起源于欧洲，早在 19 世纪中叶，近代地理学先驱亚历山大•洪堡就提出“景观是地球上一个区域的总体”，应研究地球各种自然现象的相互关系，将“景观”引入了地理学，并提出景观是地理学的中心问题。但由于相关领域知识累积不足，他的这种思想在当时并未得到普遍认识（余新晓等，2006）。19 世纪中叶至 20 世纪 30 年代，不断有学者致力于对景观概念的探索，因此生态学得到了长足发展，这个阶段也可以称为景观生态学的萌芽阶段（郭晋平和周志翔，2007）。

景观生态学的发展历史可以追溯到 20 世纪 30 年代。德国地理学家卡尔•特罗尔（Carl Troll）于 1939 年首先将景观学和生态学概念结合起来，创造了“景观生态学”一词，首次用“景观生态”这一术语来表示支配一个地区不同地域单位的自然-生物综合体的相关分析。基于欧洲区域地理学和植被科学的研究，特罗尔将景观生态学定义为研究某一景观中生物群落之间错综复杂因果反馈关系的学科。特罗尔特别强调，景观生态学是将航空摄影测量学、地理学和植被生态学结合在一起的综合性研究。特罗尔对景观生态研究内容与特点的阐述，对使景观生态学成为一门独立的学科起到了关键性作用。同一时期，生物群落学（biocoenology）在苏联生态学中发展起来，其内容与欧洲早期的景观生态学相似。欧洲景观生态学的一个重要特点是强调整体论（holism）和生物控制论（biocybernetics）观点，并以人类活动频繁的景观系统为主要研究对象。因此，景观生态学在欧洲一直与土地和景观的规划、管理、保护和恢复密切相关。

第二次世界大战后，人类面临资源、环境、人口、粮食等越来越多的大尺度生态危机，这使人们不得不对生态问题加以重视。许多国家开展了土地资源的调查、研究、开发和利用，加上这一时期遥感技术和计算机技术的高速发展，客观上为景观生态学作为一门新学科提供了前所未有的机遇。

20 世纪 80 年代后，景观生态学进入蓬勃发展时期。1982 年在捷克斯洛伐克召开的第六届景观生态学国际学术讨论会上，成立了国际景观生态学会（International Association for Landscape Ecology，IALE），标志着景观生态学进入新的发展阶段。学会的成立进一步推动了学术活动的开展，越来越多的国家接受景观生态学思想，开展了景观生态学研究。景观生态学理论和方法的教学也从中欧扩散到世界其他国家。1995 年在法国举行的国际景观生态学大会由来自 35 个国家的 250 余人参加。此后，景观生态学的发展主要集中在以积极采用新技术与新方法进行景观生态学的应用研究阶段。

北美景观生态学直到 20 世纪 80 年代初才开始逐渐兴起，严重滞后于欧洲。1981 年荷兰景观生态学会在荷兰费尔德霍芬（Veldhoven）举办了国际景观生态学会议，届时美国只有 5 位参会者。此后，北美景观生态学迅速发展。1981～1983 年，理查德·福尔曼（Richard Forman）通过一系列文章介绍了欧洲景观生态学的一些概念，并强调了景观生态学与其他生态学科的不同，它是着重研究较大尺度上不同生态系统的空间格局和相互关系的学科，提出了“斑块-廊道-基质”（patch-corridor-matrix）模式。1983 年在美国伊利诺伊州召开的景观生态学研讨会是北美景观生态学发展过程中最重要的里程碑之一。此次会议出版的综论就当时景观生态学发展现状和存在的问题进行了分析，提出了空间异质性和尺度的景观生态学定义，而且对景观生态学的研究内容和方法作了较为系统的阐述。美国独特的自然地理景观、雄厚的生态学研究基础以及对自然与环境资源的重视，促进了以自然景观为主，侧重研究景观生态学过程、功能及变化的研究特色的形成，将系统生态学和景观综合整体思想作为景观生态研究的基础，致力于建立和完善景观生态学的基本理论和概念框架，并逐渐形成了较为完整的学科体系。

与欧洲景观生态学的地理学起源不同，北美景观生态学明确强调了空间异质性的重要性。北美的景观生态学家着重于理论的研究，对计算机技术、数学模型、遥感及 GIS 等在景观生态学中的应用极为偏爱，欲建立理论与实际应用的桥梁。自 20 世纪 80 年代后期景观生态学在北美的兴起，很大程度上促进了整个生态学科在理论、方法和应用等方面的长足发展。

由此可见，景观生态学在欧洲和北美的起源和发展均有显著的不同。图 1.1 反映了欧洲和北美景观生态学的起源、发展和学科特点，以及两者之间的相互关系。

景观生态学在中国的起步较晚，但近年来的发展还是引人注目的，且颇具自身特色。20 世纪 80 年代初以来，我国许多学者对生态建设与生态工程投注了极大的热情。1981 年，《地理科学》发表了黄锡畴的《德意志联邦共和国生态环境现状及其保护》一文，同期还发表了刘安国的《捷克斯洛伐克的景观生态研究》，这是国内首批介绍景观生态学的文献。1983 年，林超在《地理译报》上发表了两篇译文，一篇是卡尔·特罗尔的《景观生态学》，一篇是纳夫的《景观生态学发展阶段》。1985 年，陈昌笃在《植物生态学与地植物学丛刊》发表《评介 Z.纳维等著的〈景观生态学〉》一文，这是国内首次对景观生态学理论问题的探讨。1986 年，

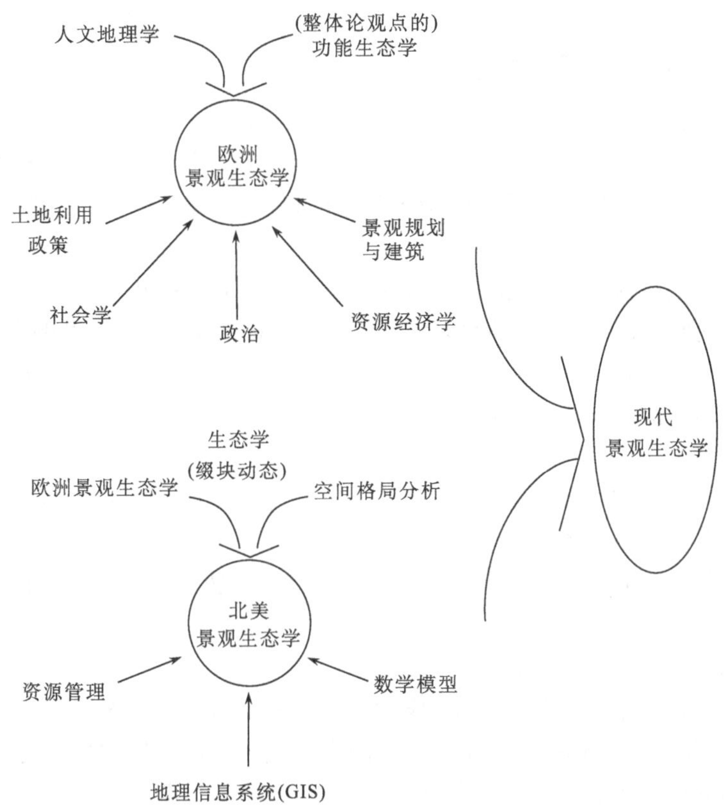

图 1.1　欧洲和北美景观生态学发展特点及关系（据邬建国，2000）

景贵和在《地理学报》发表了《土地生态评价与土地生态设计》，这是国内景观生态规划与设计的第一篇文献。1988 年，李哈滨在《生态学进展》发表了《景观生态学——生态学领域里的新概念构架》一文。同年的《生态学杂志》分别发表了金维根的《土壤资源研究与景观生态学》和肖笃宁等的《景观生态学的发展与应用》。1989 年，中国科学院沈阳应用生态研究所牵头召开我国第一届景观生态学大会，并成立了中国的景观生态学会。1990 年，肖笃宁主持翻译了理查德·福尔曼和米切尔·戈登（Michel Godron）的《景观生态学》一书。此后，《景观生态学》（徐化成，1996）、《景观生态学——格局、过程、尺度与等级》（邬建国，2000）、《实用景观生态学》（赵羿和李月辉，2001）、《景观生态学原理及应用》（傅伯杰等，2001）、《景观生态学》（肖笃宁等，2003）、《景观生态学——原理与方法》（刘茂松和张明娟，2004）、《景观生态学》（余新晓等，2006）、《景观生态学实践与评述》（李建新，2007）、《景观生态学》（郭晋平和周志翔，2007）等相继出版。与此同时，有关城市景观、农业景观、景观模型等方面的研究结论也相继发表，《国际景观生态学研究新进展》（傅伯杰等，2008）、《海绵城市规划及景观生态学启示》（睢晋玲等，2017）、《山地景观生态学研究进展》（王根绪等，2017）、《基于无人机航测的漯河市土地利用景观格局尺度效应》（汪桂芳等，2018）、《景观生态学三维格局研究进展》（张楚宜等，2019）、《区域生态学的特点、学科定位及其与相邻学科的关系》（陈利顶等，2019）等成果的发表充分显示了我国学者的探索精神。经过三十多年的发展，我国已在景观生态学领域取得了较丰硕的研究成果。然而，从总体上来讲，我国景观生态学尚缺乏系统的、跨尺度和多尺度的理论和实际研究。

1.1.3 景观生态学研究对象和内容

景观要素构成景观，各景观要素在景观上的组合特征受到各种生态过程及资源格局的影响，景观构型对景观中各种生态过程（如物质能量的流动、物种迁移扩散和定居格局等）都有重要影响。揭示景观结构特征、景观功能特征及景观动态规律是景观生态学的重要研究内容。

（1）景观结构

景观结构即景观组成单元的类型、多样性及其空间关系。例如，景观中不同生态系统（或土地利用类型）的面积、形状和丰富度，它们的空间格局能量、物质和生物体的空间分布等，均属于景观结构特征。景观的结构特征是景观发生过程中各种生态过程综合作用的结果，这种发生在景观边界内的生态机制规定了景观的相应特征。

（2）景观功能

景观功能即景观结构与生态学过程的相互作用，或景观结构单元之间的相互作用。这些作用主要体现在各类生态客体（能量、物质、信息和生物有机体）在景观镶嵌体中的运动过程，具体表现为景观中的各种生态客体流根据景观结构与功能原理，景观的功能与景观的结构紧密相关。

（3）景观动态

景观动态即指景观作为一个开放式的耗散系统，在组成、结构和功能方面随时间而不断变化。具体来讲，景观动态包括景观结构单元的组成成分、多样性、形状和空间格局的变化，以及由此导致的能量、物质和生物在分布与运动方面的差异。景观动态的研究主要集中在景观的发生、景观状态与干扰的关系、景观的变化梯度、景观时间动态特征以及景观稳定性等方面，景观动态研究是认识与管理景观的基础。

邬建国（2000）把景观生态学的 3 个基本研究内容用图做了形象的表示，并指出景观的结构、功能和动态是相互依赖、相互作用的（图 1.2）。事实上，无论在哪一个生态学组织层

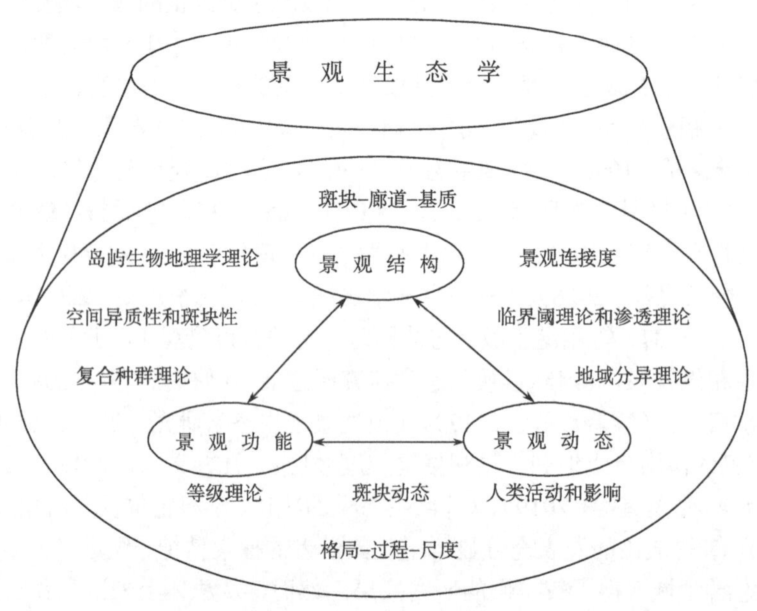

图 1.2 景观生态学研究的主要对象、内容及一些概念和理论（据邬建国，2000）

次（如种群、群落、生态系统或景观）上，景观结构与景观功能都是相辅相成的。结构在一定程度上决定功能，而结构的形成和发展又受功能的影响。通过对景观结构的优化，调整景观要素的时空格局，是人们利用景观功能最直接也是最自然的过程。例如，一个由不同森林生态系统和湿地系统组成的景观，在物种组成、生产力以及物质循环等方面都会明显不同于另一个以草原群落和农田为主体的景观。即使组成景观的生态系统类型相同，数量也相当，它们在空间分布上的差别也会对能量流动、养分循环、种群动态等景观功能产生明显的影响。景观结构和景观功能都必然会随时间发生变化，而景观动态反映了多种自然的、人为的、生物的和非生物的因素及其作用的综合影响。

1.2　景观生态学基本原理

景观生态学作为一门新兴的交叉学科，其理论体系正在不断发展，学者从不同的学科基础出发，采用不同的观点和方法，对不同类型的景观进行研究，为建立和完善生态学理论体系做出了重要贡献，使景观生态学逐步走向成熟。

本书在归纳综合众多学者研究成果的基础上，结合今后景观生态学发展的各个方向，列述了以下 9 条基本原理。

1.2.1　景观整体性与异质性原理

景观整体性和异质性是景观生态学研究的基础。

来自不同学科背景的景观生态学学者虽然使用不同的方法解决了不同的问题，但他们面临的研究对象是一致的，即景观系统。景观是由景观要素有机联系组成的复杂系统，含有等级结构、具有独立的功能特性和明显的视觉特征，并且是具有明确边界和可变式的地理实体。对景观系统整体性的认识是景观生态学得以整合的理论基础。从整体性角度出发研究景观系统结构、功能与变化，通过结构分析、功能评价及动态监测，并集中结构与功能关系的研究，从而构建健康的景观系统。

景观异质性理论主要包括三方面：①异质性的一般定义是“由不相关或不相似的组分构成的”系统。景观由异质要素组成，是景观的结构特性。景观异质性主要来源于自然干扰、人类活动和植被的内源演替，体现在景观的空间结构变化及时间变化。②包括空间组成（类型、数量、比例等）、空间结构（空间分布、大小、形状、连接度等）、空间相关三部分内容。空间异质性是景观中生态客体间不均匀分布的结果，景观格局是其具体体现。景观生态学中的格局一般指空间格局，即斑块和其他组成单元的类型、数目以及空间分布与配置等。③景观异质性的层域关联及实际意义。景观生态学强调空间异质性的层域特征，即某一层域的异质空间内部，比其小一层域的空间单元可视为是同质的。研究的空间单元面积增大，其内部的景观异质性增加，而各个单元内所组成的景观异质性降低（苏伟忠和杨英宝，2007）。

1.2.2　景观生态学研究的尺度性原理

尺度一般是指对某一研究对象或现象在空间上或时间上的量度，可用分辨率或范围来描述。景观生态学的研究从空间、时间角度看，一般对应中尺度的范围，即从几平方千米到几百平方千米，从几年到几百年。特定的问题必然对应着特定的时间与空间尺度，一般需要在更小的尺度上揭示其成因机制，在更大的尺度上综合变化过程，并确定控制途径。在一定的时间和空间尺度上得出的结论不能简单地推广到其他尺度上。

格局与过程研究的时空尺度化是当代景观生态学研究的热点之一，尺度分析和尺度效应对于景观生态学研究具有重要意义。尺度分析一般是指将小尺度上的斑块格局经过重新组合从而在较大尺度上形成空间格局的过程，同时伴随着斑块形状规则化和景观异质性的减小（肖笃宁，1991）。尺度效应表现为随尺度的增大，景观出现不同类型的最小斑块，且最小斑块面积逐步减少。由于景观尺度上进行控制性试验代价高昂，人们越来越重视景观尺度外推或转换技术，试图建立景观模型和应用地理信息系统（GIS）技术，根据研究目的选择最佳研究尺度，把不同尺度上的研究成果推广到其他不同尺度。然而尺度外推涉及如何穿越不同尺度生态约束体系的限制，并且不同时空尺度的聚合会产生不同的估计偏差，信息总是随着粒度或尺度的变化而逐步损失，信息损失的速率与空间格局有关。因此，尺度外推或转换技术也是景观生态学研究中的一个热点和难点。

时空尺度具有对应性和协调性，通常研究的地区越大，相关的时间尺度就越长。生态系统在小尺度上常表现出非平衡特征，而大尺度上表现为平衡态特征，景观系统常常可以将景观要素的局部不稳定性通过景观结构加以吸收或转化，使景观整体保持动态镶嵌稳定结构（傅伯杰等，2001）。例如，大兴安岭的针叶林景观经常发生弱度的地表火，火烧轮回期约为 30 年，这种林火干扰形成的粗粒结构，火烧迹地斑块的平均大小与针叶林地斑块的平均规模 40～50hm^2 相接近。在这种林火干扰的情况下，大兴安岭落叶松林景观仍可保持大尺度上的生态稳定结构。可见，系统的尺度性与系统的可持续性密切相关，小尺度上某一干扰事件可能会导致生态系统出现激烈波动，而在大尺度上这些波动可通过各种调节反馈过程被吸收或转化，可以为系统提供较大的稳定性。

大尺度空间过程包括土地利用、土地覆盖变化、生境破碎化、引入种的散布、区域性气候波动和流域水文变化等，其对应的时间尺度是人类的世代（几十年），即“人类尺度”。大尺度空间是分析景观建设和管理对景观生态过程影响的重要视角。

1.2.3　景观生态流与空间再分配原理

在景观各要素间流动的物质、能量、物种和其他信息被称为景观生态流。生态流是景观生态过程的具体体现。不同性质的生态流可能有不同的发生机制，但经常是几种流同时发生。受景观格局的影响和控制，景观格局的变化必然伴随着物种、养分和能量的流动和空间再分配，也就是景观再生产的过程。

物质运动过程总是伴随着一系列的能量转化或转移，它需要通过克服景观阻力实现对景观的控制。斑块间的物质流可视为在不同能级上的有序运动，斑块的能级特征由空间位置、物质组成、生物因素以及其他环境参数决定。景观生态流的动态过程表现为聚集和扩散两种趋势，都属于跨生态系统间流动。

景观中的生态流直接导致景观中能量、养分和物种的再分配。景观中能量、养分和物种主要通过 5 种媒介或传输机制（即风、水、飞行动物、地面动物和人）从一种景观要素迁移到另一种景观要素。

景观水平上的生态流有扩散、传输和运动 3 种驱动力。首先是扩散，它与景观异质性有密切联系，是一种类似热力学分子扩散的随机运动过程。扩散是一种低能耗的过程，仅在小尺度上起作用，并使景观趋向于均质化的主要动力。其次是传输（物质流），即物质沿能量梯度下降方向的（包括景观要素的边界和景观梯度）流动，是物质在外部能量推动下的运动过程，其运动的方向比较明确，如水土流失过程；传输是景观尺度上物质、能量和信息流动的主要作用力，如水流的侵蚀、搬运与沉积是景观中最活跃的过程之一。最后是运动，即物质（主要是动物）通过消耗自身能量在景观中实现的空间移动，是与动物和人类活动密切相关的生态流驱动力，这种迁移最主要的生态特征是使物质、能量在景观中维持高度聚集状态。总之，扩散作用形成最少的聚集格局，物质流居中，而运动可在景观中形成最明显的聚集格局（肖笃宁等，2003）。因此，在无任何干扰时，森林景观生态演化使其水平结构趋于均质化，并且垂直分异得到加强。在这些过程中，景观要素的边际带可起到半透膜的作用，对通过边际带的生态流进行过滤，从而对生态流的性质、流向和流量等产生重要影响。

1.2.4 景观结构镶嵌性原理

景观和区域的空间异质性有两种表现形式，即梯度与镶嵌。镶嵌性在自然界普遍存在，是研究对象聚集或分散的特征，在景观中形成明确的边界，使连续的空间实体出现中断和空间突变。因此，景观镶嵌性是比景观梯度更加普遍的景观属性。理查德•福尔曼所提出的“斑块-廊道-基质”就是对景观镶嵌性的一种理论表述。

景观斑块是地理、气候、生物和人文等要素所构成的空间综合体，具有特定的结构形态和独特的物质、能量或信息输入与输出特征。斑块的大小、形状和边界，廊道的曲直、宽窄和连接度，基质的连通性、孔隙度、聚集度等，构成了景观镶嵌特征丰富多彩的变化格局。

景观镶嵌格局即景观的“斑块-廊道-基质”的组合或空间格局，是景观生态流的性质、方向和速率的主要决定因素，同时景观的镶嵌格局本身也是景观生态流的产物，即由景观生态流所控制的景观再生产过程的产物。因此，景观的结构和功能、格局与过程之间的联系与反馈是景观生态学研究的重要课题（郭晋平和周志翔，2007）。

1.2.5 景观的文化性原理

景观是人类活动的场所，景观的属性与人类活动密不可分，因此景观并不是一种单纯的自然综合体，往往由于人类不同的活动方式而带有不同的文化色彩。欧洲很早就有自然景观与文化景观之分。景观作为人类活动的场所会对生活在其中人们的生活习惯、自然观、生态伦理观、土地利用方式等文化特征产生直接影响，即“一方水土养一方人”。

景观生态学较偏向研究人类活动对景观的广泛影响，即把人类的行为包含在生态系统中。人类对景观的感知、认识和价值取向直接作用于景观的空间格局和外貌。因此，不同的景观属性可以反映出不同地区人们的文化价值观。

按照人类活动的影响程度可将景观划分为自然景观、管理景观和人工景观，可将管理景观和人工景观等附有人类文化或文明痕迹或属性的景观合称为文化景观。

文化景观实际上是人类文明景观，是人类活动方式或特征给自然景观留下的文化烙印，反映着景观的文化特征和景观中人类与自然的关系。大量的人工建筑物，如城市、工矿和大型水利工程等自然界原先不存在的景观要素，完全改变了景观的原始外貌，人类成为景观中主要的生态组分，是文化景观的特征。这类景观多表现为规则化的空间布局、高度特化的功能，依靠高度能量流和物质流维持着景观系统的基本结构和功能，因此文化景观的生态研究不仅涉及自然科学，更需要人文科学的交叉和整合（余新晓等，2006）。

1.2.6　景观的人类主导性原理

同其他自然系统一样，景观系统的宏观运动过程是不可逆的。系统通过从外界环境引入负熵而提高有序性，从而实现系统的进化或演化。

景观演化的动力机制包括自然干扰和人为活动两个方面，由于人为活动对景观影响的普遍性与深刻性，在作为人类生存环境的各种景观中，人为活动对景观演化起着明显的主导作用。人类通过对景观变化方向的改变和对变化速率的调控，可以使景观实现定向演化和持续发展。

在人为活动对生物圈的持续作用中，景观破碎化是重要表现之一。它不仅会导致生物多样性的降低，而且会影响景观的稳定性。通常人们将人为活动对于自然景观的影响称为干扰，对管理景观的影响，由于人为活动的定向性和深刻性，应称之为改造，而对人工景观的影响更是决定性的，可称之为构建。在人和自然界的关系上存在建设和破坏两个方面，共生互利才是理想的发展方向。

应用生物控制共生原理进行景观生态建设是景观演化中人类主导性的积极体现（景贵和，1986）。景观生态建设是指在一定地域、生态系统，适用于特定景观类型的生态工程，它以景观单元空间结构的调整和重新构建为基本手段，改善受胁迫或受损生态系统的功能，提高其基本生产力和稳定性，将人为活动对于景观演化的影响导入良性循环。

景观稳定性取决于景观空间结构对于外部干扰的阻抗和景观受干扰后恢复能力。其中景观系统所承受人为活动作用的阈值称为景观生态系统承载力。景观系统的演化总是符合一定的规律，人为活动打破自然景观中原有的生态平衡，放大了干扰，改变了景观演化的方向，并产生新的生态平衡，重新实现景观的有序化。人为活动对生态环境的影响效果可分为有序和无序两种，前者才是我们追求的方向，也是景观生态学研究的目标。

1.2.7　景观多重价值原理

景观由不同土地单元镶嵌组成，具有明显视觉特征的地理实体，兼具经济、生态和美学价值，这种多重性价值判断是景观规划和管理的基础。

景观的经济价值主要体现在生物生产力和土地资源开发等方面，景观的生态价值主要体现在生物多样性和环境功能等方面。景观的经济价值和生态价值已经研究得十分清楚，而景观美学价值却是一个范围广泛、内涵丰富、比较难确定的问题。随着时代的发展，人们的审美观也在不断变化，没有确定的标准。价值优化是管理和发展的基础，景观规划和设计应以创建宜人景观为中心。景观的宜人性可理解为比较适宜人类生存、走向生态文明的人居环境，包含景观通达性、建筑经济性、生态稳定性、环境清洁度、空间拥挤度、景色优美度等（郭晋平和周志翔，2007）。景观设计特别重视景观要素的空间关系，如形状和大小、密度和容量、连接和隔断、区位和层序等，与它们所含的物质和自然资源质量同样重要。

1.2.8　景观结构与功能关系原理

景观结构是生态客体在景观中异质性分布的结果，景观中生态客体的运动将直接导致景观结构的变化。景观结构一旦形成，构成景观要素的大小、形状、类型、数目及外貌特征对生态客体的运动特征将产生直接或间接的影响，从而影响景观的功能（刘茂松和张明娟，2004）。

景观生态学中的景观结构与格局有所区别，景观结构包括景观的空间特征和非空间特征（如景观要素的类型、面积比率等），景观格局一般是指其空间格局，即大小和形状各异的景观要素在空间上的排列和组合，包括景观单元的类型、数目及空间分布与配置。但现阶段的许多景观生态学文献中往往不再区分景观格局和景观结构之间的概念差异。

景观的功能与结构相辅相成，实现一定的景观功能需要有相应景观结构的支持，同时受景观结构特征的制约，而景观结构的形成和发展又受到景观功能（生态流）的影响。

1.2.9 景观格局与过程关系原理

景观格局一般是指空间格局，即大小和形状各异的景观要素在空间上的排列和组合。景观格局是景观异质性的具体体现，又是各种生态过程在不同尺度上作用的结果，已形成的景观格局对过程或生态流具有控制作用。这就是景观格局与过程之间的基本关联。景观单元间的空间组合对通过其中的生态流具有重要影响，内部流在一定程度上决定单元的个体行为，而空间组合则影响整体景观的水平过程，认识这种相互关系有助于对景观生态过程的理解。

景观格局与过程关系大多是复杂的，表现为非线性关系、多因素综合反馈、时滞效应及一种格局对应多种过程的现象等，是景观生态学研究的焦点和难点。景观空间格局的不同形态与组合的生态学意义不同，关于这些景观格局与过程的关系原理，理查德·福尔曼和米切尔·戈登先后提出了一些景观生态学的一般原理，在此基础上，查姆斯塔德按斑块、边缘、廊道和连接度、镶嵌体四个部分总结了 55 个比较明确而具体的景观结构特征与功能关系的原理。

（1）斑块原理：①斑块大小。边缘生境和边缘种原理；内部生境和内部种原理；大斑块效益原理；小斑块效益原理。②斑块数目。生境损失原理；符合种群动态原理；大斑块数量原理；斑块群生境原理。③斑块位置。物种绝灭率原理；物种再定居原理；斑块选择原理。

（2）边缘原理：①边缘结构。边缘结构多样性原理；边缘宽度原理；行政边界和自然生态边界原理；边缘过滤原理；边缘陡坡原理。②边界形状。自然和人工边缘原理；平直边界和弯曲边界原理；和缓与僵硬边界原理；边缘曲折度和宽度原理；凹陷和凸出原理；边缘种和内部种原理；斑块与机制相互作用原理；最佳斑块形状原理；斑块形状和方位原理。

（3）廊道和连接度原理：①廊道和物种运动。廊道功能的控制原理；廊道空隙影响原理；结构与区系相似原理。②踏脚石。踏脚石连接度原理；踏脚石间距原理；踏脚石消失原理；踏脚石群原理。③道路和防风林带。道路及另外的槽形廊道原理；风蚀及其控制原理。④河流廊道。河流廊道和溶解物原理；河流主干道廊道宽度；河流廊道宽度；河流廊道连接度原理。

（4）镶嵌体原理：①网络。网络连接度和环回度原理；环路和多选择路线原理；廊道密度和网孔大小原理；连接点效应原理；连接小斑块原理；生物传播和相连小斑块原理。②破碎化和格局。总生境和内部生境损失原理；分形斑块原理；市郊化、外来种和保护区原理。③层域粗细。镶嵌体粒度粗细原理；动物对破碎化层域的感观原理；确限种和广布种原理；多生境种的镶嵌格局原理（苏伟忠和杨英宝，2007）。

1.3 3S 技术与景观格局分析

随着科学技术的发展，3S 技术在景观生态学中逐渐广泛应用。3S 技术是指对地观测的三种空间高新技术系统即地理信息系统（GIS）、遥感（RS）和中国北斗卫星导航系统（BeiDou navigation satellite system，BDS）或者美国全球定位系统（global positioning system，GPS）等全球导航卫星系统（global navigation satellite system，GNSS）。现代高新技术在景观生态学中的应用，对推动景观生态学的发展具有重要作用。下面介绍几种 3S 技术在景观格局分析中的应用（卜耀军等，2005）。

1.3.1 GIS 在景观格局分析中的应用

GIS 是集地球科学、环境科学、信息科学、计算机科学、管理学等学科于一体的边缘科学。它是在计算机软件、硬件平台支持下，以地理空间数据库为基础，对空间相关数据进行收集、管理、提取、分析、模拟和显示，运用地理模型提供多种空间和动态地理信息（刘茂松和张明娟，2004）。在景观生态研究中，GIS 除用于收集和管理景观数据外，还用于进行景观空间格局的分析与描述、景观时空变化动态分析与模拟、景观优化设计与管理，以及结合 RS 技术对景观信息进行自动采集、分析，进行景观图及各类专题图的绘制等（傅伯杰等，2001）。一些学者运用 GIS 手段，对景观格局进行了实地测试研究，并取得了可喜的成绩。

在森林景观格局分析方面，钱乐祥和陈云增（2000）以 GIS 为支撑手段，开发了空间信息数据库以记录分析福建植被景观的斑块、不规则性及景观总体特征。研究表明，地形复杂性与人类干扰是控制景观生态系统功能（如水土运动、降水、温度）、生物多样性和土壤水分有效性的主要物理参数，计算的景观综合特征概括反映了这两种物理参数的影响。人工植被（特别是水田）的结构形状也较为合理地与地形条件相适应，从分维和伸长指数看，南亚热带雨林和中亚热带常绿阔叶林都只有低的分维数和简单的几何形状，两者与地形条件和其他景观类型格局的形状复杂性明显不同。由此表明，人类活动产生的环境破坏对这两类地带性景观格局产生了深刻的影响。郭晋平等（1999）在 Arc/Info 软件系统支持下，应用 GIS 技术结合景观生态学原理，从侧面对关帝山林区森林景观空间分布格局进行了分析研究，提出了一套适用于森林景观空间格局分析的方法和指标，揭示了研究地区森林景观空间分布动态的基本规律。臧淑英等（2000）以大兴安岭林区塔源林场的森林资源为对象，采用 GIS 技术对该地区森林资源现状结构进行了分析，生成森林资源保护作业区划图，分别绘制了与采伐、抚育更新造林等信息相对应的多层专题图。将这些专题图与保护作业区划图进行叠加分析，分析表明了 1996～1998 年该地区森林资源可持续利用的空间格局，为森林资源保护与管理提供了科学依据。李明阳（1999）以森林资源调查的森林分布图和固定样地资料作为主要信息源，以 Arc/Info 作为空间信息处理工具，采用平均斑块面积、形状指数、连接度、分数维、积聚系数、稳定度 6 个评价指标分析了 1983～1994 年浙江临安森林景观格局的变化。研究表明，以森林资源调查得到的成果作为主要信息源进行森林景观格局分析，能为景观生态学的理论应用于林业生产实践开辟一条崭新的途径（李明阳，1999；马克明和傅伯杰，2000）。贾宝全等（2001）以新疆石河子莫索湾垦区为例，用 Arc/Info 软件进行数字化，再经编辑作为分析用图件，从景观多样性、优势度、均匀度、分离度、分维数、嵌块体伸长指数等 9 个方面，对景观格局进行了分析。周梦遥等（2018）以福建天宝岩自然保护区为例，通过空间直观景观模型 LANDIS Pro 7.0 模拟了福建天宝岩国家级自然保护区 2016～2018 年的森林景观演变，采用 Fragstats 3.3 景观格局分析软件分析了树种的面积变化、分维度、多样性指数、景观聚集度，以及各个树种在模拟时间内的龄级组成。研究结果表明，天宝岩森林景观的演替会基于一定的规律向顶级群落常绿阔叶林演替；柳杉林、毛竹林及马尾松林在群落中会随时间的推移被逐渐取代；相反，杉木林、长苞铁杉林和猴头杜鹃林在演替时段内表现出良好的发展趋势。

在国土整治及生态建设方面，GIS 常用于国土资源调查、国土开发、国土规划，在景观生态结构、生态演替模拟、生态评价等景观生态管理方面发挥着较好的作用（王宪成，2000；党安荣等，2000；郭旭东等，2000）。王铁成等以无锡市马山和山东省无棣县为例，基于 GIS 进行了土地质量综合评价，为优化土地配置提供了科学依据，并进一步为构建集成的土地评价信息系统原型奠定了基础（王铁成等，2001；郑新奇等，2001）。李云梅（2000）以仙居风景名胜区 1∶50000 土地利用现状图为基本分析图，应用 GIS 软件数字化输入土地利用现状图，根据研究目的，将土地利用现状分为农田、果园、林地、竹林地、灌木林地、疏林、居住用地、水面和荒地 9 种类型，初步探讨了风景区的景观格局分析及其与景观旅游价值之间的关系。李晓文等（2001）以辽河三角洲滨海湿地为实例，以 GIS 为平台，运用景观生态决策与评价支持系统（LEDESS）确定实现各预案所需措施并对其涉及的空间范围进行了模拟、定位和评估。肖寒等（2001）以海南岛 1∶200000 土地利用现状图作为基本分析图件，运用景观生态学原理，借助 GIS 技术，选取斑块密度、边缘密度、分维数、景观多样性、景观优势度和平均接近指数等指标，分析了海南岛不同景观类型的空间分布和空间格局特征，探讨了该地区人类活动与景观结构之间的关系。尚琴（2014）以白鹿原为例，以 GIS 为平台，基于白鹿原的具体地形条件和人文环境，对其水土保持、文化遗产、河流廊道、乡土农业等进行了格局的划分，形成综合景观安全格局，以此来确定适宜建设的规划用地范围，不但提升了 GIS 技术的实践应用方法，而且对 GIS 技术在景观生态规划中的研究和发展有着重大意义。王怡憬（2017）以潭獐峡地区为例，依据当地地形图、遥感影像图以及各类基础调查资料，利用 GIS 技术对研究区的空间数据进行提取及分析，通过建立数字模型并叠加遥感影像图形成研究区的虚拟三维环境，对现场地形、高差、空间、视域进行相关分析，从而使景观规划和设计建立在直观、精确的空间模型之上。GIS 技术应用到景观格局变化分析中具有以下特点：①将零散的数据和图像资料进行综合并存储在一起，从而使这两种形式的资料完善地融合在一起，可长期有效的使用；②处理数据速度快，操作过程简便易行，为空间景观格局分析和空间模型提供技术框架，简化数学方法的应用；③输出形式灵活，可以把景观格局分析结果明了、直接地从各种角度表示出来。

然而只运用 GIS 进行景观格局分析也存在一些问题，如数据来源与数据质量难以保证、对 GIS 定位存在偏差等，这就需要 GIS 技术与 RS 等相关技术相结合，来解决数据来源和数据精度等问题。

1.3.2 RS 在景观格局分析中的应用

RS 是指不接触被测物体，利用某种传感器装置，获取观测对象特征信息并将这些信息进行提取、加工、表达和应用的一门科学和技术。通过该方法可以及时获得大范围、多时相、多波段的地表信息，为不同时序上从局域到全球各种现象的综合分析创造条件（王延和乔高峻，2002）。

景观格局的遥感研究首先需要根据研究目的，结合各种地面调查数据或其他历史资料，对获得的遥感数据进行影像合成与分析处理；然后把经过分类处理的影像数据进行结构简化，将其转换成可用于具体分析过程的基础数据或图件；最后以面向用户的原则将其引入景观格局模型中，借助数量分析手段进行景观格局规律的探讨（李书娟和曾辉，2002）。具体运用以玛格丽特（Margareta）和克里斯蒂娜（Christina）（2000）监测和管理瑞典的原始草原和牧场为例，以遥感影像为数据源，运用这种全盘模型对原始草原和牧场进行研究，提出了自然保护和生物多样性研究的新方法。曾辉和姜传明（2000）利用多时段景观遥感制图信息和景观格局方法，对深圳市龙华地区快速城市化过程中林地组分的结构特征进行了动态分析，重点研究了该组分在 1988～1996 年的一般结构特征和空间分布差异的动态变化情况。彭如燕等（2001）在对 NOAA/AVHRR 数据进行灰度拉伸、直方图均衡化、多通道合成等方法处理后，应用 IDRISI 软件的空间分析功能，对塔里木河流域进行了景观格局的宏观分析，结果表明在塔里木河干流区域景观类型相对简单，各景观自身破碎度低，连通性较好，景观间的均匀度差，是一种典型的脆弱干旱区内陆河流域生态环境景观。苏凯等（2019）以东北森林带为研究区，选取 2000 年、2005 年、2010 年、2015 年的 MODIS 遥感影像，将东北森林带景观类型划分为森林、草地、湿地、农田、人工地面和其他用地 6 类，对东北森林带 2000～2015 年景观格局变化进行生态系统结构、生态系统转换方向、景观指数变化分析，运用 MCE-CA-Markov 模型，模拟东北森林带 2020 年景观格局变化趋势。研究结果表明，15 年间生态系统整体呈稳定状态，前 10 年生态系统改善趋势更强，后 5 年转变趋势变缓。

与其他传统生态学方法相比，遥感技术具有以下特点：①所摄图片不是直接接触被测物体获得的，避免了研究者对研究对象的直接干扰，并且允许重复性观察；②遥感技术是大格局动态的唯一监测手段；③可以通过摄影镜头和卫星传感器的不同光谱幅度和空间分辨率，在不同的观测高度上，为景观生态学研究提供所必需的多尺度上的资料；④遥感数据一般都是空间数据，即所测信息与地理位置相对应，这也是研究景观的结构、功能和动态所必需的数据形式。

自 20 世纪 80 年代初期以来，遥感技术迅速发展，成为景观生态学研究的重要技术支撑手段，极大地促进了景观定量研究的发展和景观结构格局，动态分析的不断深入为各种景观模型的建立与发展提供了坚实的资料基础。如果将 RS 与 GIS 和 GNSS 相结合，则更能发挥作用。

1.3.3 GNSS 在景观格局分析中的应用

在传统的技术路线中，用 RS 技术发现变化区域之后，对变化区域的定量确定仅靠对遥感判译图上的区域界限进行量测。由于遥感图像的成像机理、图像分类方法存在自身固有误差和其他误差（如绘图误差），使得遥感判译图上的区域界限仅具有示意性，是相当模糊的界限。而 GNSS 具有提供全天候、连续、实时、高精度的三维位置以及时间数据的功能，其不仅能准确地量测明显地物的地理坐标，为遥感图像的几何校正提供准确的地面控制点坐标，而且能提供各地类的精确经纬度坐标，为遥感图像分类提供准确数据。

GNSS 在景观格局分析中的应用主要集中在以下方面：制作专题地图（生境图、植被图、土地分布图)、航空照片和卫星遥感图像的定位和地面校正。

1.3.4　3S 集成技术在景观格局分析中的应用

随着 3S 技术研究和应用的不断深入，只单独的运用其中某一种技术已经不能满足综合性工程的需求，不能提供所需对地观测、信息处理、分析模拟的综合能力，3S 集成技术的应用研究成为一种发展趋势，对解决全球变化、精细农业、交通运输、景观生态学的研究等方面的问题都能产生很好的效果。

GPS、RS 和 GIS 的结合方式是：GPS 为遥感实况数据提供空间坐标，用以建立实况数据及在图像图形数据库的图像上显示载运工具和传感器的位置与观测值，供操作人员观察和系统分析，由 GPS 定位的数据方可建成实况数据库或进入其他系统。在进行景观格局分析中，获取准确的景观基础数据非常重要，而在传统的实地调查方法的基础上运用 GPS，会使调查结果更为准确（Turner and Carpenter，1998；曾安全等，2000）。关瑞华（2011）基于 3S 技术从二维和三维两个方面定量研究 1995～2008 年达里诺尔自然保护区多种自然景观和人为景观的时空演变，同时在 GIS 平台上对保护区内的生产活动对其带来的人为扰动进行监控，全方位研究保护区景观格局的时空演变，为分析保护区景观演变及演变原因提供完整的基础数据，提高国家级自然保护区数字化管理水平。

从事 3S 技术和景观格局分析两个领域的研究人员已认识到应该相互了解和密切配合，着力解决目前学科衔接方面的一些关键问题，两个领域的相互了解和合作不仅可以很好地完成科研任务，还可以共同发展，共同提高。以下几方面将会成为双方共同努力的方向。

（1）RS、GIS、GNSS 技术各自不断完善，RS 技术应在监测数据的准确度和图像处理方面不断改进，GIS 技术应在空间数据的分析功能上不断改进，GNSS 技术应突破天气状况和沟壑等地形狭窄区域信号弱的技术难关。

（2）RS、GIS、GNSS 三个子系统集成为一个系统，这将是 3S 技术未来发展的趋势。

（3）结合景观格局分析的要求，开发出专门适用于景观格局分析的智能系统，并在景观调查方法和景观格局分析研究不断成熟的基础上，进一步开展专家知识库研究，完善智能化景观格局分析系统的研究与建设。

参 考 文 献

卜耀军, 温仲明, 焦峰, 等. 2005. 3S 技术在现代景观格局中的应用. 水土保持研究, 12(1): 34-38

陈利顶, 吕一河, 赵文武, 等. 2019. 区域生态学的特点、学科定位及其与相邻学科的关系. 生态学报, 39(13): 4593-4601

党安荣, 阎守邕, 吴宏歧, 等. 2000. 基于 GIS 的中国土地生产潜力的研究. 生态学报, 20(6): 910-915

傅伯杰, 陈利顶, 马克明, 等. 2001. 景观生态学原理及应用. 北京: 科学出版社

傅伯杰, 吕一河, 陈利顶, 等. 2008. 国际景观生态学研究新进展. 生态学报, 28(2): 798-804

关瑞华. 2011. 基于 3S 达里诺尔国家级自然保护区景观格局演变及监控技术的研究. 内蒙古农业大学博士学位论文

郭晋平, 阳含熙, 张芸香. 1999. 关帝山林区景观要素空间分布及其动态研究. 生态学报, 19(4): 468-473

郭晋平, 周志翔. 2007. 景观生态学. 北京: 中国林业出版社

郭旭东, 傅伯杰, 马克明, 等. 2000. 基于 GIS 和地统计学的土壤养分空间变异特征研究——以河北省遵化市

为例. 应用生态学报, 11(4): 557-563
贾宝全, 慈龙骏, 杨晓晖, 等. 2001. 石河子莫索湾垦区绿洲景观格局变化分析. 生态学报, 21(1): 34-40
景贵和. 1986. 土地生态评价和土地生态设计. 地理学报, 41(1): 1-7
李建新. 2007. 景观生态学实践与评述. 北京: 中国环境科学出版社
李明阳. 1999. 浙江临安森林景观格局变化的研究. 南京林业大学学报, 23(3): 71-74
李书娟, 曾辉. 2002. 遥感技术在景观生态学研究中的应用. 中国园林, 6(3): 233-240
李晓文, 肖笃宁, 胡远满. 2001. 辽河三角洲滨海湿地景观规划预案设计及其实施措施的确定. 生态学报, 21(3): 353-364
李云梅. 2000. 景观多样性与景观旅游价值——浙江仙居风景名胜区景观格局分析. 生态经济, (10): 11-13
刘茂松, 张明娟. 2004. 景观生态学——原理与方法. 北京: 化学工业出版社
马克明, 傅伯杰. 2000. 北京东灵山地区景观格局及破碎化评价. 植物生态学报, 24(3): 320-326
彭茹燕, 王让会, 孙宝生. 2001. 基于 NOAA/AVHRR 数据的景观格局分析——以塔里木河干流区域为例. 遥感技术与应用, 16(1): 28-31
钱乐祥, 陈云增. 2000. 福建植被景观空间格局及其环境响应特征. 河南大学学报(自然科学版), 30(4): 66-73
尚琴. 2014. 景观生态规划中 GIS 技术的应用: 以白鹿原为例. 西安建筑科技大学硕士学位论文
苏凯, 王茵然, 孙小婷, 等. 2019. 基于 GIS 与 RS 的东北森林带景观格局演变与模拟预测. 农业机械学报, 50(12): 195-204
苏伟忠, 杨英宝. 2007. 基于景观生态学的城市空间结构研究. 北京: 科学出版社
睢晋玲, 刘淼, 李春林, 等. 2017. 海绵城市规划及景观生态学启示——以盘锦市辽东湾新区为例. 应用生态学报, 28(3): 975-982
汪桂芳, 穆博, 宋培豪, 等. 2018. 基于无人机航测的漯河市土地利用景观格局尺度效应. 生态学报, 38(14): 5158-5169
王根绪, 刘国华, 沈泽昊, 等. 2017. 山地景观生态学研究进展. 生态学报, 37(12): 3967-3981
王铁成, 周生路, 王杰臣, 等. 2001. 基于 GIS 的农用地质量综合评价方法研究——以无锡市马山区为例. 干旱区地理, 24(2): 118-122
王宪成. 2000. 地理信息系统(GIS)在林业上的应用及发展趋势. 吉林林业科技, 29(3): 1-4, 22
王延, 乔高峻. 2002. 城市绿化遥感信息快速提取及其景观格局分析. 中国园林, 18(1): 8-11
王怡憬. 2017. GIS 在景观中的应用——以潭獐峡项目为例. 现代园艺, (12): 112-114
邬建国. 2000. 景观生态学——格局、过程、尺度与等级. 北京: 高等教育出版社
肖笃宁. 1991. 景观生态学理论、方法及应用. 北京: 中国林业出版社
肖笃宁, 李秀珍, 高峻, 等. 2003. 景观生态学. 北京: 科学出版社
肖寒, 欧阳志云, 赵景柱, 等. 2001. 海南岛景观空间结构分析. 生态学报, 21(1): 20-27
徐化成. 1996. 景观生态学. 北京: 中国林业出版社
余新晓, 牛健植, 关文彬, 等. 2006. 景观生态学. 北京: 高等教育出版社
臧淑英, 祖元刚, 倪红伟. 2000. 森林资源可持续利用空间格局分析. 生态学报, 20(1): 73-79
曾安全, 罗宁, 洪安东, 等. 2000. 3S 系统在安徽省林业上的应用现状及发展前景. 安徽农业科学, 28(5): 683-685
曾辉, 姜传明. 2000. 深圳市龙华地区快速城市化过程中的景观结构研究——林地的结构和异质性特征分析. 生态学报, 20(3): 378-384
张楚宜, 胡远满, 刘淼, 等. 2019. 景观生态学三维格局研究进展. 应用生态学报, 30(12): 4353-4360
赵羿, 李月辉. 2001. 实用景观生态学. 北京: 科学出版社

郑新奇, 阎弘文, 徐宗波. 2001. 基于 GIS 的无棣县耕地优化配置. 国土资源遥感, (2): 53-56

周梦遥, 游巍斌, 林美娇, 等. 2018. 基于 LANDIS 模型的福建天宝岩森林景观演替动态模拟. 北京林业大学学报, 40(8): 12-22

Margareta I, Christina L. 2000. A holistic model of landscape ecology in practice: the Swedish survey and management of ancient meadows and pastures. Landscape and Urban Planning, 2000(50): 59-84

Turner M, Carpenter S. 1998. At last: a journal devoted to ecosystems. Ecosystems, 11: 1-4

第 2 章　景观空间结构与变化

景观空间结构（简称景观结构）是相同或不同层次水平上景观生态系统在空间上的依次更替和组合，是景观生态系统纵向横向镶嵌组合规律的外在表现。综合分析景观整体功能、结构及各种组织过程之间内在的反馈机制形成的动态平衡关系，是研究景观生态系统的核心之一，景观空间结构研究是通过直观全面、方便有效的方式透视其中的秩序关联，探析系统的整体性状，以达到综合研究的目的。系统的整体特征，决定其各子系统的相互作用关系。景观空间结构的研究在于以直观、方便又有效的方法途径认识景观空间结构的基本特征及变化规律（余新晓等，2006）。景观变化是国内外地理学界的研究热点之一，但现有研究方法对景观变化所带来的社会效应解释能力还相对欠缺。黄越和赵振斌（2018）采用了一种地理分析与社会调查分析相结合的混合方法对其进行研究。

2.1　景观类型

景观类型学研究景观的类型划分及景观分类的生态学原理，侧重于景观分类的理论基础研究。而单纯的景观分类是一种为了认识与讨论方便进行的技术性工作。景观类型划分是掌握景观基本属性与功能的重要手段，同时也是景观评价、景观规划、景观管理的重要基础（刘茂松和张明娟，2004）。Forman 和 Godron（1990）提出应该通过景观异质性、景观动态的热力学过程及景观系统发育来研究景观分类系统所谓的系统发育类型学，但以类似于生物系统分类的研究方法来研究景观的分类体系存在极大的困难。为了克服上行、下行类型学及系统发育类型学的缺陷，可应用景观系统分类方法研究景观类型学问题。

为了揭示景观在其表象下更多深刻的内容，必须对景观系统各要素及其相互关系进行深入分析。景观系统分类是建立在对景观要素间相互有机联系的分析之上的，以景观过程为景观分类的理论依据，强调研究景观的生态客体流发生的强度与范围。

事实上，景观要素间通过功能流发生密切相互作用是景观整体性的重要表现，范围与强度也正是景观不同组织水平边界属性的客观基础。

2.1.1　景观系统分类依据

景观分类的目的是研究景观空间格局、过程及其演化。一般来说，景观分类主要是以景观的组成结构、过程、功能和变化等特征为依据，但对于各类特征在类型划分中的作用却可以有多种理解（胡希军，2006）。通常，景观的组成与结构特征包括各个景观要素（如嵌块体、廊道）的类型、大小、形状、数量、相互之间的联系、空间格局以及景观的总体结构等；景观的过程特征是指发育中的自然过程、人类作用、景观要素之间的流、动植物的迁移；景观功能特征是指廊道的连通或障碍作用、狭道的瓶颈效应、嵌块体之间的相互作用、基质连接度、栅栏效应等；而景观的变化特征则是指景观随时间的变化、总体趋势、稳定性、持久性、抗性、恢复力、异质性及其出生机制等。总之，景观异质性是区分不同景观类型的最重要指标，景观生态过程则是把组成景观的各种要素结合在一起的重要机制，生态过程发生的范围与过程是确定景观边界的最重要依据。

2.1.2 景观系统分类的原则

景观系统的分类必须遵循一定的原则，景观系统最低一级是均质景观要素，其上的分类单位采用邻近相似景观自然体逐渐合并形成，分类单位每上升一级，就意味着区域单元逐步扩大。合并相邻单元，主要依据对景观要素间相互关系的认识。通过上述对景观单元的类型分析及链接关系的研究，有充分的可能将景观要素归入发生链与功能链。当然，系统中各种序列链可能不止一条，中间可能有交叉、平行，甚至呈网状。因此，通过链接关系进行的聚合过程还需更多的信息，如景观驱动分析、干扰发生的类型及空间格局等。在具体操作时需要参照下述原则。

（1）实用性原则：实用性是景观类型划分的前提，对同一景观，不同的研究目的会产生不同的景观类型划分结果。例如，以土地调查为目的的景观生态分类侧重点在于对土地利用现状、成土母质、地形地貌及水文地质等特征，而以资源保护与管理为目的的景观生态分类侧重点在于景观的资源数量、分布以及人为影响等特征。

（2）综合性原则：景观是由不同类型的生态系统以某种空间组织方式组成的异质性地理空间单元，是一个区域综合体。因此，对景观进行划分需要综合考虑各个影响因素，可以从景观生态系统的空间形态、空间异质组合、发生过程和生态功能等方面综合考虑。

（3）区域共轭原则：区域共轭是指区域单位的不可重复性或个体性。例如，山间盆地与山地在自然特征上存在着很大差别，根据区域共轭原则，两种应属于某个更高级别的区域单元。

（4）相对一致性原则：尽管任何一个区域都是由几个小区域组合而成，但任何一级的单元都还有相对一致性的一面。相对一致性与异质镶嵌性是同一问题的两个方面。

（5）等级性原则：景观生态分类同其他分类一样，都存在等级。等级数量的多少与景观尺度和研究目的有关。不同等级所依据的主导因子以及所反映的尺度时空变异不同。值得注意的是在一个时空尺度上居主导地位的生态因子，在另一时空尺度上可能居于从属或次要地位，对生态过程的强弱与尺度的相关性必须作为重要的参考因素，同时注意时空尺度转换问题。

2.1.3 景观分类体系

景观是由一系列景观簇有规律组合过程的有序系统，由小到大如下所述。

（1）景观要素是最小的等级构成成分，包括各种景观要素块，如农田、道路、村庄等。

（2）景观要素组又称为景观要素链，由一系列组成结构密切相关的景观要素构成，可以履行一定的景观功能，如演替链、干扰链、功能链。

（3）景观单元又称为景观功能区，指由功能上相关的多种景观要素组构成的相对独立完整的单元，如村落、林场、集镇等。

（4）景观簇是多个相似景观功能区的有机组合，如森林景观簇、农业景观簇、城郊景观簇、城市景观簇等。

（5）景观系统是由若干景观簇的有规律组合，如南京地区景观系统。

确定景观系统或功能区或景观簇边界的主要依据是景观生态过程发生的空间范围。景观边界的确认具有重要的生态意义，这是景观管理和规划的重要依据，且景观边界上的生态过程也是研究景观间相互作用的重要内容。

1995 年，荷兰生态学家佐纳维尔德（Zonneveld）使用了以生境为基本单位的等级体系：生境（ecotope）、生境小区（microchore）、生境中区（mesochore）、生境大区（macrochore）和生境特大区（megachore）。刘茂松和张明娟（2004）认为，这个体系对等于澳大利亚的土地系列：立地（site）、土地单元（land unit）、简单土地系统（simple land system）、复合土地系统（complex land system）和景观（main landscape）。

1994 年，杨一光参照李博 1987 年使用的生态分区体系，对云南省的生态分区进行了研究，建立了云南的生态分区体系，即生态区（ecoregion）、生态亚区（subecoregion）和生态小区（ecodistrict）。生态区：地带级的生态系统是大气候空间场（在纬度、大气环流及高原地势共同支配下形成的）相对应的生态系统格局。生态亚区：生态区内由于大范围的水、热条件差异和地质地貌结构差异所引起的景观组合及其空间格局的明显差异所形成的地域分化。生态小区：生态亚区内景观镶嵌构成的地区生态单元。

2.1.4 主要景观类型及特征

1. 农业景观

随着科技的发展，人类改造自然界的能力逐渐增强，对土壤开发利用以及对一些野生动植物不断驯化，使得农业不断发展进步。农业开发成为人类改造自然的重要生产力活动。一些原来已经适应了自然生态环境的物种，由于人类活动的干扰，发生了变化。一种新的景观格局重新被人类创造。

农业的发展过程在改变景观格局的同时也在很大程度上改变了景观生态过程。农田的形成发展，一方面，需要重新引入新的物种，满足人类的物质和精神需求；另一方面，农田景观的形成将意味着景观生态过程的改变，不同农业景观的形成，意味着不同农作方式、不同管理措施和不同物流能流的存在和演变。

随着传统农业向现代农业的演进，原有分散和形状不规则的耕作斑块向着形状和规则多边形的方向演变，斑块的大小、密度和均匀性都会发生变化。同时，随着人口数量的高速增长，耕地资源快速减少，化肥和农药的大量使用导致邻近土壤和水分的污染。土地利用趋向于多样化、均质化，农业景观中人类活动过程和自然生态过程交织在一起，生态特征和人为特征错综镶嵌分布。

随着农业的发展，出现了大量种植嵌块体。种植嵌块体是人类改变自然景观和管理景观的重要产物，是人类对自然季节规律的深刻变革，通过进一步的发展，可把包括耕作嵌块体的自然景观或管理景观转变成完整的耕作景观。

一个景观的农业发展过程通常分为三个阶段：传统农业（零星分布有不规则形状的耕作嵌块体，与放牧休闲嵌块体相连接）、传统农业与现代农业相结合（除优质土上具有宽阔、持久、均质的嵌块体外，基本与传统农业相似）、现代农业（大面积的持久性均质地块的景观基质）。

耕作景观主要是由种植的农田和与之相伴的村庄、树篱、道路、水塘等形成的景观。主要形成的图形具有线性和多边形特征。河流廊道常常被破坏，很少保持原形状，而与村庄连接或用于耕地和收获的线状廊道则分布较广。廊道网络通常占明显优势，所以基质连接度较低。

2. 城市景观

城市是人类集聚生活的高级形式，也是社会经济、文化和交通聚散的枢纽，同时也是人类文明发展到一定阶段的产物。可以说，城市景观的出现是人口快速增长和国民经济蓬勃发展的结果。Forman 和 Godron（1986）对城市景观有如下定义：密集的建筑群、零星分布的人工管理公园。早期的城市只是军事防御和举行祭祀仪式的场所，并不具有生产功能，只是个消费中心，与周边所控制的农村构成一个小单元。随着人口的增长及城市向周边地区的扩展，城市逐渐成为商业和贸易中心，城市规模逐渐形成。城市景观一般具有大量的、规则的人工景观要素，如大楼、街道、绿化带、文教区、工业区等，是各种人造景观的高低结合。

一定规模的城市又与一定的物质和能流联系在一起，规模越大，物质和能流聚集的程度越高。城市成为物质和能流聚集的中心。不同规模城市的形成与物质和能量聚集过程密切相关。由此也形成城市景观的等级关系。能量从乡村、小城市汇集到中等城市，再到大城市，反映了城市景观和农村之间在物质和能量上交换的特征。城市景观中现有廊道的生态效应及其景观结构的欧化受到高度重视，并将直接影响到城市景观地区的物质和能量流动（刘茂松和张明娟，2004）。

城市景观大致由两种主要类型的景观要素构成，即街道和市区，并零星分布有公园和其他不常见的景观特征。行政区由若干景观要素组成，一般多具特色。城市景观的结构通常包括同心圆模型、扇形模型、多核心模型三种类型。

城市景观中大量的人工建筑物成为景观的基质，完全改变了原有的地面形态和自然景观，人类成为景观中主要的生态组合，大量高新技术产品（商品）的输出，将形成城市景观物流和能量的主导方向，为了处理大量无法为城市景观生态系统吸纳的废弃物的形成，不得不在偏远的郊区或山区建立适当规模的垃圾处理或污水处理厂，这将对整个景观地区形成负面的生态效应，整个复合系统的易变性和不稳定性相应增大。人类所创造的信息流渗透到一切过程中，许多原有的自然规律正在经受新的考验。

3. 城郊景观

城郊景观是产业结构、人口结构和空间结构逐步从城市向农村特征过渡的地带，具有强烈的异质性，是典型的生态脆弱带，交错分布有住宅区、商业中心、农田、人工植被和自然地段。空间结构极不稳定，景观的镶嵌度很高。

城郊景观围绕城市发展，与城市的发展密切相关。城郊景观中，线状廊道和网络不断增加，河流廊道逐渐减少，基质面积和连接度极小。城郊景观具有景观异质性高，生物多样性丰富，能流、物流和信息流频繁，系统的敏感性与脆弱性高等特征（张国斌和李秀芹，2006）。各斑块不同功能效应的差异是城郊景观异质性的体现，同时城市的发展促使郊区的土地利用方式在不断改变，景观的破碎度增加。城郊生物多样性较高，这主要是城郊地带的边缘效应引起的。城市的快速发展和物质需求的增加，首先影响的是城郊，郊区土地利用方式的改变，会引入一些负效应，从而使城郊的不安全性增加。在城市景观的辐射作用和同化作用下，城郊景观的结构和功能均表现出较高的多样性和活跃的变化特征。随着城市化进程的不断发展，城郊景观也发生明显的自适应变化序列。

4. 自然植被景观

Forman 和 Godron（1986）将自然植被景观定义为没有明显人类影响的景观。这种自然景观只具有相对的意义，因为完全不受人类影响的景观很少。因此，这里指的是人类的干扰没有改变自然景观的性质。它是以自然要素为主导的景观之一，包括除人工植被（农田、果园、竹林、人工牧场等）外所有的自然植被，以及生活在其中的各种生物和相应的物理环境所构成的有一定组成结构和功能的整体，其分布极为广泛，类型也极为丰富，在生态系统中扮演着不可或缺的重要角色。自然景观的共同特点是它们的原始性和多样性，不论是由地貌过程所产生的景观特有性，还是生态过程所产生的生物多样性，都具有很大的科学价值，一旦破坏难以恢复。对自然景观的开发可能会导致某些物种灭绝，因此，应该相当慎重。局部的轻度放牧或零星开垦林地种植作物是自然景观中较为主要的干扰。

景观颗粒通常较粗，许多情况下，景观要素间的边界不易区分。多数嵌块体是源于物理因子变化的环境资源嵌块体，干扰嵌块体也存在。现存的少数廊道是河流，在平缓地区景观边界通常与等高线相平行，在坡地上，其界线与土壤深度或水位相联系，这就形成了交错结合的植被格局，在任何一种情况下，边界大多弯弯曲曲，嵌块体平均较大，大小变异大。

5. 管理景观

管理景观是人类经过有目的地对自然景观的经营活动而形成的景观。管理景观中小村落处处可见，景观要素的镶嵌度不断增大，出现了较多的干扰嵌块体。

人类生产活动不停地从景观中收获相关产品，并对系统产生一定程度的破坏，会直接导致景观中物质养分的流失，管理景观的净生产量大于零。人类活动对自然景观会带来或好或坏的影响，在人类活动的干扰下，景观中的生物多样性总量有所上升，尤其是外来物种可能会显著增加。如果人类活动导致的破坏比较严重，景观中的自然基质破碎化程度很高，则景观的生物多样性水平会有明显下降。但无论干扰程度高低，景观中对干扰较为敏感的物种的多样性水平总是处于下降趋势，这类物种或在生境上有特殊需要，或处于较高的营养级，往往是一些处于濒危或稀有状态的物种。所以尽管物种多样性指数或物种丰富度在适度干扰下可能有所增加，但增加的物种可能都是一些常见的边缘种，区内物种的特有性会有明显下降，物种多样性的“质量”会有所下降。景观的管理者或经营者应该意识到物种多样性保护绝不是在有限的空间内保护更多的物种，而应该是保护非常需要保护的物种。

2.2 景观结构

广义地讲，景观格局包括景观组成单元的多样性和空间配置（但有时也只用于表示景观的空间配置）。景观的异质性决定了景观空间格局研究的重要性。景观格局是景观异质性的具体表现，是自然、生物和社会要素之间相互作用的结果。种群动态、生物多样性和生态系统的一般过程都会不可避免地受到景观空间格局的制约或某种程度的影响（邬建国，2000）。景观生态学注重研究空间格局的形成、动态以及生态学过程的相互关系。这也是景观生态学区别于其他生态学科的显著特征之一。

景观空间结构的研究，首先是对个体单元空间形态、分布总体形式的考察。这种总体形式虽然复杂多样，但却有一定规律。从空间形态、轮廓和分布等基本特征入手，可以区分出斑（patch）、廊（corridor）、基（matrix）、网（net）及缘（edge）5 种空间类型。

斑：又称斑块、拼块、嵌块体等，指不同于周围背景的非线性景观生态系统单元。

廊：又称廊道，是指线形或带形的景观生态系统空间类型。

基：又称基质，是一定区域内面积最大、分布最广而优质型很突出的景观生态系统，往往表现为斑、廊等环境的背景。

网：又称网络，是指在景观中将不同的生态系统相互连接起来的一种结构。

缘：又称过渡带、脆弱带、边缘带等，是指景观生态系统之间有显著过渡特征的部分。景观生态系统在地球表层上的渐变特征，是缘的发生基础。从空间角度看，缘所占面积比重小，边界形态不确定，但其特殊的空间位置，决定了其具有可替代概率大，竞争程度高，复原概率小，抗扰能力弱，空间运移能力强，变化速度快，是非线性关系的集中表现区、非连续性的显现区及生物和功能多样性区等一系列独特的性质。下面对 5 种景观类型分别进行论述分析。

2.2.1　景观结构的主要影响因素

影响景观结构的因素大致有 3 种，即非生物的（物理的）、生物的和人为的。非生物因素和人为因素在各个尺度上均对景观结构的形成起作用，而生物因素通常只在较小的尺度上成为格局的成因。大尺度上的非生物因素（如气候、地形、地貌）为景观格局提供了物理模板，这种物理模板本身也具有空间异质性或不同的格局。生物的和人为的过程通常在此基础上相互作用，最终产生景观空间格局。由于地质、地貌等地理范畴方面的空间异质性变化是很缓慢的，对于大多数生态学过程来说可看作是相对静止的，因此，这种物理性空间格局与生态学过程的关系主要表现为格局对过程的制约作用。

景观格局形成的原因和机制在尺度上往往是不同的。换句话说，不同因素在景观格局形成过程中的重要性随尺度而异。例如，温度和降水决定了全球主要植被类型的空间格局，而区域生态系统类型则主要受海拔和其他地形特征的影响。在小尺度上，捕食、竞争、植物和土壤之间的相互作用等生物学过程对空间格局的形成起着重要作用。概而言之，气候和地形因素通常决定景观在大范围内的空间异质性，而生物学过程则对小尺度上的斑块性有重要影响。

2.2.2　斑块

邬建国（2000）将斑块定义为“依赖于尺度的，与周围环境（基质）在性质上或者外观上不同的空间实体”。广义上，斑块可以是有生命的和无生命的；而狭义的理解则认为，斑块是指动植物群落。不同斑块的起源和变化过程不同，它们的大小、形状、类型、异质性以及边界特征变化较大，因而对物质、能量、物种分布和流动产生不同作用。斑块具有空间的非连续性和内部均质性的特点。将斑块定义为一种可直接感观的空间实体便于实际测量和比较研究。

1. 斑块的主要类型、成因和机制

根据不同的起源和成因，Forman 和 Godron 把常见的景观斑块类型分为以下 4 种（张国斌和李秀芹，2006）。

（1）残留斑块（remnant patch）：由大面积干扰所造成的、局部范围内幸存的自然或半自然生态系统或其片段。

（2）干扰斑块（disturbance patch）：由局部性干扰造成的小面积斑块。干扰斑块和残留斑块在外部形式上似乎有一种反正对应关系。如森林火烧后留下的小片植被，这在林区和草原地区都比较常见。

（3）环境资源斑块（environmental patch）：由于环境资源条件在空间分布的不均匀性造成的斑块。如沙漠中的绿洲、火山口处的天池，甚至海洋中的岛屿等。

（4）人为引入斑块（introduced patch）：由于人们有意或无意地将动植物引入某些地区而形成的局部性生态系统。这实际上也是一种干扰斑块，因其分布面广、量大，影响深远，故单列一类。主要包括种植斑块和聚居斑块两种。

除上述 4 种类型外，还有另外两种，即再生斑块（regenerated patch）和短生斑块（ephemeral patch）。再生斑块是指在先前被干扰而遭破坏的地段上再次出现的生态系统，在形式上似乎与残留斑块类似。短生斑块则指由于环境条件短暂波动或动物活动引起的、持续期很短的斑块。

2. 斑块的结构特征和生物学功能

景观中斑块面积的大小、形状以及数目对生物多样性和各种生态学过程都有影响。一般而言，斑块内的物种多样性、能量大小随着斑块面积的增加呈非线性增加。但除面积以外的景观特征对物种和能量的影响也十分重要。在现实景观中，各种大小的斑块往往同时存在，具有不同的生态学功能。大斑块对地下蓄水层和湖泊的水质有保护作用，有利于生境敏感种的生存，为大型脊椎动物提供核心生境和躲避所，为景观中其他组成部分提供种源，能维持更近乎自然的生态干扰体系，在环境变化的情况下，对物种灭绝过程有缓冲作用。小斑块亦有重要的生态学作用，可以作为物种传播以及物种局部绝灭后重新定居的生境和“踏脚石”，从而增加景观的连接度，为许多边缘种、小型生物类群以及一些稀有种提供生境。显然，大生境斑块对保护生境破碎化敏感的物种极为重要，但若要理解整个景观镶嵌体的结构和功能，大小斑块及其相互关系都需考虑。斑块形状给人的直观印象是，不规则斑块与圆形或正方形斑块之间在边界长度和内部面积上有很大不同，因此物种丰度和种群数量也必然受其影响。可以用斑块边界实际长度与同面积圆周的比值来表示斑块形状，值越大斑块形状越复杂。拉伸度、圆度、紧密度等许多其他指标也可用来描述斑块形状。

斑块的结构特征对生态系统的生产力、养分循环和水土流失等过程都具有重要影响。例如，景观中不同类型和大小的斑块可导致生物在数量和空间分布上的不同。斑块的空间构型对干扰的扩散也具有重要作用，且与干扰间存在一种负反馈机制。相邻的类似斑块越多，干扰就越容易扩散；干扰越扩散，斑块就越少；斑块越少，干扰就越不容易扩散；干扰越不容易扩散，斑块就越容易发育（肖笃宁等，2003）。

由于边缘效应（边缘效应是指斑块边缘部分由于受外围影响而表现出与斑块中心部分不同的生态学特征的现象），生态系统光合作用效率、养分循环和收支平衡特征都会受到斑块大

小及有关结构特征的影响。斑块边缘常常是风蚀或水土流失程度严重的地方。一般而言，斑块越小，越易受到外围环境或基质中各种干扰的影响。而这些影响的大小与斑块的面积、形状和边界特征有关。

2.2.3 廊道

廊道是不同于两侧本底的狭长地带，可以看作一个线状或带状斑块。廊道可以是一个独立的带，如公路、河道等，但也经常与相似组分的斑块相连，如某些更新过程中的带状采伐迹地。几乎所有的景观都会被廊道所分割，同时又被廊道连接在一起。此外，廊道还具有其他重要功能，廊道是景观的重要结构成分，对于景观美学特征、景观生态过程和功能都具有重要作用，甚至是不可替代的作用，在景观规划设计中常常是不可或缺的成分（郭晋平和周志翔，2007）。

1. 廊道的形成

与斑块的分类相似，根据形成原因，廊道可分为干扰型、残留型、环境资源型、再生型和人为引入型 5 种类型（Forman and Godron，1986）。带状干扰可以产生干扰廊道，如带状采运作业、铁路和动力线的修建；来自周围本底上的干扰产生残留廊道，如森林采伐留下的林带，或穿越农田的铁路两侧的天然草原带，都是以前大面积植被的残遗群落；环境资源在空间上的异质性产生环境资源廊道，如河流；人为引入廊道主要是种植廊道、防护林带、穿越郊区的高速公路等，都是人类种植形成的廊道。

2. 廊道的类型

目前对廊道的类型并没有做更多的研究，人们常直观地按廊道宽度将其分为线状廊道和带状廊道，但更多的是根据廊道本身的属性来认识廊道，其中研究比较多的是河流廊道和树篱廊道。

1）线状廊道和带状廊道

景观中，带状廊道与线状廊道的差异本质上就是廊道宽度。线状廊道很窄，主要由边缘物种组成的狭长条带。生态学主要对 7 种线状廊道进行了深入研究：道路、铁路、堤坝、沟渠、动力线、树篱和野生动物管理的草本植物或灌木带。带状廊道指较宽的带状景观要素，有一定的内部环境，内部物种较丰富，如宽林带、高速公路、河岸带等。无论是高于或低于周围环境的带状廊道，其宽度对物种的影响都是显而易见的。从以上概念可以看出，没有一种物种是完全局限于线状廊道或带状廊道的。二者的基本生态差异主要在于廊道的宽度。城市景观规划中，不同宽度的绿化带对维持生物多样性，改善城市环境的作用不相同。

2）河流廊道

河流廊道是指河流及其两侧分布的，与周围本底不同的植被带，包括河流边缘、河漫滩、堤坝和部分高地。河流廊道的宽度随河流的大小和水文特征的变化而变化，其生境特点表现为水分丰富、空气湿度高、土壤肥力较高，季节性洪水泛滥时易被淹没。河流廊道具有控制水流和营养流的功能，一般宽阔的河流廊道内水质较好，河流中沉积物和悬浮颗粒含量较低。河流廊道控制着河水以及从周围陆地进入河流的物质运动，也影响着河流自身的运输。

3. 廊道的结构特征

廊道的结构特征主要包括曲度、宽度、连通性、内环境及其与周围斑块或基质的相互关系（余新晓等，2006）。

1）曲度

廊道曲度常用廊道中两点间的实际距离与直线距离之比来表示，它的生态意义与生物沿廊道的移动有关。一般说来，廊道越直，距离越短，生物在景观中两点间的移动速度就越快。而通过蜿蜒廊道穿越景观则需要很长时间。

2）宽度

廊道的宽度将直接影响廊道的功能。廊道宽度变化对物种沿廊道或穿越廊道的迁移具有重要意义。无论纵向的通道功能还是横向的过滤和屏障功能，都与廊道有关。窄带虽然作用不是很明显，但也具有同样的意义。

3）连通性

连通性是廊道在空间上连续程度的量度，可简单地用廊道单位长度上间断点的数量表示。廊道有无断开是确定廊道屏障功能效率的重要因素，因此廊道连通性的高低对廊道的通道功能和屏障功能具有决定作用。

4）内环境

廊道内小环境的异质性对廊道内的物种迁移具有重要作用。以树篱为例，太阳辐射、风和降水通常为树篱的 3 种主要输入。从树篱的顶部到底部，从一侧到另一侧，小环境条件变化都很大，树篱顶部比开阔地更易受极端环境条件的影响，而树篱基部的小生境却相当湿润。沿着廊道的方向，由于廊道的延伸性，其两端往往也存在差异。一般来说，都有一种梯度，即物种组成和相对丰度沿廊道逐渐变化。这个梯度可能与环境梯度或入侵-灭绝格局有关，也可能是干扰的结果。

4. 廊道的功能

廊道的主要功能可以归纳为传输通道功能、过滤和屏障功能、生境作为能量、物质和生物的源或汇，这 4 种功能均包括物种流，其中过滤和屏障功能、物种源-汇功能还包括了能量流和养分流。

1）传输通道功能

廊道最明显的功能是作为景观生态流的通道和传输功能，如河水沿河道流淌，车辆、行人沿公路运动。植物繁殖体、动物以及其他物质随植被或河流廊道在景观中运动，铁路、高速公路和运河是重要的人工运输通道。崎岖山地上牲畜践踏的小径是动物迁移的有效途径，这些功能主要表现在对沿廊道纵向运动的过程中产生的作用。

2）过滤和屏障功能

廊道对景观中的能量、物质和生物流有过滤、阻碍、截流和屏障的作用，统称过滤和屏障功能。人们种植灌木、树篱的主要目的是保护农田和房屋，阻止动物侵入。而河流廊道的树木对水分和养分有重要的过滤作用。

3）生境功能

廊道可提供特殊的生物生境，无论线状廊道还是带状廊道都存在边缘种和内部种，这在维持生物多样性和景观多样性的保护中具有重要意义。例如，林带、河岸植被带等廊道在促进个体扩散以及有效保持复合种群方面具有重要作用。

4）物种源-汇功能

河岸带和树篱防护林带等廊道，一方面具有较高的生物量和若干野生动植物种群，为景观中其他组分起到源的作用；另一方面也阻截和吸收来自农田水土流失的养分与其他物质，从而起到汇的作用。一条公路穿过田野，就成为向周围排放尘土、污染物和热能的源。树篱上存在许多田野里所不具有的物种，甚至是森林的内部种，它们借助风和动物的传播也可以散布到田野中去。

2.2.4　基质

一般而言，基质是景观中出现面积最大、流通性最好的景观要素类型，在景观功能上起着重要作用。例如，农业景观中的大片农田是基质，而各种廊道和斑块（如居民区、残留自然植被片断等）却镶嵌在其中。因此，基质通常具有比廊道、斑块两种景观单元更高的连续性，许多景观的总体动态常常受基质支配。不同土地类型的景观，其主要景观要素类型所占比例不同、连续性不同。在实际研究中，要确切地区分斑块、廊道和基质有时是很困难的，需要结合研究的具体问题和对象来考虑。例如，许多景观中并没有在面积上占绝对优势的植被类型或土地利用类型。再者，因为景观结构单元的划分总是与观察尺度相联系，所以斑块、廊道和基质的区分往往是相对的。此外，广义地讲，基质可看作是景观中占主导地位的斑块，而许多所谓的廊道亦可看做是狭长形斑块。Forman 认为，基质的结构和功能特征（即面积上的优势、空间上的高度连续性和对景观总体动态的支配作用）是识别基质的 3 个基本标准。

1. 基质的判定

1）相对面积

当某一要素明显比其他要素面积大时，那这种要素类型很可能就是基质。面积最大的景观要素类型往往也控制景观中的流，如沙漠基质中的热流。基质面积在景观中最大，是一项重要指标。因此，采用相对面积作为定义基质的第一标准，通常基质的面积超过现存的任何其他景观要素类型的总面积。基质中的优势种也是景观中的主要种。

2）连通性

确认基质的第二个标准是连通性："如果一个空间不被两端与该空间的周界隔开，则认为该空间是连通的。"基质的连通性较其他现存景观要素高。在平原农区，树篱是非常普遍的景观要素。尽管树篱占景观面积不到 10%。但直观上，树篱就是基质，因为树篱网络围绕整个农田。

3）动态控制程度

判断基质的第三个标准是一个功能指标，即景观元素对景观动态的控制程度。这是判断景观基质最重要的标准。基质对景观动态的控制程度较其他景观要素类型大。例如，当树篱网在景观中到处分布时，这些树木的种子和果实被鸟、风等携带传播到附近的田野中，从而起到种源的作用，在农田失去人为管理后，这些种源就会使农田恢复为森林群落，这时树篱网对景观动态有控制作用。

4）三个标准结合

相对面积最容易估测，动态控制程度最难评价，连通性介于两者之间。从生态意义上讲，动态控制程度的重要性要大于相对面积和连通性。因此，确定基质时，最好先计算全部景观要素类型的相对面积和连通性。

2. 孔隙度和边界形状

孔隙度指单位面积的斑块数目，即斑块密度，是景观斑块密度的量度，与斑块大小无关。鉴于小斑块与大斑块之间明显差别，研究中通常要对斑块面积先进行分类，然后再计算各类斑块的孔隙度。

基质的孔隙度具有生态意义。孔隙度与边缘效应密切相关，它对动植物种群的隔离和潜在基因变异，以及能流与物流的流动具有重要意义。在实际生活中，对基质孔隙度的研究也具有重要意义。

2.2.5 网络

在景观中，廊道常常相互交叉形成网络，使廊道、斑块和基质之间的相互作用复杂化。道路、溪流、小径及树篱均可形成网络。不同网络上的移动物体、网格大小、直线程度及其他方面，均在区域尺度上对生态进程产生极其重要的影响。

1. 网络的结构特征

网络由结点和连线及其本底组成，结点出现在连线相交的地方，或两个交叉结点的连线上。网络具有一些独特的结构特点，如网络密度（即单位面积的廊道数量）、网络连接度（即廊道相互之间的连接程度）以及网络闭合性（即网络中廊道形成闭合回路的程度）。网络的功能与廊道相似，但与基质的作用更加密切。

1）结点

网络中结点的连接类型是网络重要结构特征之一。网络中廊道常见的连接类型有十字形、T 形、L 形，或与林地斑块连接。一些交点宽度比廊道大，作为独立的景观要素又太小，但可起到小片地块的特殊作用，称作结点。结点一般比网络的其他地方有更高的物种丰富度、更好的立地条件或生境适应性，通常可以起到中继点的作用，而不是迁移目的地。例如，沙漠中的小片绿洲可作为沙漠动物迁移的重要中继点，可以为它们提供食物以及供这些动物临时休息。

2）网络格局

由于形成了许多环路，廊道网络呈现网状格局。不同的网络景观形成不同的网络，表现为网格状网络格局、树枝状网络格局、环圈状网络格局等不同类型的网状格局。

3）网眼大小

网络景观中被网络包围的景观要素斑块称为网眼。其特征表现为大小、形状、物种丰度等，网络对被包围的景观要素施加影响，而网眼特征也对网络结构有重要影响。物种在觅食、护巢、繁殖时对网格线间的平均距离或面积十分敏感，这与网眼大小密切相关，网眼大小也就成为网络的重要特征。不同物种对网眼大小的反应程度不同。

4）网络结构的影响因素

网络的特征受人类的影响很大，与社会、经济和环境条件密切相关。因此，景观的历史文化特征通常是决定网络结构的重要因素。以树篱为例，山坡上的树篱如果沿山坡向下种植则有利于排水，而如果沿等高线排列，则有利于蓄水。在山区，侵蚀过程在很大程度上取决于河流廊道的格局，坡降大的河流流速快，河谷深窄，两岸陡峭，而河谷宽阔的干流和支流坡降小容易形成河曲，但人为活动对河流网络的河岸带影响很大，对河流驳岸的改造和建设常常改变河流与河岸带和高地的生态关系，影响和改变河流网络景观的正常生态过程，也影响景观格局的形成和变化。

2. 网络的形成与变化

1）网络的形成与种类

要形成网络或使网络发生变化，能量是必不可少的因素。随着不断汇集的水流，原来的小溪汇成大江，从而在地面上形成树枝状的网络系统。在恶劣生境中，牛群趋向于沿一条简单而宽阔的直线路径运动。但对于适应该生境的动物群体来说，运动方式则是发散的模式。工程师们曾经建立了一个能量流动公式来再现这种现象，如管线流和路流。这种描述是建立在移动的物质或物体的通道横断阻碍和黏滞度的关系上。

通常情况下，结点在网络形成过程中起着十分关键的作用。例如，结点是物体向外扩张的源头，则形成向外爆破的模式；若是向结点收拢则形成内收式。这种爆破模式广泛存在，取决于结点的基本特征。结点一般比网络的其他地方有更高的物种丰富度、更好的立地条件或生境适宜性。树枝状网则由分散的或汇集的水流形成。但是这种分支模式强调在基质上的不同成分形成网络。分枝或流开的廊道多出现在基质遇到阻碍或在某些方面起了变化的地方，横轴的力度过弱，或有多方向的力量牵制却没有一个占主导地位，则容易产生直线网或不规则网。

2）网络变化

添加或删除一条单独的廊道可以引起网络形状的变化。例如，在法国中部，超过 35 年的树篱中，单位长度上树的棵数都呈减少趋势，而树篱却仍保持连续的状态。网络的稳定度和适应能力也容易影响网络的形状变化。所以，比起单一的系统，一个拥有多种选择路径的系统在多变的环境中更稳定。

在传递理论中，一个理想化的传递步骤逐渐被大家所接受。第一步是极少的结点存在，如海边的小港。第二步是一些结点的扩大，如在内部与新的小节点相接。第三步整个地区的主要结点相互连接。最后形成具有高优先权的干线。这种观点强调结点的控制作用，但同时也包括连接线。传递理论的附加结构对网络生态也是非常有用的（余新晓等，2006）。主要结点，特别是地区的外围，称为网关（入口，gateway）。干线（trunk line）是指连接网关的最短路径。支线（feeder line）是指向网关汇集的较小路径。桥线（bridge line）是指连通相邻网络的路径。但是一个网络系统是动态变化的，任何廊道都可随时间增加或减少。事实上，支线经常出现或消失。

2.2.6　生态交错带

景观要素之间的空间联系方式有网络结构和生态交错带两种。除了前面已经述及的斑块之间通过廊道实现空间生态连接以外，生态交错带是景观要素之间相互联系的另一条重要途径，在景观生态研究与管理实践中具有重要意义。

1. 生态交错带的基本特征

生态交错带（ecotone）也称为生态过渡带，是指不同景观斑块空间邻接而产生与斑块特征不同的边缘带。基本特征主要有以下几点：

（1）生态交错带是一个应力带。在生态交错带会同时出现两种或多种群落，并处于剧烈的竞争状态，使两种群落成分处在激烈竞争的动态平衡之中。交错带的组成、空间结构、时空分布范围对外界环境的变化比较敏感，并表现出明显的动态特征，被认为是两个相邻生态系统间的生态应力带。

（2）生态交错带的边际效应。生态交错带的环境条件趋于异质化，明显不同于两个相邻群落的环境条件。大量的能量和物质在此汇集、扩散和传输，交换量远远高于相邻的景观生境。在生物多样性方面，生态交错带不但含有两个相邻群落中偏爱边缘生境的物种，而且特化的生境会出现某些特有种或边缘种，表现为显著的边际效应，交错带内物种数目一般比斑块内部丰富，生产力高。

（3）生态交错带阻碍物种分布。生态交错带如同栅栏，对一些物种的分布起着阻碍和限制作用。在某种意义上，生态交错带具有半透膜的作用，它一方面有利于边缘物种生存，另一方面阻碍了内部物种的扩散。

（4）生态交错带的空间异质性。生态交错带最主要的空间特性就是其高度异质性，表现为界面上的突变性（sharpness）和对比度（contrast），体现出多个生态系统共存的多宜性。相邻生态系统或景观单元通过交错带相互渗透、连接和区分，其内部环境因子和生物因子发生梯度上的突变，对比度大，交错带内的生境等值线密度高，生态分化强烈，物种丰富，特有成分多，种间关系复杂，食物链较长。

2. 生态交错带的结构功能

1）结构

生态交错带的结构特征表现为内部等级结构特征和水平空间格局的多态性两个方面（肖笃宁等，2003）。

生态交错带的内部等级结构特征：生态交错带内不同类型和等级的功能单元并存。某一空间尺度的交错带可以看作比它低一级尺度的斑块集合体，同时也是比它高一级尺度的交错带的组成部分，不同尺度和水平上的生态交错带，其结构特征及功能不同。影响群落交错带的因素主要是小地形等微环境条件，而地带性植被交错带主要受气候条件的制约，海陆交错带则是地质历史过程的产物，这些大尺度交错带一般面积较大，变化较慢。

生态交错带的水平空间格局：生态交错带在水平结构上展现出不同的空间格局，随交错带的发育过程而变化。当其处于景观演替的相对稳定阶段时，来自界面两边的作用力相等，处于直线状格局；当受到外界干扰后，由于来自相邻生态系统或景观单元作用力的方向和强度不等，边界从线状格局变为锯齿状格局；当两侧的作用力逐步恢复平衡，交错带又会从锯齿状格局变为碎片化格局；碎片化格局如果经过较长时期的演化，各类斑块消失，还可以重新恢复到直线状格局。

2）功能

下列因素与生态交错带总体功能作用密切相关，可作为衡量指标（余新晓等，2006）。

稳定性（stability）：生态交错带的抗干扰能力。

波动（fluctuation）：生态交错带干扰后的恢复能力。

能量（energy）：生态交错带的生产力，与邻接生态系统的物质和能量交换。

功能差异（functional difference）：生态交错带与邻接生态系统功能差异的程度。

通透性（permeability）：生态交错带对流的通透能力。

对比度（contrast）：相邻生态系统间差异与突发性变化程度。用以度量水平方向两个极端水平之间的差异程度。

功能通道（function channel）：所有生态系统间生态流流动都通过生态交错带，并受其影响使流速和流向发生改变，起着流通渠道的作用。

过滤器（filter）或屏障（barrier）作用：生态交错带在生态流流动中犹如半透膜，起着过滤器的作用，一些可顺利通过，一些则受到阻碍。

源（source）：生态交错带在景观生态系统生态流流动中，为相邻生态系统提供能量、物质和生物有机体来源，在各种驱动力作用下，产生生态流自交错带向相邻生态系统的净流动，起到源的作用。

汇（sink）：与源的作用相反，交错带对物体、物质吸收积累的效应。

栖息地（habitat）：交错可看作边缘物种的栖息地。含有相邻系统的内部种以及需要两个或两个以上生境条件的物种。

生态交错带功能主要体现在对生态系统间流的影响，这种影响作用不是被动的，而是对流速和流向施加控制。由于相邻景观要素热能及外貌的差异，能量、物质、有机体等生态流沿存在压力差的方向流动，类似细胞膜的被动扩散，因此相邻景观要素之间差异越大，这种生态流流动速度越大。

3. 生态交错带的尺度效应

生态交错带的确定与监测在一定的时空尺度上完成，或者说时空尺度对辨识交错带起着至关重要的作用。交错带因尺度的不同会产生不同的效果。例如，全球范围内可明确确认的海陆交错带，在小尺度上却因分辨率太细而难以监测。反之亦然，某些大尺度上的交错带，本身又是一个由小尺度水平上各种景观要素和相应的交错带所组成的景观镶嵌体。

不同尺度水平上生态交错带的特征及功能作用不同。例如，小群落间交错带形成和维持的因素主要是小地形等微环境条件，地带性植被交错带则主要是大气环境条件。一些中小程度的环境变化，如群落动态、干扰、小环境等可能对群落的结构、功能和稳定性具有重要影响，而对后者影响不大。但是对于全球气候变化的响应，后者则十分敏感。按空间尺度交错带可分为四级，即微型交错带、中型交错带、大型交错带和巨型交错带。但这种划分也只是相对的，很难有定量化的指标来衡量。

从时间尺度讲，生态交错带可以分为三级，即短暂（日计）尺度、季节尺度和永久尺度。同一交错带按不同的时间尺度来考虑其稳定性是不同的，例如，海陆交错带这一地质历史过程的产物，在大时间尺度上（上千上万年）是稳定的。但从地质年代这一超大时间尺度上考虑，所有的交错带，包括海陆交错带都可以说是短暂的和不稳定的。

2.3 景观变化

景观变化大多以遥感影像或统计资料为数据源，采用面积统计对比、转移矩阵分析或景观指数变化进行分析。对景观变化驱动力主要采用定性分析、主成分分析、多元统计等定量分析方法。目前对景观变化逐步趋向深层次的分析，并向空间变化扩展。对景观变化的分析要用到相关的指数。在类型水平和景观水平上简单介绍以下指标（鲁韦坤和杨树华，2006）。

2.3.1 类型水平的景观指数

（1）斑块面积（CA）、各类斑块数目（N_P）和各类斑块所占百分比（PLAND）是进行景观格局计算的基础。

（2）斑块密度（PD）。用来测定单位面积内某一景观类型的斑块数。

$$\mathrm{PD}=\frac{n_i}{A}\times 10000\times 100\text{，}\mathrm{PD}>0 \tag{2.1}$$

式中：n_i为景观类型 i 的斑块总数；A 为景观的总面积。

（3）最大斑块指数（LPI）。

$$\mathrm{LPI}=\frac{\max\limits_{j=1}^{n}(a_{ij})}{A}\times 100 \tag{2.2}$$

式中：0＜LPI≤100；A 为景观的总面积，定义的是各个类型中最大斑块占流域总面积的百分比，它是一种简单的优势度测量法。

（4）面积周长分维度指数（PAFRAC）。

$$\mathrm{PAFRAC}=\frac{\left[n_i\sum\limits_{j=1}^{n}\left(\ln p_{ij}\cdot\ln a_{ij}\right)\right]-\left[\left(\sum\limits_{j=1}^{n}\ln p_{ij}\right)\left(\sum\limits_{j=1}^{n}\ln a_{ij}\right)\right]}{2\left[\left(n_i\sum\limits_{j=1}^{n}\ln p_{ij}^2\right)-\left(\sum\limits_{j=1}^{n}\ln p_{ij}\right)^2\right]} \tag{2.3}$$

式中：1≤PAFRAC≤2；a_{ij}为第 i 类景观类型第 j 个斑块的面积；p_{ij}为第 i 类景观类型第 j 斑块的周长；n_i 为景观类型 i 的斑块总数。该指数用于度量斑块或景观类型的复杂程度，当 PAFRAC 趋于 1 时，斑块的形状趋于方形；趋于 2 时，斑块的形状趋于卷绕。

（5）聚集度指数（AI）。

$$\mathrm{AI}=\left[\frac{g_{ii}}{\max\to g_{ii}}\right]\times 100 \tag{2.4}$$

式中：0≤AI≤100；g_{ii}为根据单一算法类型 i 相邻的斑块数聚集度指数，反映景观中不同斑块类型的非随机性或聚集程度，可反映景观组分的空间配置特征。如果一个景观由许多离散的小斑块组成，其聚集度的值较小；当景观中以少数大斑块为主或同一类型斑块高度连接时，聚集度的值则较大。

（6）斑块结合度指数（COHESION）。

$$\text{COHESION}=\left[1-\frac{\sum_{i=1}^{m}\sum_{j=1}^{n}p_{ij}}{\sum_{i=1}^{m}\sum_{j=1}^{n}p_{ij}\sqrt{a_{ij}}}\right]\left[1-\frac{1}{\sqrt{A}}\right]^{-1}\times 100 \tag{2.5}$$

式中：0≤COHESION<100；p_{ij} 为斑块 ij 用像元表面测算的周长；a_{ij} 为斑块 ij 用像元测算的面积；A 为该景观的像元总数。测量的是该类型的物理连通性，在过滤阈值下，斑块内聚性指数对该类型的集合度敏感。当该类型的斑块分布的集合度增加时，斑块聚合度指数值的增加。

2.3.2　景观水平的景观指数

（1）斑块总数 $N_P=N$，N 为整个景观的斑块总数。

（2）斑块密度。

$$\text{PD}=N/A\times 10000\times 100,\quad \text{PD}>0 \tag{2.6}$$

式中：N 为整个景观的斑块总数；A 为整个景观的面积。

（3）景观形状指数。

$$\text{LSI}=E/\min E,\quad \text{LSI}\geqslant 1 \tag{2.7}$$

式中：E 为居于像元计算的景观边缘总长度。这一指数为景观总边缘长度和边缘密度提供了一种标准化的算法。

（4）面积周长分维度指数（PAFRAC）。

$$\text{PAFRAC}=\frac{2}{\dfrac{\left[N\sum_{i=1}^{m}\sum_{j=1}^{n}\left(\ln p_{ij}\cdot\ln a_{ij}\right)\right]-\left[\left(\sum_{i=1}^{m}\sum_{j=1}^{n}\ln p_{ij}\right)\left(\sum_{i=1}^{m}\sum_{j=1}^{n}\ln a_{ij}\right)\right]}{\left(N\sum_{i=1}^{m}\sum_{j=i}^{n}\ln p_{ij}^{2}\right)-\left(\sum_{i=1}^{m}\sum_{j=1}^{n}\ln p_{ij}\right)^{2}}} \tag{2.8}$$

这一指数与类型水平的 PAFRAC 定义基本相同，只是每一项都多了对所有类型的一个累加值。

（5）景观的蔓延度指数（CONTAG）。

$$\text{CONTAG}=\left[1+\frac{\sum_{i=1}^{m}\sum_{k=1}^{m}\left[\left(p_i\right)\left(\frac{g_{ik}}{\sum_{k=1}^{m}g_{ik}}\right)\right]\cdot\left[\ln\left(p_i\right)\left(\frac{g_{ik}}{\sum_{k=1}^{m}g_{ik}}\right)\right]}{2\ln(m)}\right]\times 100 \tag{2.9}$$

式中：0<CONTAG≤100；p_i 为类型 i 在整个景观中所占的比例；g_{ik} 为类型 i 和 k 中邻接的

斑块数；m 为该景观中所有景观类型的数目。这一指数与边缘密度有关，例如，当边缘密度很低的时候，一个单一类型占了该景观的大部分比例时，蔓延度指数就大，反之亦然。

（6）聚集度指数（AI）。

$$\mathrm{AI}=\left[\frac{g_{ii}}{\max \rightarrow g_{ii}}\right]\times 100 \tag{2.10}$$

式中：0≤AI≤100；g_{ii} 为根据单一算法类型 i 相邻的斑块数，它是在类型水平通过相邻矩阵计算得来的，当同一类型斑块最大化的分散时，AI=0；当整个景观仅由一个类型组成时，AI=100。

（7）景观多样性指数选用香农多样性指数（SHDI）。

$$\mathrm{SHDI}=-\sum_{i=1}^{m}\left(p_i \times \ln p_i\right) \tag{2.11}$$

式中：SHDI≥0；p_i 为类型 i 在整个景观中所占的比例，表示景观中各类嵌块体的复杂性和变异性，指标值越大，表示景观多样性程度越高。

（8）景观优势度采用香农均匀度指数（SHEI）。

$$\mathrm{SHEI}=\frac{-\sum_{i=1}^{m}\left(p_i \times \ln p_i\right)}{\ln m} \tag{2.12}$$

式中：0≤SHEI≤1，用来测定景观结构中一种或几种景观类型支配景观的程度。SHEI 值小，表示景观是由多个比例大致相等的类型组成；SHEI 值大，表示景观只受一个或少数几个类型所支配（云南省发展计划委员会和云南省国土资源厅，2004；李小玉等，2004；胡震峰，2003）。

参考文献

郭晋平, 周志翔. 2007. 景观生态学. 北京: 中国林业出版社

胡希军. 2006. 城市化主导的景观结构演变机制研究——以义乌市为例. 中南林业科技大学博士学位论文

胡震峰. 2003. 土地利用与景观格局动态变化研究. 科技情报开发与经济, 13(12): 56-59

黄越, 赵振斌. 2018. 旅游社区居民感知景观变化及空间结构——以丽江市束河古镇为例. 自然资源学报, 33(6): 1029-1042

李小玉, 武开拓, 肖笃宁, 等. 2004. 石羊河流域及其典型绿洲景观动态变化研究. 冰川冻土, 26(6): 747-753

刘茂松, 张明娟. 2004. 景观生态学——原理与方法. 北京: 化学工业出版社

鲁韦坤, 杨树华. 2006. 滇池流域景观格局变化研究. 云南大学学报(自然科学版), 28(S1): 201-208

邬建国. 2000. 景观生态学——格局、过程、尺度与等级. 北京: 高等教育出版社

肖笃宁, 李秀珍, 高峻, 等. 2003. 景观生态学. 北京: 科学出版社

余新晓, 牛健植, 关文彬, 等. 2006. 景观生态学. 北京: 高等教育出版社

云南省发展计划委员会, 云南省国土资源厅. 2004. 云南国土资源遥感综合调查. 昆明: 云南科技出版社

张国斌, 李秀芹. 2006. 城乡过渡带景观特征与规划建设探讨. 安徽农业科学, 34(23): 6268-6270

Forman R, Godron M. 1990. 景观生态学. 肖笃宁, 张启德, 赵羿, 等译. 北京: 科学出版社

Forman R, Godron M. 1986. Landscape Ecology. New York: John Wiley & Sons

第 3 章　景观格局空间分析关键技术

3.1　景观单元选择技术

景观单元是由多种功能上相关的景观要素组构成的相对独立完整的单元，尺度（scale）是研究某一物体（或现象）时所采用的空间（或时间）单位，两者都对景观分析具有直接影响。如何选择合适的地理空间尺度解决景观生态问题，是地理学家和生态学家最关注的问题之一。不同尺度的区域有着不同的自然和人文因素组合，对区域景观格局的影响也不同。因而，尺度大小与区域类型的选择是景观格局变化研究的关键。

以湿地为例，我国湿地景观格局的研究尺度可分为大、中、小 3 种类型，其中以中、小尺度为主（郭程轩和徐颂军，2007）。研究区域主要包括：①流域尺度湿地（或称流域型湿地）。该尺度集中了我国典型的湿地类型，包括河流湿地、湖泊湿地、冲积平原、沼泽湿地等。有研究成果显示，三江平原流域湿地（刘红玉等，2004；张芸等，2005；侯伟等，2004）、扎龙沼泽湿地（韩敏等，2005）、黄河沿岸湿地（丁圣彦和梁国付，2004；洪振东和丁圣彦，2019）等都是我国流域型湿地研究中倍受关注的区域，其中沼泽湿地是关注的焦点。②滨海型湿地。该类湿地主要包括海岸湿地、河口三角洲湿地、岛屿湿地以及滨海潟湖湿地等类型。近年来研究区域多集中在我国典型的河口湿地地区，如黄河三角洲湿地（郭笃发，2005）、辽河三角洲湿地（李加林等，2006）、珠江三角洲湿地（黎夏等，2006）、闽江河口湿地（兰樟仁等，2006）、天津湿地（刘东云，2012）、盐城湿地（臧正，2018）等。其中红树林湿地是滨海型湿地研究关注的焦点。需要说明的是，全球变暖引起的海平面上升对滨海型湿地和河口湿地的景观格局产生了最为直接的影响，使滨海型湿地研究日益受到关注。③城市湿地。城市湿地的研究大多界于中、小尺度水平，主要包括城市市域范围内的河流、湖泊、水田、水库等湿地类型。城市属于人文因素高度复合的地区，而城市湿地又直接关系到城市生态环境的平衡与稳定，因此越来越多的湿地研究开始关注人口密集的大城市。例如，周昕薇等（2006）基于北京市五大水系，研究了北京市市域范围内的湿地分布格局；宁龙梅等（2005）在中尺度水平上应用 RS 与 GIS 技术，定量分析了武汉市的湿地景观格局；吕金霞等（2018）运用 GIS 空间分析和主成分分析方法，分析了京津冀地区湿地景观时空变化及其驱动力；雷金睿等（2019）利用 ArcGIS 和 Fragstats 景观格局的方法，分析了海口市美舍河国家湿地公园和五源河国家湿地公园景观格局。

3.2　景观格局空间分析数据获取与处理

20 世纪 70 年代以来，3S 技术被引入景观生态学研究中，促进了景观定量研究、景观结构、格局及动态变化研究的深入发展。以湿地为例，由于湿地数据不易获取，传统的观测、抽样调查等数据采集方法工作难度大、费用高且周期长，给湿地研究带来了困难（郭程轩和徐颂军，2007）。研究湿地景观格局与动态变化主要需要两类数据：①影像数据，包括航片、卫片等，目前常用的遥感影像有 TM、SPOT、MSS、IKONOS、QUICK-BIRD 以及 NOAA 的 AVHRR 等；②辅助统计数据，包括地形图、行政区图、土地利用图、植被、土壤、水文等专题图以及农业、气象、社会经济统计数据等。对湿地遥感数据的处理与分析涉及如下问题（陈铭等，2005；牛明香等，2004；汪爱华等，2003；王宪礼和肖笃宁，1997）：①数据源的选择，即应用何种遥感影像数据；②景观信息的提取方法，即应用何种遥感影像分类技术；③动态变化信息的空间分析方法，即应用何种空间数据分析方法。数据的处理与分析需要借助多种影像分析和处理软件，从已有的研究成果看，目前较为常用的数据处理平台有 ArcGIS、ERDAS、MapGIS 等。数据获取、处理与分析流程如图 3.1 所示（郭程轩和徐颂军，2007）。

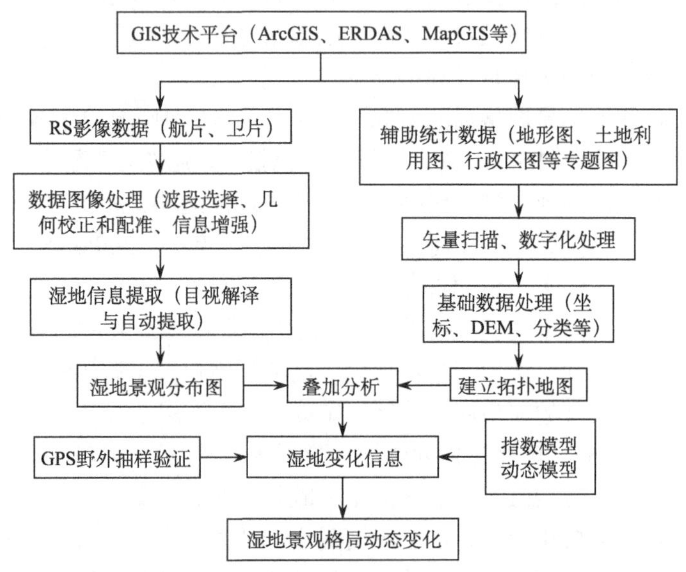

图 3.1 湿地景观数据获取、处理与分析流程（据郭程轩和徐颂军，2007）

3.3 景观格局空间分析技术

通过对景观格局空间分析数据的获取与处理，得到格局数据变化结果。对结果的分析处理要从多方面进行考虑。下面通过实例进行介绍（章仲楚等，2007）。从表 3.1 中可以看出，作为西溪湿地景观基质的水体，在综合保护工程实施前后，其面积略有增加，其中池塘面积有所减少，而河流及连通水面有较大的增幅；草本植被的增加比较明显，乔木有一定程度的减少，而灌木的变化程度相对较小；由于实施保护政策，水田的面积减少了一半多；由于公园的建设，建设用地面积也有所增加，但是变化不是很大。这些说明实施综合保护工程对湿地景观有较大的影响。

表 3.1　景观斑块类型面积和比例

年份	参数	草本植被	灌木	乔木	河流及水面	池塘	水田	建设用地
2003	面积/hm^2	32.9898	99.463	281.46	64.3943	425.0072	91.3387	129.4444
	比例/%	2.93	8.85	25.04	5.73	37.81	8.13	11.51
2006	面积/hm^2	86.6469	110.8034	205.4407	111.2497	405.7979	44.2994	161.8186
	比例/%	7.53	9.86	18.28	9.90	36.10	3.94	14.41

3.3.1　景观多样性分析

景观多样性指数的大小反映景观要素的多少和各景观要素所占比例的变化。西溪湿地的景观多样性指数由 2003 年的 1.6493 增加到 2006 年的 1.7370。说明西溪湿地景观受人类活动的影响，各景观类型面积差异变小，而复杂程度趋于增加。其主要原因是随着西溪湿地综合保护工程的进行，许多池塘被开挖并与其他水体相连，同时有针对性地对湿地植被，尤其是湿地内部道路两旁的植被进行保护与改善，且对原来的一些历史遗迹进行了重建与修复。

3.3.2　景观均匀度和优势度分析

均匀度指数和优势度指数都可以描述景观由少数几个主要景观类型控制的程度，两者之间可以互相验证。西溪湿地 2003 年的均匀度指数和优势度指数分别为 0.8476 和 0.2966，而 2006 年的均匀度指数和优势度指数分别为 0.8926 和 0.2089。从这里可以看出 2003～2006 年西溪湿地整个景观的均匀度有所上升，而优势度则有所下降，这说明西溪湿地景观斑块的分布变得均匀，而原本占有优势的景观类型（如池塘）的面积有所下降。

3.3.3　景观破碎化分析

破碎化指数可反映景观空间结构的复杂性。通过景观破碎化分析可以从一定角度对景观的稳定性和人类干扰程度进行适当评价。2003 年和 2006 年的景观破碎化指数分别为 0.0009 和 0.0010，考虑到作为景观基质的水体部分的平均斑块面积比较大，斑块密度比较小，所以整体的景观破碎化程度还是有一定的增加。从斑块类型上看，植被中草本植被的破碎化指数增加比较明显，主要是由公园建设过程中一些人工草地的种植和许多原来的水田抛荒所致；由于河道疏浚和有意识的增加河流与池塘之间的物质和能量交换，很多池塘被开挖与河流相连，河流连通性增强、池塘的斑块数量减少，两者的破碎化程度下降；由于水田面积明显下降，其破碎化指数也相应地降低；对于建设用地，虽然对历史遗迹进行了重建，新增了一些景点设施，但是由于原来农居点的迁移和综合保护工程的规划性，建设用地的破碎化程度略有下降（表 3.2）。

表 3.2　景观破碎化指数

年份	草本植被	灌木	乔木	河流及连通水面	池塘	水田	建设用地
2003	0.1515	0.3274	0.1991	0.0165	0.2237	0.0044	0.0767
2006	0.2552	0.2719	0.2245	0.0074	0.1678	0.003	0.0695

3.3.4 景观聚集度分析

西溪湿地整个景观的聚集度指数由 2003 年的 50.0982 下降为 2006 年的 47.8149，表明斑块的聚集程度和同一类型斑块的连接度有所降低。同时也说明了斑块数目的增加和平均斑块面积的减小，使破碎化程度有所增强。

3.4 景观指数选择技术

景观指数是指能够高度浓缩景观格局信息，反映其结构组成和空间配置在某些方面的简单定量指标。通过景观指数，可以对景观的组成特征、空间配置和动态变化等进行定量的研究。景观格局空间分布属于静态分布，需要用表征静态分布特征值的指数模型进行分析。景观格局指数分为斑块水平指数、斑块类型水平指数和景观水平指数。从湿地景观格局研究的尺度和内容看，景观空间分布特征的探讨大多在斑块水平上进行。通过密度指数和平均接近指数，可反映斑块的破碎程度，同时也反映景观空间异质性程度；通过多样性指数对比，可在不同尺度上反映各湿地景观类型所占比例的差异，进而分析湿地景观的多样性及其增减程度；根据景观破碎度指数可判断景观尺度上湿地的破碎程度；根据优势度指数和形状指数则可分别判断占优势的景观类型和湿地景观的空间构型。

（1）多样性指数。

多样性指数（H）的大小反映景观要素的多少和各景观要素所占比例的变化。其计算公式为

$$H = -\sum_{k=1}^{n} P_k \log_2 P_k \tag{3.1}$$

式中：P_k 为斑块 k 的景观比例；n 为斑块的种类。

（2）优势度指数和均匀度指数。

优势度（D）表示景观结构组成中某种或某些景观类型支配景观的程度；均匀度（E）则反映景观中各斑块在面积上分布的不均匀程度。其计算公式分别为

$$D = H_{\max} + \sum_{k=1}^{n} P_k \log_2 P_k \tag{3.2}$$

$$E = \frac{\sum_{k=1}^{n} P_k \log_2 P_k}{\log_2 n} \tag{3.3}$$

式中：$H_{\max}$ 为多样性指数的最大值；P_k 为斑块类型 k 在景观中的比例；n 为研究区中景观类型的总数。

（3）景观斑块数破碎化指数。

破碎化指数（FN）用来测景观破碎度，其计算公式为

$$\mathrm{FN}_1 = (N_p - 1) / N_c \tag{3.4}$$

$$\mathrm{FN}_2 = \mathrm{MPS}(N_f - 1) / N \tag{3.5}$$

式中：FN_1 为整个研究区域的景观破碎化指数；FN_2 为某一景观类型斑块数破碎化指数；N_c

为景观总面积；N_p为景观中各类斑块的总数；MPS 为景观中各类斑块的平均面积；N_f为某一景观类型的斑块数。

（4）聚集度指数。

聚集度指数（CONT）反映景观中不同斑块类型的聚集程度和延展趋势，还能够反映景观组分的空间配置特征。计算公式为

$$\mathrm{CONT}=\left(\sum_{i-1}^{n}\sum_{j=1}^{n}\frac{p_{ij}\log_2 P_y}{2\log_2 n}\right)\times 100 \tag{3.6}$$

式中：n 为斑块类型总数；p_{ij} 为随机选择的两个相邻栅格细胞属于类型 i 与 j 的概率；P_y 为斑块类型 y 在景观中的比例。

3.5　景观指数应用技术

自 20 世纪 80 年代中后期，景观指数开始在景观生态学中广泛应用。以景观斑块面积、数目、周长等为基础数据（或参数）进行数学计算，是景观指数模型与动态模型应用的基本实现形式。通过景观指数模型和动态模型分析景观格局的时空动态变化，可以揭示景观变化的内部规律和机制。景观分析模型可归纳为三种类型：描述景观格局特征的指数模型（如形状指数、斑块分维数、优势度指数等）、描述景观异质性的指数模型（如景观破碎度指数、斑块密度指数、平均接近指数、多样性指数等）和描述景观变化的动态模型（如景观动态度模型、景观相对变化率、斑块空间质心模型等）。各类模型的分析应用既可在斑块尺度上进行，也可在景观尺度上进行，既可实现静态描述，也可实现动态分析。虽然景观指数的分类尚不能对景观分析产生重大影响，但在研究过程中依然需要根据模型的描述类别与描述尺度对模型进行筛选，选择出最能反映景观格局与变化特征的模型。例如，汪爱华等（2003）选用湿地斑块形状指数模型、斑块连接指数模型和斑块分布质心变化模型研究了三江平原湿地景观格局的动态变化；王宪礼和肖笃宁（1997）选用斑块密度指数、廊道密度指数、景观破碎度指数等定量分析了辽河三角洲的湿地景观格局；王树功等（2005）在对红树林这一单一湿地景观进行研究时，主要从斑块和类型水平上选取景观指数。而动态模型虽然在解释景观格局动态变化方面具有较强的优势，但真正用于解释景观格局变化的内在机制与驱动力尚不全面，更不适应多种尺度的景观格局变化预测分析。要真正解决驱动机制与预测分析等问题，还需在现有基础上提高动态模型的解释能力或构建新的模型对景观格局进行深入分析。景观指数会随空间幅度和粒度的变化而变化，当幅度固定不变只改变粒度时，对景观指数也会有明显的影响。

用景观指数描述景观格局及变化，建立格局与景观过程之间的联系，是景观生态学中最常用的定量化研究方法。为此，景观生态学家在应用其他理论研究景观过程与格局关系的过程中，提出了描述景观格局与动态的各式各样的景观指数，以至于目前难以用一个公认的统一标准对其进行分类。这些景观指数都从不同的角度描述了景观格局及动态，并且应用它们成功揭示生态过程与生态机理的研究有很多（Kienast，1993；Richard et al.，1992；Turner and Ruscher，1988），但同时不少研究者也注意到了一些景观指数及指数体系的缺陷性，并提出了相应的解决方案。对于什么是一个“好”的、适应性和描述性“强”的景观指数，目前还

未形成统一标准。O'Neill 等（1999）认为，运用景观指数或指数体系描述景观格局时必须考虑 3 个方面的问题：①指数体系之间是否满足统计上相互独立的要求，即指数体系中的各个指数能否相互独立地描述景观格局的不同方面；②景观指数（或指数体系）对生态过程（或数据）中错误的敏感程度；③景观指数随空间分辨率是如何变化的。O'Neill 等（1999）还提出了一些景观指数应用的经验性原则，例如，斑块大小至少是像素的 2～5 倍，景观大小至少是斑块的 2～5 倍等。

对景观指数的评价不但要考虑单个景观指数的描述能力和适应性，还要将其置于整个景观指数体系中进行综合研究。许多学者在用景观指数描述景观结构、对景观过程进行生态学解释时发现，有些景观指数的生态学意义并不明确，甚至有相互矛盾的现象。例如，在生物多样性保护问题上，景观指数用于评价生境的连续性，舒马克（Schumaker）曾想用 9 个常用景观指数（斑块数目、斑块面积、面积周长比、形状指数、斑块周长、最邻近斑块距离、斑块核心面积、蔓延度、分维数）建立格局与生境分布变化的相互关系，但结果发现，所用景观指数与生境分布变化联系薄弱（余新晓等，2006）。因此，对景观指数的评价至少应从 3 个方面考虑：①就单个指数而言，主要考虑它有无较完善的理论基础，能否较好地描述景观格局、反映格局与过程之间的联系；②就指数体系而言，体系中的各个景观指数除了要满足对单个指数的要求，还要考虑相互独立性，即各指数是否从不同的侧面对景观格局进行描述；③就实际应用而言，要求景观指数不仅要有较强的纵向（相同景观、不同时期的景观指数的比较）比较能力，还要有较强的横向（相同时期、不同景观之间的比较）比较能力。据研究，目前已有的大部分基于栅格数据（raster data）的景观指数，如镶嵌度（mosaic）、对比度（contrast）、蔓延度（contagion）和熵指数（entropy）等，都存在对分辨率的敏感性问题，不同时期的景观格局对比时，必须先统一分辨率，否则对比就失去了意义。因此，希望景观指数对空间分辨率相对不敏感，使来自于不同分辨率的相同景观（如 TM 数据与 SPOT、MSS 数据）之间具有可比性。在实际应用中，应该根据不同景观指数的特点、研究目的和研究内容选择合适的景观指数，以期对研究对象进行更好的定量描述。若不顾实际意义，罗列一堆景观指数的计算结果，这就失去了研究景观格局的本来意义（陈文波等，2002）。

参考文献

陈铭, 张树清, 宋开山, 等. 2005. 基于 GIS 的松嫩平原重要湿地信息系统研究. 干旱区资源与环境, 19(7): 76-79

陈文波, 肖笃宁, 李秀珍. 2002. 景观指数分类、应用及构建研究. 应用生态学报, 13(1): 121-125

丁圣彦, 梁国付. 2004. 近 20 年来河南沿黄湿地景观格局演化. 地理学报, 59(5): 653-659

郭程轩, 徐颂军. 2007. 基于 3S 与模型方法的湿地景观动态变化研究述评. 地理与地理信息科学, 23(5): 86-90

郭笃发. 2005. 黄河三角洲滨海湿地土地覆被和景观格局的变化. 生态学杂志, 24(8): 907-912

韩敏, 孙燕楠, 许士国, 等. 2005. 基于 RS、GIS 技术的扎龙沼泽湿地景观格局变化分析. 地理科学进展, 24(6): 42-45

洪振东, 丁圣彦. 2019. 河南沿黄湿地研究进展. 河南大学学报(自然科学版), 49(5): 513-520

侯伟, 张树文, 张养贞, 等. 2004. 三江平原挠力河流域 50 年代以来湿地退缩过程及驱动力分析, 自然资源学报, 19(6): 725-731

兰樟仁, 张东水, 邱荣祖, 等. 2006. 闽江口湿地遥感时空演变应用分析. 地球信息科学, 8(1): 114-117

雷金睿, 冯勇, 钱军, 等. 2019. 海口城市湿地公园景观格局分析: 以美舍河国家湿地公园和五源河国家湿地公园为例. 湿地科学与管理, 15(3): 51-54

黎夏, 刘凯, 王树功. 2006. 珠江口红树林湿地演变的遥感分析. 地理学报, 61(1): 26-30

李加林, 赵寒冰, 曹云刚, 等. 2006. 辽河三角洲湿地景观空间格局变化分析. 城市环境与城市生态, 19(2): 5-8

刘东云. 2012. 天津湿地景观格局动态变化研究. 北京林业大学博士学位论文

刘红玉, 吕宪国, 张世奎. 2004. 三江平原流域湿地景观多样性及其 50 年变化研究. 生态学报, 24(7): 1472-1476

吕金霞, 蒋卫国, 王文杰, 等. 2018. 近 30 年来京津冀地区湿地景观变化及其驱动因素. 生态学报, 38(12): 4492-4503

宁龙梅, 王学雷, 吴后建. 2005. 武汉市湿地景观格局变化研究. 长江流域资源与环境, 14(1): 44-47

牛明香, 赵庚星, 李尊英. 2004. 南四湖湿地遥感信息分区分层提取研究. 地理与地理信息科学, 20(2): 45-47

汪爱华, 张树清, 张柏. 2003. 三江平原沼泽湿地景观空间格局变化. 生态学报, 23(2): 237-241

王树功, 黎夏, 刘凯, 等. 2005. 近 20 年来淇澳岛红树林湿地景观格局分析. 地理与地理信息科学, 21(3): 53-56

王宪礼, 肖笃宁. 1997. 辽河三角洲湿地的景观格局分析. 生态学报, 17(3): 317-323

余新晓, 牛健植, 关文彬, 等. 2006. 景观生态学. 北京: 高等教育出版社

臧正. 2018. 滨海湿地生态系统与区域福祉的双向耦合关系研究——以盐城为例. 南京大学博士学位论文

张芸, 吕宪国, 杨青. 2005. 三江平原湿地水平衡结构研究. 地理与地理信息科学, 21(1): 79-81

章仲楚, 张秀英, 邓劲松, 等. 2007. 基于 RS 和 GIS 的西溪湿地景观格局变化研究. 浙江林业科技, 27(4): 38-41

周昕薇, 宫辉力, 赵文吉, 等. 2006. 北京地区湿地资源动态监测与分析. 地理学报, 61(6): 654-662

Kienast F. 1993. Analysis of historic landscape patterns with a Geographical Information System—a methodological outline. Landscape Ecology, 8(2): 103-118

O'Neill R V, Ritters K H, Wickham J D, et al. 1999. Landscape pattern metrics and regional assessment. Ecosystem Health, 5(4): 225-233

Richard G, Lathrop J R, Peterson D L. 1992. Identifying structural self-similarity in mountainous landscapes. Landscape Ecology, 6(4): 233-238

Turner M G, Ruscher C L. 1988. Changes in landscape patterns in Georgia, USA. Landscape Ecology, 1(4): 241-251

第 4 章　景观生态格局分析常用软件

对景观生态格局进行分析和模拟，需要有相应的软件，本章将对几个比较出名的软件分别进行介绍，以便读者了解和选用。

4.1　APACK

APACK 软件是由大卫·麦莱德诺夫（David Mladenoof）和巴里·戴泽宁（Barry DeZonia）开发的，针对大的数据集进行快速的景观指数计算。景观生态学学者通过对比景观的各项指数来分析景观的时空变化，以及预测景观格局变化。APACK 设计的目的是开发一种有效的程序来计算景观指数，它是由 C++语言编写的可独立执行程序，在 Windows 平台上运行，支持的数据格式包括 ERDAS GIS 文件和 ASCII 文件。输出数据由文本文件和电子表格组成。APACK 能计算 25 种景观指数，这些指数主要包括基本指数（如面积）、信息化指数（如多样性）、结构指数（如孔隙度、连通性）、概率指数（如选择度）等，与其他常用的景观分析软件相比，APACK 具有运算速度快的优势，部分原因是 APACK 仅仅计算用户指定的指数，同时程序本身并没有镶入或直接链接 GIS。APACK 能方便有效地计算大的栅格图的景观指数。

4.1.1　安装和运行

从网站下载的 APACK 软件，是 Win32 位系统可执行二进制的格式，命名为 APACK.EXE。只需将此文件复制到计算机上。双击 APACK.EXE，即可进入系统的运行界面（图 4.1）。

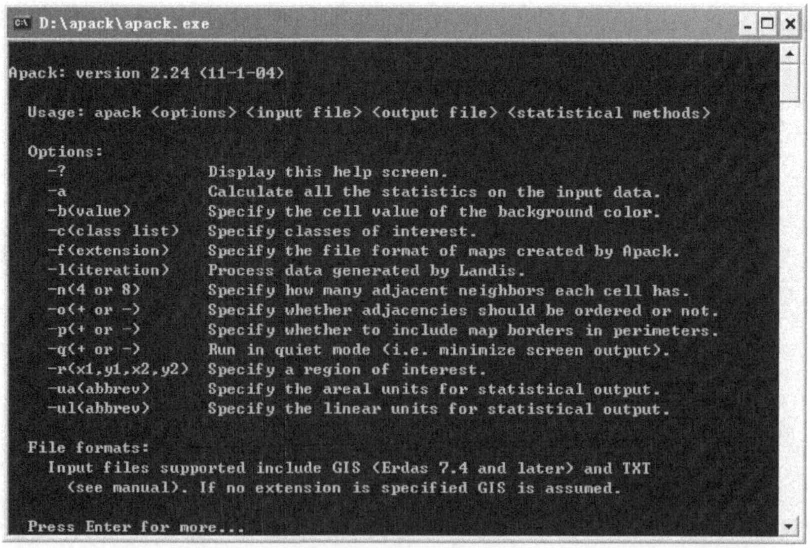

```
D:\apack\apack.exe

Apack: version 2.24 (11-1-04)

  Usage: apack <options> <input file> <output file> <statistical methods>

  Options:
    -?                 Display this help screen.
    -a                 Calculate all the statistics on the input data.
    -b(value)          Specify the cell value of the background color.
    -c(class list)     Specify classes of interest.
    -f(extension)      Specify the file format of maps created by Apack.
    -l(iteration)      Process data generated by Landis.
    -n(4 or 8)         Specify how many adjacent neighbors each cell has.
    -o(+ or -)         Specify whether adjacencies should be ordered or not.
    -p(+ or -)         Specify whether to include map borders in perimeters.
    -q(+ or -)         Run in quiet mode (i.e. minimize screen output).
    -r(x1,y1,x2,y2)    Specify a region of interest.
    -ua(abbrev)        Specify the areal units for statistical output.
    -ul(abbrev)        Specify the linear units for statistical output.

  File formats:
    Input files supported include GIS (Erdas 7.4 and later) and TXT
      (see manual). If no extension is specified GIS is assumed.

  Press Enter for more...
```

图 4.1　系统的运行界面

APACK 是针对 Win32 操作系统的命令行驱动的控制台应用程序。任何时候都可以通过命令行直接运行 APACK，不需任何参数就可以获得 APACK 的功能和命令行语法的说明。

除了在命令行中详细说明的统计方法外，APACK 还公布了一套缺省的统计数据。这些默认的统计数据通常包括地图单元的数量、作为一个整体的景观周长和每个单元的属性类别。

4.1.2　APACK 支持的数据格式

1. 输入数据格式

APACK 可以读入以下格式的数据：

（1）一些 ERDAS 7.4 GIS 数据（256 色或者更少）。

（2）LANDIS 参数文件（1.0、2.0、3.0 版本）。

（3）自身的 ASCII 文本地图的文件格式（256 色或者更少）。

2. 输出数据格式

APACK 可以生成以下五种数据文件：

（1）ERDAS 7.4 和 ASCII 地图文件的数据分析的文本格式摘要。

（2）ERDAS 7.4 和 ASCII 地图文件的数据分析生成的电子表格可读摘要（.SRF）。

（3）LANDIS 输出数据的数据分析生成的电子表格兼容摘要。

（4）ERDAS、GIS/TRL 文件通过这些命令可以产生诸如 ASM、COL、COR、DOR、PRC 和 SWE 的输出文件。

（5）ASCII 文本地图文件通过这些命令可以产生诸如 ASM、COR、DOR、PRC 和 SWE 的输出文件。

4.1.3　APACK 命令概述

APACK 的命令行选项功能非常灵活和强大。但是如果使用时不理解它们的交互方式，就无法达到预期目的。在命令行中指定的单位不同会影响输出数据的绝对值，但不同的命令行选项会影响各种指标的计算。试图将 APACK 的输出与 Fragstats 的输出相匹配会非常复杂。

下面对一些命令进行简单说明，具体情况可查看 APACK 使用说明。

（1）-?：Display this help screen.

显示帮助窗口。当输入这个命令时，屏幕中将显示 APACK 的所有功能。

（2）-a：Calculate all the statistics on the input data.

计算输入文件的所有数据系列。

（3）-b（value）：Specify the cell value of the background color.

使用-b 选项可以选定具有 value 颜色（背景颜色）的图像。当使用-b 选项时，value 是必需的参数，且必须为 0～255 之间的整数。括号之间无空格。当 value 为空时，所有颜色的图像都会显示出来。

（4）c（class list）：Specify classes of interest.

选定输入文件的一个子类。

（5）-f（extension）：Specify the file format of maps created by Apack.

一些 APACK 方法生成的地图输出后需要可视化和进一步分析。使用-f 选项可以指定 APACK 输出地图的格式。使用-f 选项的 extension 参数必须是 TXT 或者 GIS 格式。如果指定是 TXT 格式，那么 APACK 创建的地图格式就是 TXT 地图格式；如果指定是 GIS 格式，那么 APACK 创建的地图格式就是 ERDAS GIS 8-bit 文件格式。括号之间无空格。此选项不区分大小写。

4.1.4 APACK 命令的操作

举例说明命令的使用方法。

命令：APACK

说明：没有指定任何命令行参数。

运行结果：显示帮助窗口（图 4.2）。

```
命令提示符
 Statistics regarding the attribute classes:
   aa              Average area per patch.
   aan             Average area per patch (normalized).
   ai              Aggregation Index (by cover type).
   ap              Average perimeter of patches (by cover type).
   ar              Area (by cover type).
   cce             Connectivity between patch centroids (by cover type).
   cci             Connectivity between circular patches (by cover type).
   ed              Edge density (by cover type).
   ede             Edge distribution evenness (by cover type).
   fdb             Fractal (box) dimension (by cover type).
   fd2             Fractal (double log) dimension (by cover type).
   lcu(sequence)   Lacunarity (by cover type).
   pa              Average patch perimeter/area ratio (by cover type).
   pac             Avg. patch perimeter/area ratio - corrected (by cover type).
   ps(sequence)    Patch statistics (by cover type).
   ra              Relative area (by cover type).

 Statistics regarding the relationships between attribute classes:
   am              Adjacency Matrix (between cover types).
   el              Electivity (between cover types).
   elo(filename)   Electivity with overlay map (by cover type).
   sp              Shared perimeter (between cover types).

C:\Documents and Settings\Administrator>
```

图 4.2　运行 APACK 命令后的界面

命令：APACK map1.gis map1.out

说明：输入文件指定为 map1.gis，输出文件指定为 map1.out。

运行结果：默认的数据来源于 map1.gis，经过计算的结果数据输出到 map1.out。

命令：APACK map2.txt map2.out

说明：输入文件指定为 map2.txt，输出文件指定为 map2.out。

运行结果：默认的数据来源于 map2.txt，经过计算的结果数据输出到 map2.out。

命令：APACK map3 map3.out

说明：输入文件指定为 map3，APACK 规定没有后缀的 map 名称表示的是 GIS 文件；输出文件指定为 map3.out。

运行结果：默认的数据来源于 map3.gis，经过计算的结果数据输出到 map3.out。

命令：APACK -a map4 map4.out

说明：列入-a 选项，意味着所有的数据都要进行计算。输入文件指定为 map4，APACK 规定没有后缀的 map 名称表示的是 GIS 文件；输出文件指定为 map4.out。

运行结果：所有的数据来源于 map4.gis，经过计算的结果数据输出到 map4.out。

命令：APACK-r（10,10,50,50）-c（3,10-12,25-29）map5 results.txt aa fdb lcu（1,5,7,14）

说明：列入-r 选项，意味着 APACK 只计算地图上坐标点（10,10）和（50,50）之间区域的数据；列入-c 选项，意味着 APACK 只计算属性为 3、10、11、12、25、26、27、28、29 单元的数据；输入文件指定为 map5，APACK 规定没有后缀的 map 名称表示的是 GIS 文件，即 map5.gis；输出文件指定为 results.txt；aa、fdb、lcu 是指定的统计方法，lcu 指定序列中的 1、5、7、14 为理想规模。

运行结果：aa、fdb、lcu 和指定的数据用来计算在亚区中的特定级别的属性。这些统计数据来源于 map5.gis，经过计算的结果数据输出到 results.txt。

命令：APACK -l lanparams.dat swd ra ar ed

说明：列入-l 选项，意味着 APACK 计算由 LANDIS 产生数据。没有指定年份，表示所有的年份都需要进行处理；输入文件指定为 lanparams.dat，APACK 默认它为 LANDIS1.0 或者 LANDIS2.0 的文件；没有指定输出文件，LANDIS 参数文件必须包含输出文件的名称信息；swd、ra、ar、ed 是指定的统计方法。

运行结果：swd、ra、ar、ed 指定的数据用来计算所有的 lanparams.dat 文件输入的 LANDIS 数据。在相关的报告文件中，它们计算 LANDIS 产生的每一个地图。

4.2　SIMMAP 2.0

SIMMAP 2.0[①]是由撒拉（Saura）和马丁内斯米兰（Martínez-Millán）开发的。SIMMAP 2.0 软件带有图形用户界面，针对 Win 32 操作系统进行了编译，可能无法直接在新的计算机或者 Windows 版本运行，借助 Windows Virtual PC 或 Windows XP 模式，可以在新的计算机和 Windows7 中运行 SIMMAP 2.0。该软件通过修正随机聚类（modified random clusters, MRC）方法获得景观格局的模拟结果，这种方法比其他景观模型模拟的结果更接近真实景观格局（Saura and Martínez-Millán，2000）。该软件使用方法简单，界面友好，能通过不同的参数设置获得不同的模拟结果，并且给出的模拟景观格局指数，便于与真实的景观格局对比（图 4.3）。如果编程技能足够，则可以使用 SIMMAP 2.0 的原始 C++源代码自行编译代码或改编特定应用程序可能需要的部分代码。

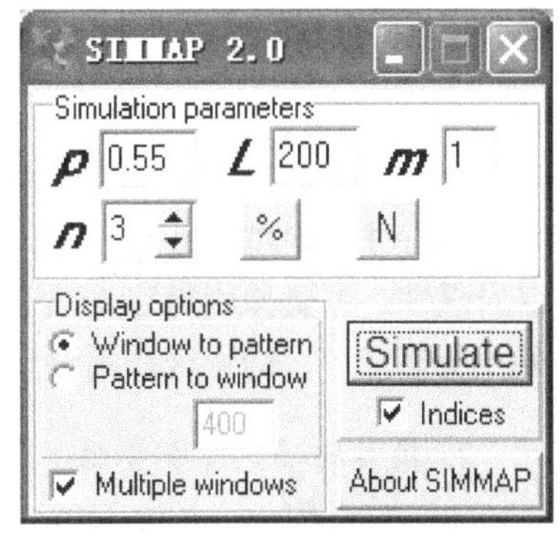

图 4.3　系统主界面

① http://www2.montes.upm.es/personals/saura/software.html#simmap

4.2.1 修正随机聚类方法

修正随机聚类（MRC）方法是一种基于网格的模式，能够在方格中建立空间主题模式，方格被假定为有 L^2 个细胞（L 为地图的线性维数）。它能用来模拟任何的空间分类数据，目前已经用作景观模型并发挥其潜在的作用。MRC 模拟方法包括以下四个步骤。

1. 逾渗地图的生成（A 步骤）

这一步骤的控制参数是初始概率 p。采用统一分配形式的图像的 L^2 个像素的每个随机数 x（$0<x<1$）与 p 相比，如果 $x<p$，那么这个像素就会被标记出来。因此，地图大约有 $p \cdot L^2$ 个单元会被标记（图 4.4）。

图 4.4　p=0.55 的逾渗地图

被标记的像素用浅色表示

这些简单随机的地图在逾渗理论中是重点内容，在逾渗理论研究中，它们被用作具有不同物理特性的模型，并且它们的特征随 p 值的改变而改变。它们还被用作景观模型，但有一定局限性，主要原因是它们具有完全的空间独立性。在修正随机聚类方法中，逾渗地图只是第一步模拟，它的特征还需要以下步骤进行修改。

2. 聚类的确定（B 步骤）

在 B 步骤中，主要是确定 A 步骤标记的像素组成的聚类。一个聚类被定义为彼此之间具有一定邻近关系的一组像素。相邻标准选取不同（图 4.5），将导致聚类的不同，因此会影响模拟结果。本节中所有的 MRC 图案使用的标准都是 4 邻规则，即水平相邻或者垂直相邻的像素被认为属于同一组，但沿对角线的不认为属于同一组。其他标准也可以使用（如 8 邻规则，将对角线上的也归于一组），用不同的均衡标准形成的模拟图案并没有相应的不同。从这个意义上讲，模拟形成的图案没有明显的增加。

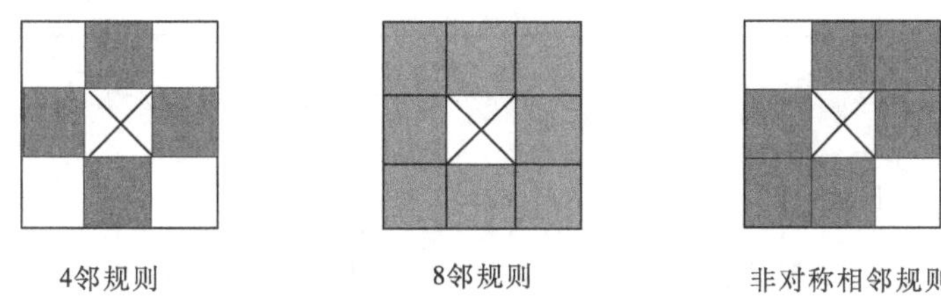

图 4.5　用来确定聚类的三种不同的相邻标准

与中间的像素（×）为同组的像素为黑颜色

但是，使用非对称标准会导致模式的各向异性，即在某些方向上会出现斑块导向。重现这种非同向性图案是非常有用的，因为它们常常出现在土地覆被或者地质图中。

3. 聚类类型的分配（C 步骤）

在这一步骤中，每一种类型将被分配到 B 步骤确定的聚类中。目标是将成百上千的聚类转换成 n 个类型（图 4.6），每个类型都占有一定比例的地图 A_i（i=1, …, n, $\sum_{i=1}^{i=n} A_i = 100$）空间。在这一步骤中，类型只分配给在模拟 A 步骤中被标识的 $p \cdot L^2$ 像素，因此可以获得 $p \cdot L^2$ 单元所占的 A_i 比例。

图 4.6　修正随机聚类方法模拟步骤的说明例子

$p = 0.52$，4 邻规则，$n = 3$，L=50 像素

当集群规模小时，类型可以很容易地以 $p \cdot L^2 \cdot A_i$ 像素被属于种类 i 的方式分配。然而，在逾渗地图中，聚类的规模会随着 p 值的增加而增加。特别是接近渗流阈值（p_c）时，聚类的规模会急剧增加，并且当 $p > p_c$ 时，会出现一个大的聚类，它连接网格的两侧，将占据地图的大部分范围[图 4.7（4 邻规则中，$p_c \approx 0.5928$）]。因此，A_i 的所有可能组合只能在 $p < p_c$ 情况下取得。这对于仿真结果的一般性质绝不是限制因素，原因在后面的分析中进行说明。

在 MRC 模拟方法的计算机程序中（即在 SIMMAP 程序），B 步骤和 C 步骤是同时运行的，在分配聚类的类型时，它们就被确定了。

4. 图像的填充（D 步骤）

图像的填充是模拟过程的关键步骤，因为它能够使模拟的景观具有空间上的相关性，使其更像真实的景观斑块。

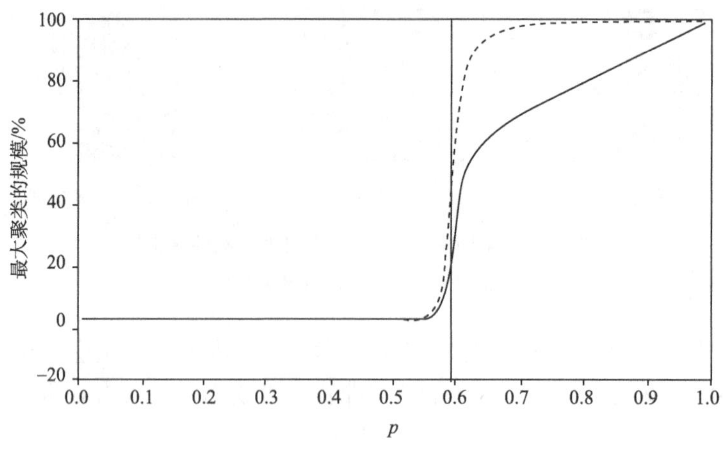

图 4.7　聚类规模限 p 变化图

L=400 时，当 p 变化时最大聚类的规模，通过占地图全部 L 像素的比例来表现（实线）或者占据标记像素 $p \cdot L^2$ 的比例来表现（虚线），当 p 超过阈值时（在 4 邻规则中，$p_c \approx 0.5928$），用垂直的线标示

经过以上三个步骤，获得了一个图像。在这个图像里，大约有 $p \cdot L^2$ 个像素被分配给 n 种类型，其余的（$1-p$）$\cdot L^2$ 个像素还没有归类。在 D 步骤中，8 邻规则单元中出现频繁的类型将被分配给每一个（$1-p$）$\cdot L^2$ 单元（注意在 D 步骤之前并不是所有的邻近像素都有类型，这些未分类的像素不包含在频率计数中）。如果两个类型的频率相同，那么两者将被随机分配，这类似于数字图像处理技术的 3×3 模式过滤。

因此，种类的分配取决于邻近像素的种类（空间依赖性）。在 D 步骤之前，若 8 个邻近像素都没有归类（也就是说，它们中没有一个元素在 A 步骤中被标示，这种情况在 p 取值低时会出现），地图中的类型将会被随机分配，但是每种类型的分配概率等于它所占用的百分率（A_i）。这样可以保证成果地图中每个类别都大约有 $A_i \cdot L^2$ 个像素。

4.2.2　模拟结果量化的景观特征指数

在修正随机聚类方法中，控制模拟结果的参数如下：

（1）初始概率 p（A 步骤）。

（2）邻近规则（B 步骤）。

（3）主题模式的类型数量（n）和每种类型在地图上所占的面积比例（A_i）。

同时，如果不想模拟具有各向异性的图案，相邻规则可以设为 4 邻规则，在模拟图案时没有明显的损失。这个由很少的模拟参数控制的简单模拟方法可以方便地用于前面所介绍的各种用途。

在修正随机聚类方法中，初始概率 p 与地图的类型是否丰富没有关系，因为占用比例由聚类类型分配决定（C 步骤）。这与逾渗地图上是相反的，因此需特别注意，以免混淆。在修正随机聚类方法中，p 控制着斑块分裂和聚集的程度。如图 4.8 所示，当 p 很小时，斑块很多并且尺寸很小，因此图案很破碎；当 p 增加时，斑块的数量减少，它的平均尺寸和最大尺寸都增加，形成了比较聚集的景观；并且随着 p 的变化，斑块尺寸的增加不是线性变化的，而是在 p 接近 p_c 时急剧变化（在 4 邻规则中 $p_c \approx 0.5928$）。

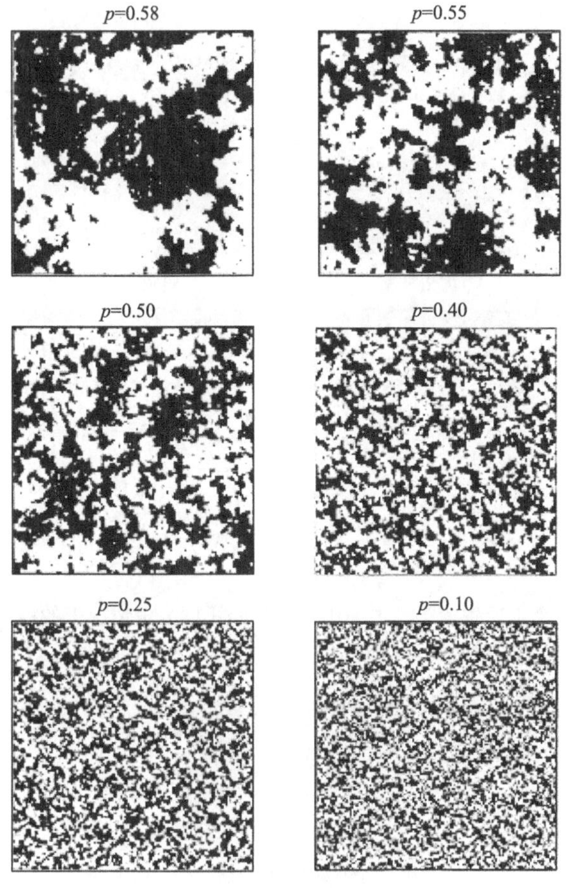

图 4.8　6 个二元模拟景观（n=2）图

这些图有相同占用比例（A_1=A_2=50%），但不同初始概率 p 生成的二元模拟景观（n=2）在所有的图像中都是 L=200 像素

正如前面所解释的，在 $p<p_c$ 时，可以获得任何 n 个栖息地类型的百分比占用比例（A_i），没有必要使用 $p>p_c$。因为具有主导类型（一种类型占据了地图的大部分区域）的地图，可以通过相应的 A_i 值确定的 p 值生成。此外，它还能够通过模拟具有相同的 A_i 值，不同的初始 p_i 值的模式来控制嵌入主导矩阵中的斑块破碎程度，如图 4.9 所示。主题模式的类的丰富程度和概率 p 的不同是这个方法改进的关键，因为它允许碎片的分散控制和栖息地的多样化，而这在逾渗地图中是混乱的。

在修正随机聚类方法中，逾渗地图是指示模拟的第一步，它的特征在后面的步骤中有了大幅度的修改。事实上，可以从相同的逾渗地图得到完全不同的专题图片。图 4.10 清晰地表明了如何修改随机聚类模拟方法来扩展和改进简单随机地图。所有图像都含有 4 种栖息地类型（n=4），尺寸为 200 像素×200 像素。其他的模拟参数为：①A_1=A_2=22%，A_3=A_4=28%；②初始 n=2，A_1=45%，A_2=55%，后斑块裂变成四种栖息地类型（n=4），A_1=23%，A_2=22%，A_3=53%，A_4=2%；③不对称相邻规则，A_1=A_4=28%，A_2=A_3=22%；④A_1=79%，A_2=A_3=A_4=7%。如图 4.8～图 4.10 所示，修正随机聚类方法生成的图案非常接近现实，从这个意义上讲，这些图案也如现实景观一样零散无规律。

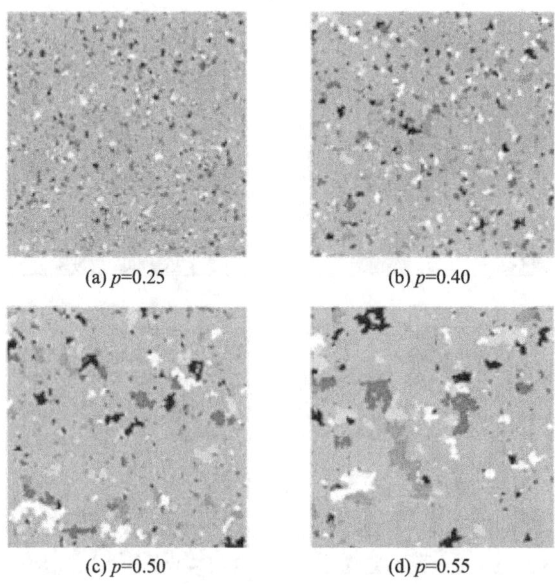

图 4.9　4 个主导生境类型占 80%的，但是不同 p 值情况下的模拟景观图

每个图像有 6 种生境类型，大小是 200 像素× 200 像素

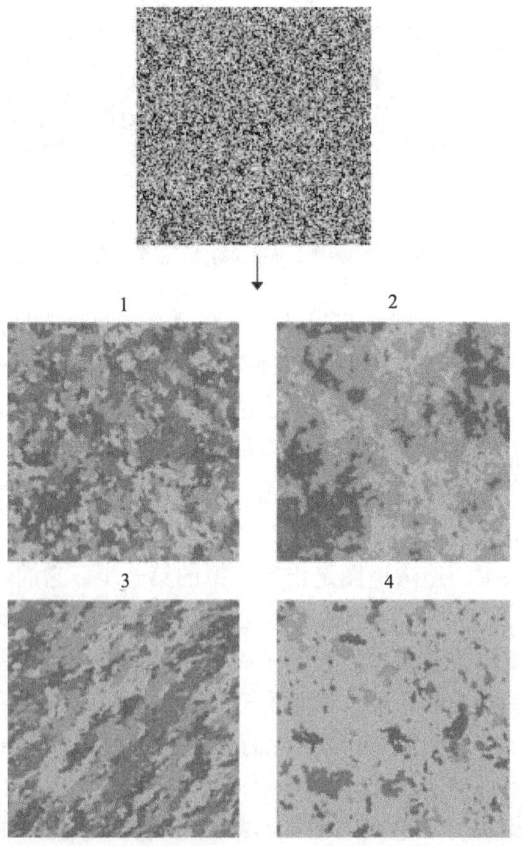

图 4.10　由相同的逾渗地图（最上方灰白图，p=0.5）生成的四个模拟专题地图

4.3　Patch Analyst

Patch Analyst 是由罗伯 · 伦佩尔、安格斯 · 卡尔和菲尔 · 埃尔基开发的，是用于促进景观斑块空间分析的 ArcMap 扩展模块[①]。该软件用于空间格局分析，常用来支持生境建模、生物多样性保护和森林管理。该软件作为 ArcMap 的扩展模块，由 Avenue 语言编写，需要空间分析模块(Spatial Analyst)的支持，能够对 shape 或 Grid 进行常用的景观指数计算。在 ArcMap 中加载该程序见图 4.11。

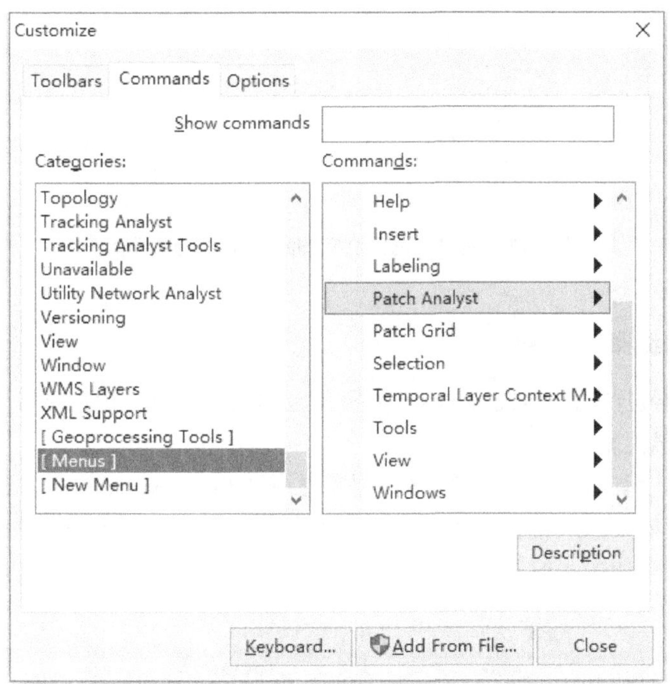

图 4.11　在 ArcMap 中加载 Patch Analyst 模块

4.3.1　程序的运行

该程序被下载并添加到 ArcMap 工具栏中后，用户只需点击 Patch Analyst 或 Patch Grid 来显示下拉菜单（图 4.12)。如果相关数据（如斑块网格的栅格数据）不是当前地图的一部分，与数据类型相关的选项将无法访问，在菜单上也将不显示。

用户可以进行以下操作：区域多边形或栅格的分解和重组；交叉（合并）图层；生成核心区；生成六边形区域；增加或更新面积和周长数据；FRI 字符串量化；进行图层中数据的空间统计。

① http://www.cnfer.on.ca/SEP/patchanalyst/Patch5_2_Install.htm

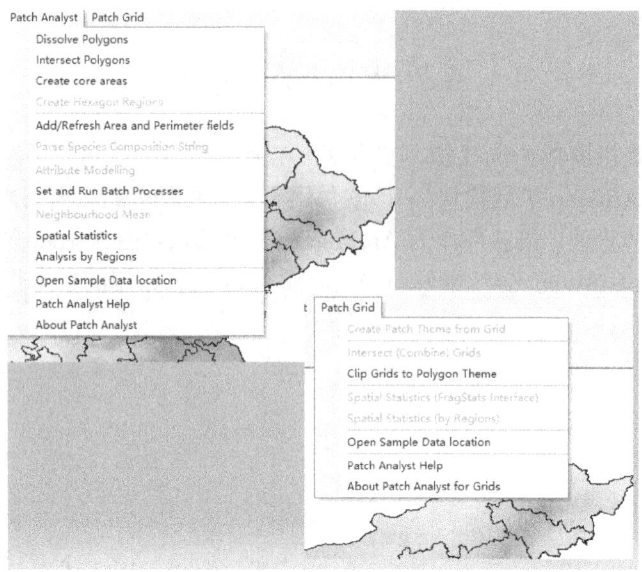

图 4.12　Patch Analyst 或 Patch Grid 的下拉菜单

4.3.2　空间分析的步骤

分析多边形的数据文件（shapefiles）或覆盖范围的空间分析由以下 6 个步骤组成。

1）设置层的属性表

如果属性表内没有面积和周长属性列，则需要通过 Patch menu 的添加/刷新面积和周长属性列命令来增加。如果原来就有这两列，运行此命令，软件将提醒是否覆盖原有的面积和周长属性列。运行结果如图 4.13 所示。

AREA	PERIMETER
54.447	68.489
129.113	129.933
175.591	84.905
21.315	41.186
15.603	38.379
41.508	76.781
19.504	44.874
1.733	8.498
15.961	24.784
1.214	7.263
20.394	38.571
5.272	18.52
71.363	59.562
15.8	0.088
114.331	76.629
16.135	30.911
9.736	27.893
13.365	29.492
45.534	58.636
17.563	34.321

图 4.13　面积和周长列添加完成的属性表

2）设置地图单位

为了确保运行结果能用合理的单位表示，必须设定地图单位。通过“General”标签下的“Data Frame Properties”对话框来设定（图 4.14）。

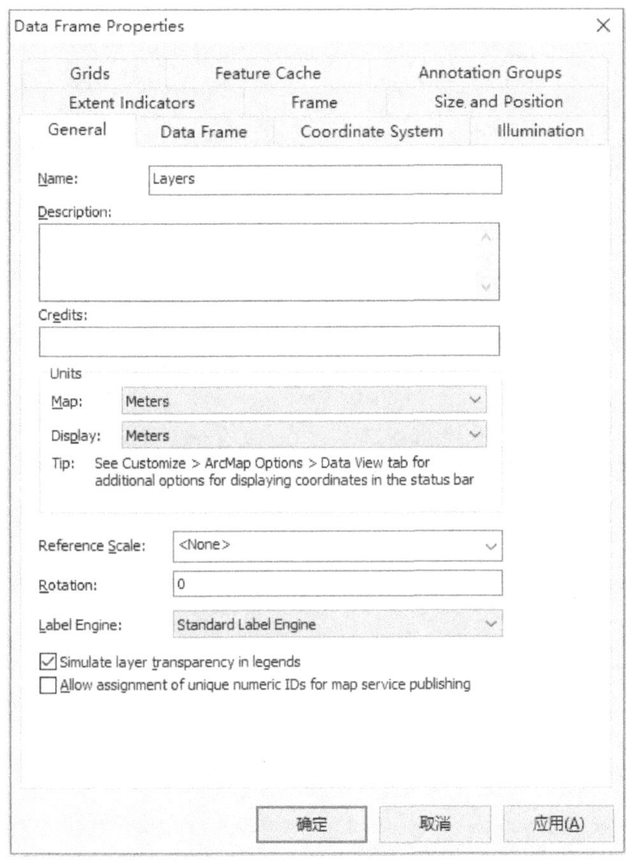

图 4.14　设置地图单位

3）图斑的合并溶解

在图层的属性表中，每个斑块必须有一个特定的记录行。属于同一属性的相邻斑块必须在分析前进行合并溶解（图 4.15）。

（1）Input Features：选择需要进行多边形合并溶解的图层。

（2）Output Feature Class：指定新图层对象存放的输出文件名称及路径。默认路径为输入文件的路径，默认文件名为输入文件名后添加"_dissolve"。

（3）Dissolve_Field（s）：指定多边形合并溶解的属性列，可以选择任意需要汇总合并的属性列。

（4）Statistics Field（s）：是对上面指定的属性列进行统计运算，可以进行求和或平均值等。

4）生成核心区域图层

如果需要分析景观内部，或者斑块的核心，可以生成一个核心区域图层（图 4.16）。

（1）Layers：选择含有可计算核心区域的列的图层。

Dissolve
Input Features
Output Feature Class
Dissolve_Field(s) (optional)
Select All
Unselect All
Add Field
Statistics Field(s) (optional)
Field
Statistic Type
Create multipart features (optional)
Unsplit lines (optional)
OK
Cancel
Environments...
<< Hide Help
Tool Help
Dissolve
Aggregates features based on specified attributes.
INPUT
OUTPUT

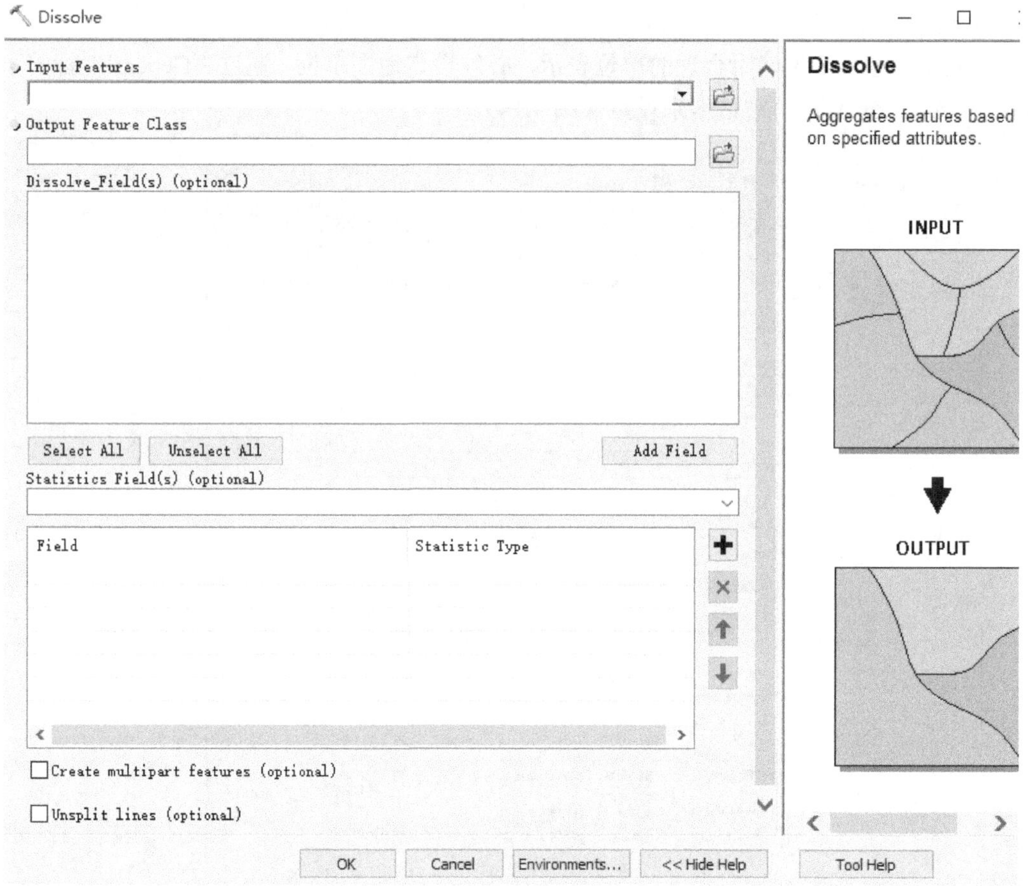

图 4.15　图斑的合并溶解

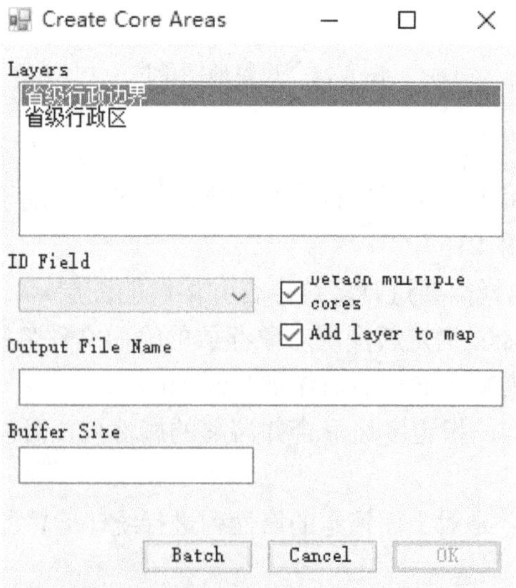

Create Core Areas
Layers
省级行政边界
省级行政区
ID Field
Detach multiple cores
Add layer to map
Output File Name
Buffer Size
Batch
Cancel
OK

图 4.16　生成核心区域图层

（2）ID Field：从下拉菜单中选取列。

（3）Output File Name：在文本框中，输入生成的核心区域图层的输出路径和文件名。

（4）Detach multiple cores：选择是否分离多的核心。

（5）Add layer to map：选择是否将新生成的图层添加到地图中。

（6）Buffer Size：文本框中输入核心的缓冲尺寸（单位：m）。

5）主题和分析级别的选择

打开“Spatial Statistics”对话框来选择合适的景观指数，进行不同主题和级别的分析（图 4.17）。

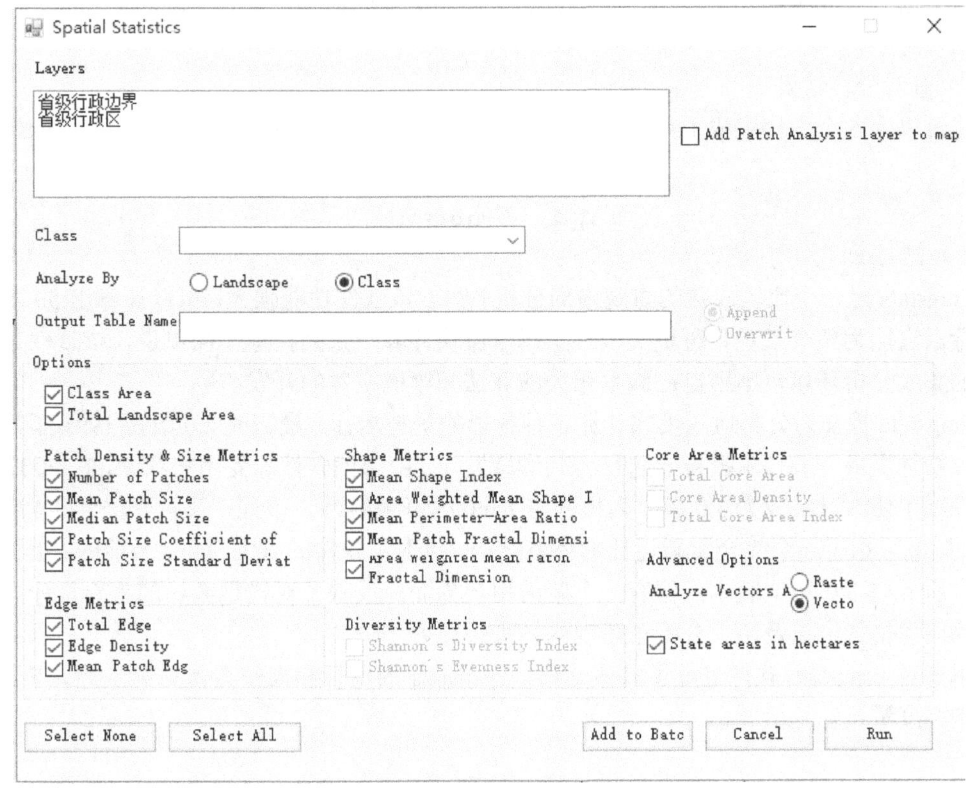

图 4.17　空间统计对话框

（1）Layers：显示的是 ArcMap 表中的层，出现在层目录里的层（主题）都可以分析，但是每次只能分析一个图层（主题）。用户可以选定需要分析的层。

（2）Class：下拉框可以从层的属性表里选择需要进行分析的属性列。可以分析字符型和数字型的属性。

（3）Analyze By：选择空间统计分析是对“景观”还是对“类”进行。如果在景观水平上对图层进行分析，那么所有的斑块，不管它们属于什么类别，都要进行分析，并且每个斑块在每个统计中都生成独立的值。相反，如果在类的层面上对图层进行分析，那么所有的统计数据将包含在景观的每个类中。

（4）Output Table Name：选项中是输出表的名称和路径，输出表中包含空间统计数据。

如果表格已经存在，文本框后面的 Append/Overwrite（追加/覆盖）选项会变成可用，可以进行追加或者覆盖原来表格的操作，默认值为追加。

（5）Add Patch Analysis layer to map：选择是否在地图中添加含有每个斑块的空间分析结果的图层。这个选项只有在分析矢量图层时才可以用。

（6）Options：选项板上有空间分析方法的选项。在 Patch Analyst 程序中，有六种分析方法，分别是面积度量（area）、斑块密度和大小度量（patch density and size metrics）、边缘区度量（edge metrics）、形状度量（shape metrics）、多样性度量（diversity metrics）、核心区度量（core area metrics）。

（7）选择“Select All”选项，则所有的统计方法都被选中；选择“Select None”，则没有方法被选中。

6）查看分析结果

通过以上 5 个步骤生成了空间分析表，打开空间分析结果表即可查看空间分析的结果。

4.4 Fragstats

Fragstats 是一个比较成熟的景观格局分析软件。该软件功能强大，可以计算出 50 多个景观指标。它能为整个景观、斑块类型甚至每个斑块计算一系列指标。简单说，该软件是景观指数的集成分析环境，不用自己编写相关的算法和读取文件的开发。

Fragstats 旨在为分类地图模式计算各种各样的景观指标。最初的 2.0 版在 1995 年与美国农业部森林服务一般技术报告一起在公共领域发布。由于该软件深受用户欢迎，在 2002 年该程序进行了修改升级成为 3.0 版。为提升与 ArcGIS10 兼容性，该程序又被升级到 3.4 版。后续 4.0 版本采用了一个完全重新设计的体系结构，体现了软件的重大改进。当前的 4.2 版本的功能本质上与 3.0 相似版本，但有一个新的用户界面，反映了对模型架构的重新设计，支持额外的图像格式，以及用于分析子景观的各种采样方法。

本书对 Fragstats 软件进行了具体介绍，Fragstats 的运行和操作具体见第 5 章，Fragstats 中的指标度量具体见第 6 章。

参考文献

McGarigal K, Cushman S A, E Ene. 2012. FRAGSTATS v4: Spatial Pattern Analysis Program for Categorical and Continuous Maps. Computer software program produced by the authors at the University of Massachusetts, Amherst. Available at the following web site: http://www.umass.edu/landeco/research/fragstats/ fragstats.html

McGarigal K, Cushman S A, Neel M C, et al. 2002. FRAGSTATS v3: Spatial Pattern Analysis Program for Categorical Maps. Computer software program produced by the authors at the University of Massachusetts, Amherst. Available at the following web site: http://www.umass.edu/landeco/research/fragstats/fragstats.html

Saura S, Martínez-Millán J. 2000. Landscape patterns simulation with a modified random clusters method. Landscape Ecology, 15(7): 661-678

第 5 章　Fragstats 的运行与操作

Fragstats 是由美国俄勒冈州立大学森林科学系开发的一个景观指标计算软件（McGarigal et al.，2012），是目前国际上通用的景观格局分析软件。本章基于官方操作手册进行了编译，并对该软件的运行与操作做了进一步详细描述。

5.1　Fragstats 使用说明

Fragstats 是一个地图空间模式分析程序（McGarigal et al.，2012），可以分析用户指定的任何空间现象（Forman and Godron，1986）。Fragstats 可以简单地量化空间边界和景观中的空间斑块结构；用户则需建立一个定义和测量景观的合理依据（包括景观的范围和斑块），确定哪一个斑块被分类和描绘外形。只有现象与景观镶嵌有关时（Burrough，1986），从 Fragstats 中输出的结果才有意义。

Fragstats 不限制景观分析的比例尺。在 Fragstats 计算中距离和面积的单位默认值为 m 和 hm^2。因此，对具有极限范围或者分辨率的景观可能会产生复杂或者错误的结果。然而 Fragstats 在 ASCII 格式中输出的数据文件，可以利用任何数据库管理程序使尺度重定比例或者改为其他单位。

Fragstats 4.2 版本是由 Microsoft Visual C++编写，在 Windows 操作环境中应用的独立程序，并且是 32 位进程（即使在 64 位计算机上也可运行）。Fragstats 是在 Windows7 操作系统上开发和测试的，所以它可以在所有 Windows 操作系统下运行。由于 Fragstats 是在 Microsoft 环境中开发的，高度依赖于平台，因此很难轻松实现向其他平台移植。Fragstats 是一个计算密集型程序，它的性能取决于处理器运行速度和计算机内存（RAM）。处理图像的能力取决于足够内存的可用性，并且处理该图像的速度取决于处理器运行速度。

值得注意的是 Fragstats 的内存限制。Fragstats 是一个 32 位进程，因此只能使用 2GB 以内的内存。如果配置正确，Windows 可以允许 32 位计算机最多查看 3GB 内存（在 boot.ini 中设置了 3GB 标志），而 64 位计算机最多允许查看 4GB 内存。Fragstats 将输入网格加载到内存中，然后计算所有的请求。Fragstats 必须有足够的内存来加载网格，然后有足够的剩余空间满足数据处理和其他操作系统需求。为了确定是否有足够的内存来处理特定的网格，可以使用以下公式：#单元数乘以 4 字节。如果有一个 256×256 的栅格，简单装载栅格的空间需求为 256KB（256×256×4/1024 bit/KB）。再加上需要充足的内存来处理这些栅格，这个需求取决于斑块和类型的数量。这些内存需求在一般的分析中不成问题，除非在一个旧的计算机上处理大量的图像。解决这个问题的方法是尽可能购买一个有多内存的计算机。在移动窗口分析中，内存需求会成为限制因素，因为 Fragstats 需要足够的内存给每个输入栅格加上一个输出栅格，同时需要足够的剩余空间来满足其他处理和系统需要。如果选择移动窗口分析，Fragstats 会检查它是否能分配足够的内存给 3 个栅格（即 1 个输入栅格+1 个输出栅格+足够的剩余空间）。在上面的例子中，需要一个至少 768 KB 的内存来处理一个移动窗口分析。当分析相对较小的景观时，限制性不是很大。然而，对于一个 10000×10000 的输入栅格，要进行移动窗口分析，则至少需要 1.14GB 的内存。

5.2　Fragstats 数据格式

5.2.1　格式要求

Fragstats 接受各种格式的光栅图像。所有输入数据格式均具有以下要求。

（1）所有输入网格应为带符号的整数网格（即每个单元格分配一个与其类成员身份或斑块类型相对应的整数值）。当景观包含边界时，将零值分配给一个类可能会引起问题，因为零不能为负，并且所有边界单元必须为负。如果没有“边界”（单元格值为负），则无符号整数网格是可以接受的。

（2）所有输入网格必须由方格组成，方格大小以米为单位。ASCII 和 BINARY 输入格式是可接受的，假定单元格为正方形，并且要求在图形用户界面中输入单元格大小。 Fragstats 假定所有其他网格格式都包括定义单元格大小的标头信息，这些网格必须具有公制投影（如 UTM），确保以公制单位给出像元大小。除 ESRI ArcGrids 外，Fragstats 接受的单元格的高度和宽度差异小于 0.1%。这意味着单元格需要近似正方形，精确度通常到几个小数位。对于 ESRI ArcGrid，Fragstats 除了完全正方形的单元格外不能接受任何其他内容。在某些情况下，这是 ESRI ArcGrids 的隐藏问题。尽管网格描述会说这些单元格是正方形的，但这可能是出于显示目的而进行四舍五入的结果。有时非平方问题超出了前 14 个小数位，即使它存在于内部，ESRI 也不允许看到更高的精度。该错误发生在 ESRI 函数的 Fragstats 调用内，除了记录捕获异常外，我们无能为力。但是，以不同的像元大小对网格重新采样可以解决该问题。从 ESRI 库中使用的功能是 10 年前发布并部分记录的功能，因为这些是唯一允许第三方访问的功能。此外，还添加了 ArcGIS 使用的更多功能，但他人不可以访问。根本没有 ESRI 文档来处理类似我们在此面临的问题。

（3）所有输入网格的像元大小必须大于 0.001m。

（4）输入网格的 nodata 值不得与指定的背景值相同。 Fragstats 的基本假设之一是 nodata 和背景是不同的值，即使 nodata 在进行任何处理之前已重新分类为负背景。即使该假设被打破，模型也可能运行良好并给出正确的结果，但前提条件是景观中没有实际背景。如果有任何背景，它将与 nodata 混淆，并被错误地重新分类。如果图像格式包含标题信息（即除了原始 ASCII 和二进制以外的所有格式），则将从图像标题中读取 nodata 的值，并且无法在 Fragstats 中进行更改。用户有义务为背景指定一个不同的值，因为只有在图像包含真实背景的情况下才有意义。对于不包含标题信息的图像格式（即原始 ASCII 和二进制），要求用户输入一个 nodata 值并确保它与指定的背景值不同，即只有包含真实背景的图像才有意义。

（5）如果同一网格使用不同图像格式，则最好将这些网格存储在单独的文件夹中，因为使用 GDAL 库读取某些网格格式可能会引起一些特殊的冲突，导致程序崩溃。

（6）输入网格的路径（目录）名称不应包含任何符号，不应包含除希腊字符或英语字母或数字以外的任何内容。

5.2.2　注意事项

对于不同的输入数据格式，还有一些其他特殊注意事项。

（1）GeoTIFF 网格：用于文件导航的 GeoTIFF 网格的默认文件扩展名是 tif，可以使用任何扩展名。GeoTIFF 是输入网格的开发数据格式，因此建议所有用户使用。

（2）ArcGrid：Fragstats 不接受 ArcGIS 矢量 coverage 或 shapefile，并且不适用于 ArcGIS 10.1 或更高版本。要使用 ESRI ArcGrids（在 ArcGIS 中称为“栅格”数据格式），必须在计算机上安装具有 Spatial Analyst 或 ArcView 3.3 Spatial Analyst 许可证的 ArcGIS 10.0 或更早版本，并且 Fragstats 必须有权访问 dll 库，可以在“ bin”目录（对于 ArcGIS 安装）或“bin32”目录（对于 ArcView 3.3 安装）中找到。bin 或 bin32 的路径可能会因版本和安装而异。相应的 bin 目录路径应在 Windows 系统环境变量 PATH（或路径）中指定。在 Windows 7 中，可以从“高级”选项卡下的“控制面板”→“系统和安全”→“系统”→“高级”系统设置中，通过单击“环境变量”来访问和编辑环境变量。在系统变量列表中，选择“路径”变量，然后选择“编辑”，之后将路径添加到相应的 bin 目录中（以试验安装路径为准：C:\Program Files(86)\ArcGIS\arcexe10x\bin。路径中使用了分号分隔路径列表中的项目）。

请勿在路径末尾添加任何文件名（如 aigridio.dll），路径应以“/ Bin;”结尾。此外，请确保 Bin 目录的路径是列出的包含 ArcGIS 的第一路径。如果使用的是 ArcGrid，则在包含网格的目录路径中不能有空格。这与网格的路径有关，而不是如上例所示的 Bin 文件夹的路径。例如，以下路径是非法的：“C:UsersSmithMy DocumentsGrids”，因为“我的”和“文档”之间有空格。此限制仅适用于 ArcGrid。所有其他图像格式都可以在路径中容纳空格。

（3）原始 ASCII 网格，无标题：每个记录应包含 1 个图像行。单元格值应以逗号或空格分隔。有必要从图像文件中删除标头信息，但是请保留它，以供后续参考有关背景单元格值、#行、#列、单元格大小和 nodata 值。出于文件导航目的，原始 ASCII 网格的默认文件扩展名是.asc，可以使用任何扩展名。

（4）原始的 8 位、16 位或 32 位（二进制）整数网格，无标题：8 位和 16 位二进制文件的唯一限制是它们不适合移动窗口分析，这要求输出网格是浮点数（32 位文件）。有必要从图像文件中删除标头信息，但是请保留它，以供后续参考有关背景单元格值、#行、#列、单元格大小和 nodata 值。出于文件导航目的，原始二进制网格的默认文件扩展名是.raw，可以使用任何扩展名。

（5）VTP 二进制地形格式网格：出于文件导航目的，VTP 二进制地形格式网格的默认文件扩展名是.bt，可以使用任何扩展名。

（6）标记为 grid 的 ESRI 标题：标记为 grid 的 ESRI 标题的默认文件扩展名是.bil，用于文件导航，可以使用任何扩展名。

（7）ERDAS Imagine 网格：ERDAS Imagine 网格的默认文件扩展名是.img，用于文件导航，可以使用任何扩展名。

（8）PCRaster 网格：PCRaster 网格的默认文件扩展名是.map，用于文件导航，可以使用任何扩展名。

（9）SAGA GIS bianry 格式网格：出于文件导航目的，SAGA GIS 二进制格式网格的默认文件扩展名是.sdat，可以使用任何扩展名。

1. 栅格注意事项

光栅图像中边缘的描绘会受到晶格网格结构的限制。因此，光栅图像以阶梯方式描绘线条。结果是边缘长度的测量出现了向上偏差，也就是说，测得的边缘长度始终大于真实边缘长度。这种偏倚的大小取决于图像的纹理或分辨率（即像元大小），并且必须权衡这种偏倚在使用和解释基于边缘的度量方面的后果，并要对所研究的现象进行权衡。

2. 矢量到栅格的转换

在某些调查中，需要将矢量图像转换为光栅图像才能运行 Fragstats。在栅格化过程中要格外小心，要仔细检查最终的栅格图像才能准确表示原始图像。例如，在栅格化过程中，不连续的面片可能会合并。如果为栅格化选择的像元大小相对于矢量图像中的最小像元尺寸太大，则认为此问题非常严重（例如，导致大量的 1 单元斑块，并破坏了线性景观元素的连续性）。通常，为了避免这些问题，必须使单元尺寸小于最小面片最窄尺寸的 1/2。

3. 指标等级

Fragstats（4.2 版本和更早版本）计算 3 个级别的指标：①景观中的每个斑块；②景观中的每个斑块类型；③整个景观图。这些指标在 Fragstats 指标部分中详细介绍。此外，Fragstats 计算邻接矩阵（即每个成对斑块类型的组合之间的单元邻接数目的计数，包括相同类别单元之间的相似邻接），该矩阵用于计算多个类别和景观级聚合指标。单元级别的度量标准计划包含在 4.3 版本中。

5.3 Fragstats 输出文件

根据用户选择的度量标准，Fragstats 当前会创建 4 个输出文件，分别对应度量标准的三个级别和邻接矩阵（单元级别的度量将包含在 4.3 版本中）。用户为输出文件提供一个“基本名称”，并且 Fragstats 将扩展名.patch、.class、.land 和.adj 附加到基本名称之后。创建的所有文件都是逗号分隔的 ASCII 文件，并且可以查看。这些文件的格式便于输入电子表格和数据库管理程序。

（1）basename.patch 文件：包含斑块指标，该文件为景观中的每个斑块包含一条记录（行），列代表所选的斑块指标。如果分析了批处理文件，则该文件在该批处理文件中指定的每个景观中的每个斑块均包含一条记录。第一条记录是一个列标题，由后面所度量的首字母缩写组成。对于单个景观，斑块输出文件的结构如下：

LID	PID	TYPE	AREA	PERIM	GYRATE	CORE
D:testgrid	9	forest	1.0000	400.0000	38.1195	0.1600
D:testgrid	0	shrub	4.0000	800.0000	76.4478	1.9600

（2）basename.class 文件：包含类指标，该文件包含景观中每个类的一条记录（行），列代表所选的类别指标。如果分析了批处理文件，则该文件在该批处理文件中指定的每个格局中每个类包含一条记录。第一条记录是一个列标题，由后面所有度量的首字母缩写组成。对于单个景观，类输出文件的结构如下：

LID	TYPE	CA	PLAND	NP	PD	LPI
D:testgrid	forest	8.0000	22.5000	4	5.0000	15.0000
D:testgrid	shrub	21.0000	26.2500	3	3.7500	12.5000

（3）basename.land 文件：包含景观指标，该文件包含一条关于景观的记录（行），列代表所选的景观指标。如果分析了一个批处理文件，则该文件包含该批处理文件中指定的每个格局的一条记录。第一条记录是一个列标题，由后面所有度量的首字母缩写组成。对于单个景观，景观输出文件的结构如下：

LID	TA	NP	PD	LPI	TE	ED
D:testgrid	80.0000	12	15.0000	15.0000	7800.0000	97.5000

（4）basename.adj 文件：包含类邻接矩阵，该文件除景观中每个类的一条记录（行）外，还包含一个简单的标题，并以二阶矩阵的形式给出。具体来说，第一条记录包含输入文件名，包括完整路径。第二记录和第一列包含类别 ID（即与每个类别相关联的网格整数值），并且矩阵的元素是每个成对类别组合的单元格邻接的计数。对于单个景观，邻接输出文件的结构如下：

D: testgrid

Class ID / ID	2	3	4	5	Background
2	6840	130	120	10	0
3	120	7960	160	40	10
4	100	140	9880	40	20
5	10	40	30	3080	16

邻接计数是通过双计数方法生成的，其中每个像元侧都被计数两次（至少对于所有正值非背景像元而言），并且考虑 4 个正交邻居。另外，如果存在景观边界，则矩阵可能不是对称的，因为景观边界边缘仅被计数一次。例如，与类别 5（在景观边界中）的单元格相邻的类别 3（在景观内部）的单元格会导致类别 3 的邻接。具体来说，是 3（行）和 5（列）邻接。它不会导致第 5 类（行）的邻接，不会评估边界单元格本身。邻接矩阵必须按以下方式读取：每行代表该类别单元的邻接计数，而所有列之间的邻接总和表示该类别的邻接总数。这些行的总数应等于相应类乘以 4（即每个像元 4 个曲面）的正值像元（即景观内）的数量。这些行总计用于几个聚合指标。邻接矩阵包括用于背景邻接的列，其表示与指定背景相邻的对应类别的单元表面。如果输入景观中没有指定的背景并且不存在景观边界，则背景邻接表示沿景观边界的单元表面，即在没有边界的情况下将其视为背景。如果提供了边框且未指定背景，则背景邻接将等于零，因为每个单元格表面（包括沿景观边界的单元格表面）都将与真实的非背景类相邻。如果分析了批处理文件，则将与该批处理文件中指定的每个景观相对应的邻接矩阵附加到同一文件。

5.4　空值、背景值、边界和边界线

Fragstats 接收多种形式的图像，取决于图像是否有背景值、景观边界线是否有边界。背景值、边界、边界线的区别以及它们如何影响景观分析和计算各种各样的尺度是个很大的问题（Gardner et al.，1987）。Fragstats 运行之前，一定要仔细弄清楚它们之间的区别。本部分

主要介绍它们之间的区别与具体含义。

（1）空值：一些图像包含 nodata 单元格，即输入网格的未分类区域。这些区域可能在景观边界内，更常见的是在景观边界外。无论哪种情况，这些都是未分类的单元格，它们被认为是感兴趣区域的“外部”单元，而 Fragstats 基本上会将其忽略。nodata 单元对于用户是不可见的，因为大多数 GIS 程序不显示 nodata 单元，因此很容易忘记 nodata 单元，并忽略它们在 Fragstats 中的作用。但是这可能是一个错误，因为区分无数据单元和 Fragstats 始终将它们视为感兴趣区域的“外部”，而将背景单元视为“内部”。如果给出正的单元格值，则表示感兴趣的景观，从而对整个景观面积有所贡献。当背景存在时，确保 nodata 单元格的值与用户指定的背景值不同是至关重要的。

Fragstats 将为所有 nodata 单元格重新分配负的（用户指定的）背景单元格值，并进行相应处理。因此，所有无数据单元都将被视为“感兴趣景观”的“外部”，即使它们位于景观边界内。

（2）背景值：每个图像都包括一个景观边界，该边界定义了景观周围的边界并围绕着感兴趣的景观。背景值可以以“洞”的形式存在于景观中，部分或全部环绕景观影响范围，背景值可以是任一整数。正值单元的背景值在景观影响范围内；负值单元的背景值在景观影响范围外。这个区别十分重要，即使它不能被看作一个斑块，正值的背景值包括在全部景观面积内，从而影响许多尺度计算。利用绘图工具，任何类或类的结合，可以是特别分析的背景值。下面是关于 Fragstats 如何处理背景值的关键点。

内部背景值（即正背景值）算在整体景观面积内，影响相关的尺度；内部背景值本质不在大量类和包括标准尺度和类尺度的景观尺度的景观总面积内。例如，普通斑块面积是建立在类或景观层次上斑块的平均大小。如果给出内部背景值，Fragstats 计算的普通斑块大小与景观总面积的平均划分不相等，因为总景观面积包括在斑块中没有计算的背景面积。面积权重是任何斑块占景观面积的比例。每个斑块的面积比例不是建立在整体景观面积的基础上，而是所有斑块的面积，它等于整体景观面积减去内部背景值。景观尺度计算每类成比例的景观，每类中成比例的区域不是建立在整体景观面积基础上，因为成比例的区域值必须对所有类加 1。比例根据各类区域总和得出，它等于整体景观面积减去内部背景值。通过给出的关于内部背景值如何影响不同尺度细致的差别，必须仔细了解各种尺度文件，并选择合适尺度。

外部背景值（即负背景值）基本上对分析任何尺度的计算都没有影响。外部背景值在景观影响外，因此输入景观的外部背景值没有延伸作用。

背景值（外部和内部背景值）单元与没有背景值的类相连，来表示所有的相连边界尺度中必须被计算的边界。

（3）边界：图像还可以包括景观边界，围绕感兴趣的景观（即景观边界之外）的一块土地，在其中划定并分类斑块。用户必须详细说明背景边界区域是如何在所有相连边界中计算的，包括边界和环绕景观影响范围之内的地带，在边界的斑块必须被设定为负的斑块类型代码。例如，一个边界斑块的斑块类别代码为 34，则它的单元值必须为–34。边界宽度不限，提供与景观边缘斑块相连的斑块类型信息。边界内的斑块提供关于与景观影响范围之内斑块相连的斑块类型信息。它在景观界线边缘和其他边界内斑块的贡献可被忽略。因此，边界只影响邻近斑块类别、核心斑块面积、边缘对比度、尺度集散度。

（4）边界线：每个文件都有景观边界线，用来定义景观的周长和确定有影响的斑块镶嵌图。边界线只是一条可视的、环绕有影响斑块镶嵌图的线（Fortin and Drapeau，1995）。它在文件中不会被清楚地给出，它被定义为一条虚线，这条虚线环绕正值单元最外面的单元。景观界线区分景观影响范围内和影响范围外的单元，而且最终决定景观总面积。所有的正值单元均在景观影响范围之内，且在总面积之内，不管它们是否属于背景值，因为许多尺度的计算都包括景观总面积。在通常情况下，景观界线确定一个与正值单元相邻的单独区域。在这种情况在下，景观界线不是环绕景观影响范围的单连线，而是环绕每个分离地区影响范围的分开的边界线。正值单元在景观影响范围之内，负值单元在其外，且景观界线是虚线，以区别景观之内和之外。如果输入的图像中包含所有的正值单元，全部的栅格被认定在景观影响范围之内，且景观边界线表示为环绕全部栅格的虚线。如果输入的图像包含负值单元，负值单元认定是在景观影响范围之外，且在景观边界线以外，在景观边界缺失的情况下，正值和负值单元之间的边表示景观界线。景观界线十分重要，因为 Fragstats 需要知道在所有边缘计算中怎样处理沿着界线的边界，边界缺失时，景观界线会根据用户说明来处理。

在许多环境下假定所有边界功能相同是不恰当的。边界变化对生态进程和生物体的影响取决于自然边界（相邻斑块类型、结构对比度、定位等）。用户可以为每个斑块类型组指定一个包含边缘对比权重的文件（在 Fragstats 尺度文件的对比尺度部分有详细描述），包括可能存在的正背景值。这些权重值表示大量相连斑块类型的对比度，该值必须在 0 和 1 之间，边缘对比权重值用来计算边缘基础的尺度。如果这个权重值文件没有给出，则不能计算边缘对比度。边缘对比的信息十分重要，如果一个景观边界已被标出，权重值文件也会给出，如果给出一个边界，可清晰地给出与整体景观边界相连的边缘对比值。如果边界缺失，沿着景观界限的所有边缘部分都被认为是背景值，就像在边缘对比权重文件中给出的一样。如果对比权重文件没有指定，景观边界的存在对边缘对比度没有任何影响，因为对比度不会用来计算。

用户可以给每个斑块类型组指定一个包含边缘深度的文件（其中包括正交背景值）。简要地说，边缘深度表示边界影响渗透到斑块内部的距离，且它必须以距离单位给出。边界深度值可以是大于等于 0 的任何数。然而，当确定核心区面积时，Fragstats 由最小分辨率确定单元大小。因此，边缘深度实际上会沿着最近距离绕行以增加单元大小。例如，如果一个单元大小为 30m，指定一个 100m 的边缘深度，用来掩盖单元以及斑块边缘（即清除“核心”的斑块），它是 3 个单元宽（即 90m），因此用它来环绕宽度为 3.3 的单元是不可能的。当边缘深度为 50m 时，实际上只能影响 2 个单元（60m）。因此，可以增加指定边缘深度使其等于单元大小；也可设定边缘深度。如果有边界，可给出与整个景观边界部分相联系的边界深度。如果边界缺失，所有沿着景观界线的边界部分被看作背景值。如果没有指定边缘深度文件，景观边界的存在将不会影响核心面积尺度，因为这些尺度不能计算。

景观边界还可以用来决定毗邻斑块类型的集散指数。但需要相连单元信息，即用毗邻类评价每个单元的面。用正交单元的比例来计算一系列景观结构尺度。为了计算这些结构尺度，不单独指出景观边界，但边界能够反映这些计算结果。如果有边界，则给出部分与整数景观边界相联系的正值。如果边界缺失，那么景观边缘部分的边界被看作是相同的背景值，忽略相关单元的正交值。

基于边缘长度（全部边界或边界密度）的计算也受这些因素的影响。如果有景观边界，那么界线的边缘部分则会评价真伪。例如，单元值为 5 的类与单元值为–5 的类之间不会有真正的边界。在这种情况下，景观界线将另外相连的斑块人工地切成两份，这个边界在整个边界长度的计算中不计。在 5 类和–3 类之间的边缘部分为真正的边界且会被计算在内。如果景观边界缺失，景观界线被当作真正的边界，剩下的部分被忽略。例如，用户详细说明的景观界线的 50%，应该被认为是真的边界，那么景观界线的 50%将被合并到边缘长度，则不管景观边界是否存在。如果给出类的背景值，用户详细说明的边缘背景值被认为是真的边界，剩余部分忽略。

为建立景观边界（特别是边缘）对比度，核心区面积或者斑块类型组是十分重要的。部分景观界线组成“真的”边界（边界对比权重＞0），其他的部分则不是，因此评价真伪很难。评估边缘对照权重的平均值或者整个景观界线的边缘深度很难，因此不能精确地表示景观。景观边界缺失，对其影响取决于景观的范围和差异。数量较多的同类景观有较大的内部边界/界线比率，因此界线对景观尺度的影响较少。只有那些建立在边界长度和类型基础上的尺度会受到景观边界存在。边界对景观研究有重要影响，景观密度小且相对较均匀，需要认真考虑景观边界的内含物和制定景观界线。

有 5 种景观边界、背景和边界指定影响的尺度（Greig-Smith，1983；Turner and Gardner，1991），即景观总面积、边缘长度尺度、核心区域尺度、尺度对比度及尺度集散度。因各种各样的背景与边界的结合，出现了不同情景。

情景 1：输入的景观包含没有背景类的正值单元[图 5.1（a）]。在这种情况下，假设全部的栅格在景观影响范围之内，每个单元属于没有背景值的类，景观界线环绕整个栅格，且没有边界和背景出现。

景观总面积：所有的单元都纳入景观总面积的计算中。

边缘长度：用户必须指定景观边界线作为边界，所有的边界都是清晰的。

核心区域：景观边界被看作背景值，用户必须在边界深度文件中指定与背景值毗连单元的边界深度。边界深度与景观界线有关，其他的边界都很清楚，它们的边界深度在边界深度文件中给出。

尺度对比度：景观边界为背景值，用户必须在边界对照权重的文件中指定与背景毗连的单元的边界对比度。这个权重值与景观界线有关，其他的边界都很清楚，它们的边界对比权重值在边界对比权重文件中给出。

尺度集散度：景观边界为背景值。因为没有可利用的斑块类型组的信息，通常可以忽略。

情景 2：输入的景观值包括所有的正值单元和背景类[图 5.1（b）]。在这种情况下，假定全部的栅格在景观影响范围之内，但是一些单元属于背景类。背景值是正值，因此在景观影响范围之内。景观界线环绕全部栅格，所以没有边界。

景观总面积：所有的单元都纳入景观总面积的计算中。

边缘长度：用户必须指定景观界线和背景边界值作为边界，其他边界都是清晰的。

核心区域：景观边界看作背景值，必须在边界深度文件中指定与背景值毗连的单元的边界深度。这个深度值与景观界线有关，其他的边界都很清楚，它们的边界深度在边界深度文件中给出。

尺度对比度：景观边界为背景值，必须在边缘对比权重的文件中给背景值毗邻的单元指定边缘对比度，这个权重值与景观界线有关。其他的边界都很清楚，它们的边界对比权重值在边界对比权重文件中给出。

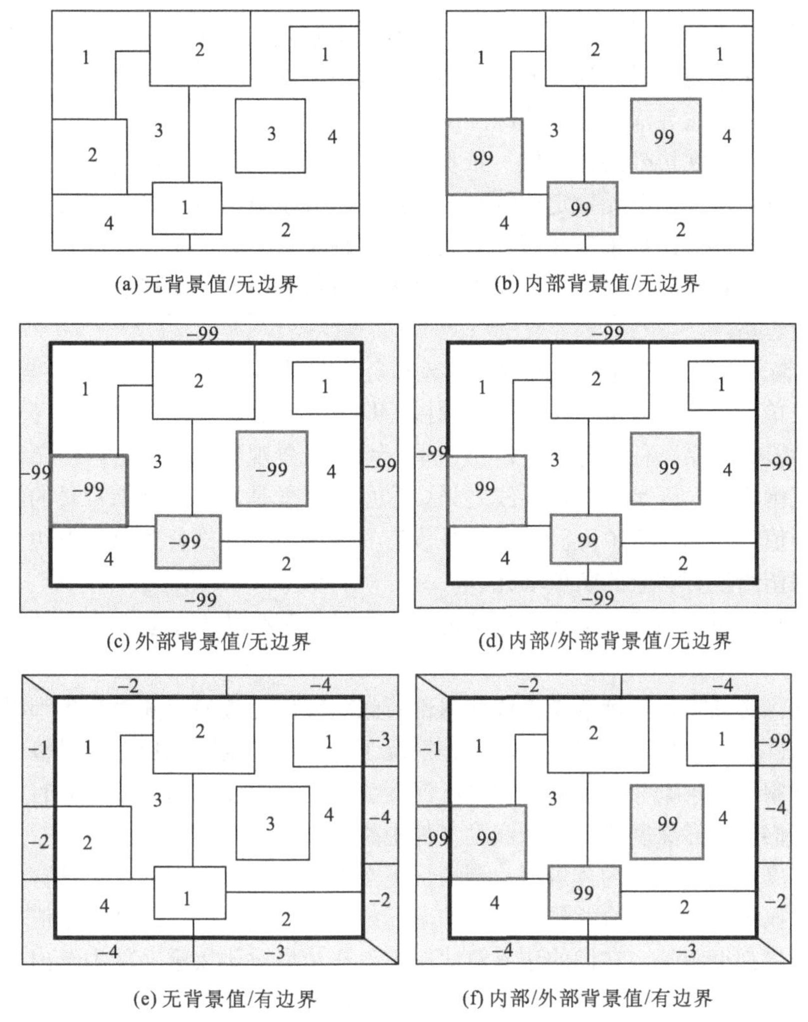

(a) 无背景值/无边界
(b) 内部背景值/无边界
(c) 外部背景值/无边界
(d) 内部/外部背景值/无边界
(e) 无背景值/有边界
(f) 内部/外部背景值/有边界

图 5.1　6 种情景示意图

粗的实线表示景观边界线，正值在景观影响范围之内，可计算景观面积；负值在景观影响范围之外，仅决定景观边界线上的斑块类型

尺度集散度：景观边界和背景值相当，在正交评价时可将其忽略，因为该情况下，没有可利用的关于斑块类型组的信息。

情景 3：输入的景观值包括正值单元和负值单元背景值[图 5.1（c）]。无论负值背景单元是否完全在景观影响范围之外，或者位于景观内部或两种情况的联合都没有关系。在任何情况下，正值单元都认定是在景观影响范围之内，负值背景单元在景观影响范围之外，从而在景观界线之外。因为背景全部是负值，所以在景观影响范围之外。景观界线把相连的正值单元区域和负值单元区域分开且没有边界存在。外部背景值可被看作边界，但是边界的使用通常情况下包括没有背景的负值单元。

景观总面积：所有的正值单元都被纳入景观总面积的计算，忽略负值单元。

边缘长度：必须指定景观界线和背景边界值（在这种情况下，它们是相同的）作为边界，其他边界都是清晰的。

核心区域：景观边界看作是背景值，在该情况下景观边界实际上也是背景值。用户必须在边界深度文件中给背景毗邻的单元指定边缘深度值，这个深度值与背景边界有关。其他边界都很清楚，它们的边界深度值在边缘深度文件中指定。

尺度对比度：景观边界为背景值。景观界线实际上也是背景值，用户必须在边缘对比权重文件中给背景值毗邻的单元指定边缘对比度，这个权重值与景观界线有关。其他的边界都很清楚，它们的边界对比权重值在边界对比权重文件中给出。

尺度集散度：景观边界和背景值相当，因为没有可利用的关于斑块类型组的信息，在正交评价时都被忽略。

情景 4：输入的景观值包括正值背景单元和负值背景单元[图 5.1（d）]，与情景 3 类似，无论负值背景单元是否全部位于正值单元周围（即在景观影响之外），或者位于景观内部，或两者的结合都没有关系。任何情况下，正值单元都处于景观影响范围之内，负值背景单元处于景观影响范围之外，既是在景观界线之外。这里的背景是内部和外部背景的结合。景观界线把相连的正值单元和负值单元区域分开且没有界线出现。外部背景可看作边界，但是界线的使用通常保留给没有背景的负值单元。

景观总面积：所有的正值单元，包括内部的背景，都被纳入景观总面积的计算，忽略负值单元。

边缘长度：必须指定比例景观界线和内部背景边缘作为边界，其他边界都很清楚。

核心区域：景观边界看作背景值，在该情况下景观边界实际上也是背景值。用户必须在边界深度文件中给背景毗邻的单元指定边缘深度值，这个深度值与背景边界有关。其他边界都很清楚，它们的边界深度值在边缘深度文件中指定。

尺度对比度：景观边界为背景值，该情况下全部的景观界线实际上也是背景值，用户必须在边缘对比权重的文件中给背景值毗邻的单元指定边缘对比度，这个权重值与景观界线有关。其他的边界都很清楚，它们的边界对比权重值在边界对比权重文件中给出。

尺度集散度：景观边界和背景值相当，在正交评价时可将其忽略，因为在任何情况下，它们没有可利用的关于斑块类型组的信息。

情景 5：输入的景观值没有正值背景单元和负值背景单元[即一个真的边界，如图 5.1（e）所示]。该情况下正值单元被假定在景观界线之外。景观界线把正值单元和负值单元分开，没有背景值存在，只有一个真正的边界。这是一种理想的情况，因为每个单元都被分到真实的类中（没有背景）。包括界线在内形成所有边界、核心和邻近计算。

景观总面积：所有的正值单元都纳入景观总面积的计算，忽略负值单元。

边缘长度：有边界没有背景值，所有的边缘都很清楚，也就是图像为边缘真伪提供信息。该情况下用户不需要指定比例景观界线为边界。

核心区域：有边界没有背景值，所有的边缘都很清楚，即图像为界线毗邻的斑块类型提供信息。所有的边界对比权重值在边缘对比权重文件中给出。

尺度对比度：因为有边界没有背景值，所有的边缘都很清楚，即图像为界线毗邻的斑块类型提供清楚的信息。所有的边界对比权重值在边缘对比权重文件中给出。

尺度集散度：因为有边界没有背景值，所有的边缘都很清楚，即图像为界线毗邻的斑块类型提供清楚的信息。这样所有的边界线都在正交计算中。

情景 6：输入的景观值是正值单元，包括有背景的类、没有背景的类和负值单元[图 5.1

(f)]。该情况最复杂，包括内部和外部背景值复杂混合边界。假定所有的正值单元（包括内部背景值）在景观界线之内。反之，负值单元假定在景观影响范围之外，因此在景观界线之外。景观界线把正值单元和负值单元相邻的区域分开，有一个真的边界，也有一些背景类，该情况较理想，如情景 5。但是有时候，一些区域必须作为背景，或者是因为没有划分它们的资料，把这些区域当作没有指定背景值。

景观总面积：所有的正值单元，包括内部的背景，都纳入景观总面积的计算，忽略负值单元。

边缘长度：有边界且包含一些背景，有内部背景值，只有一部分边界是清楚的。一些与背景值毗邻的边缘是不清楚的。这种情况下，用户必须指定比例边缘并以背景值为边界。

核心区域：有边界且包含一些背景，有内部背景值，只有一部分边界是清楚的。所有界线边界包括背景和内部背景边缘是一样的。用户必须在边缘深度文件中给背景相关的单元指定边缘深度值。深度值与景观边缘相关（在这种情况下，它们在景观界线上和其内部）。其他的边界都很清楚，在边缘深度文件中给出它们的边缘深度值。

尺度对比度：有边界且包含一些背景，有内部背景值，只有一部分边界是清楚的。所有界线边界包括背景和内部背景边缘是一样的。用户必须在边缘深度文件中给背景相关的单元指定边缘对比权重值。这个权重值与景观边界相关。其他的边界都很清楚，在边缘对比权重文件中给出它们的边缘对比权重值。

尺度集散度：有边界且包含一些背景，有内部背景值，只有一部分边界是清楚的。该情况下，部分背景边缘在正交计算中被忽略。

5.5　Fragstats 菜单项及其操作

5.5.1　打开 Fragstats 的开始窗口

打开 Fragstats，只需双击 Fragstats 桌面图标文件，即可显示开始界面（图 5.2）。

开始界面的窗口结构很简单，与其他基于窗口的程序一样。标题栏是当前或运行的参数文件的名称。参数文件包括当前的参数系统。当打开窗口时，参数文件是不存在的，标题为“Fragstats v4.2.1”，直到使用“文件保存”选项来保存当前的参数文件。只有保存了当前文件或恢复了保存系统，标题栏才会显示参数文件。菜单栏包括可参数化的 Fragstats 运行、编辑确定文件、保存或恢复参数化文件。每一个菜单条都有下拉条，工具栏用使用文件和 Fragstats 的选项按钮。显示窗口可提供分析运行记录，状态栏表明系统的状态。下面详细介绍菜单栏。

1. 文件菜单

文件菜单打开存在的参数文件或保存当前的运行文件（图 5.3），参数文件给予的格式是.frg。

（1）新建：创建一个新的（或空白）模型文件。

（2）打开：打开一个现有的（或以前保存的）模型文件和对话框，但包含先前保存的所有参数。

（3）关闭：关闭当前的参数文件。

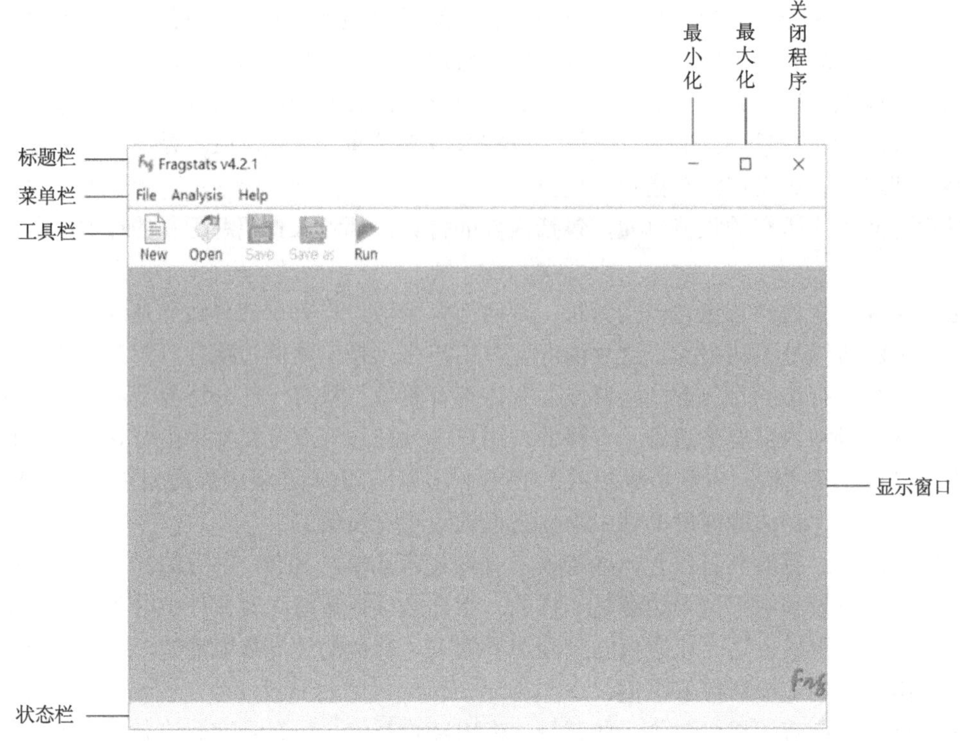

图 5.2 开始界面

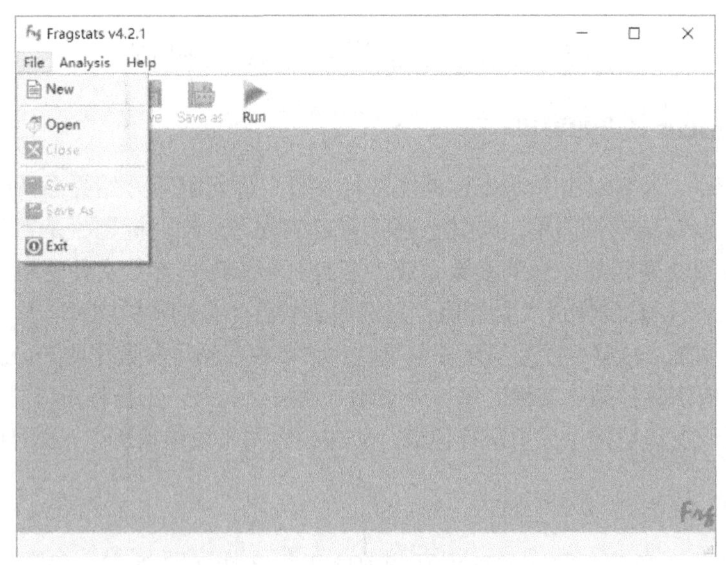

图 5.3 文件菜单

（4）保存：将当前模型保存到扩展名为.fca 的文件中。如果是第一次保存模型文件，将提示您指定位置和文件名。如果要保存的模型名称与当前目录中已经存在的模型名称相同，则会询问“是否替换现有文件”。该模型文件包含保存文件时对话框中的所有参数设置。如果使用相同或相似的参数化方案重复运行 Fragstats，这将非常有用。

（5）保存为：将当前模型保存到您指定的位置和文件名（扩展名为.fca）。

（6）退出：关闭系统，或者是直接敲击窗口右上角的“×”按钮。

2. 分析菜单

分析菜单（图 5.4）用于分析参数化。

（1）斑块指标：选择和参数化已指定的斑块水平的指数。该作用只有在运行参数窗口完成后，并在运行窗口中选择了斑块指标时方可使用。

（2）类指标：选择和参数化已指定的类水平的指数。该作用只有在运行参数窗口完成后，并在运行窗口中选择了类指标时方可使用。

（3）景观指标：选择和参数化已指定的景观水平的指数。该作用只有在运行参数窗口完成后，并在运行窗口中选择了景观指标时方可使用。

（4）执行 Fragstats：运行 Fragstats，执行完毕信息会在过程完成后显示。

（5）浏览结果：浏览和保存分析结果。

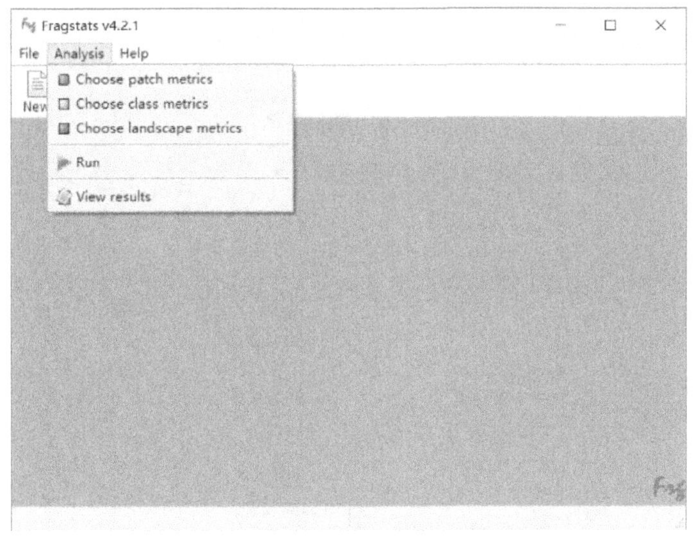

图 5.4　分析菜单

3. 帮助菜单

帮助菜单（图 5.5）用于提供在线帮助。

（1）帮助内容：提供简单的可视窗口，查找内容标准和指数发现选项。在线帮助信息的数据必须与 Fragstats 指标的数据一致。

（2）关于 Fragstats：列举作者与软件输出版本。

5.5.2　创建一个模型

第一次运行 Fragstats 时，必须创建一个新模型。模型只是 Fragstats 格式的文件，其中包含模型参数化。一旦创建并保存了模型，就可以将其打开并运行，或者在运行之前对其进行修改。此处显示的是尚未参数化的“新”模型，并且在左侧面板中选择了“输入图层”选项卡（图 5.6）。

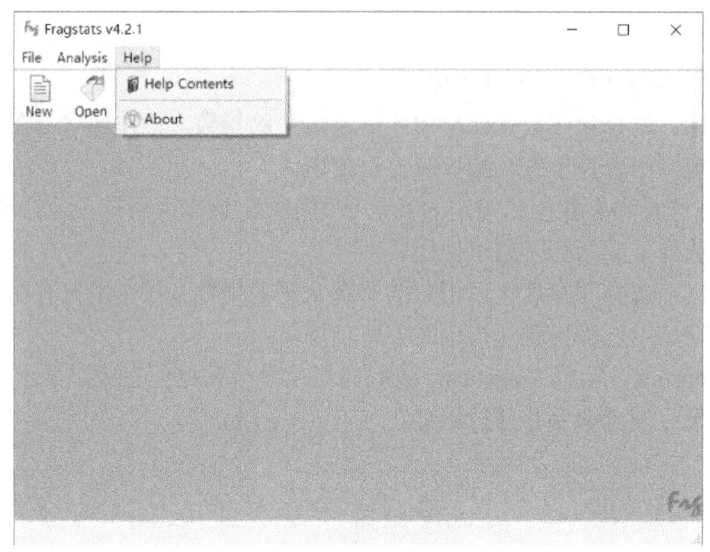

图 5.5　帮助菜单

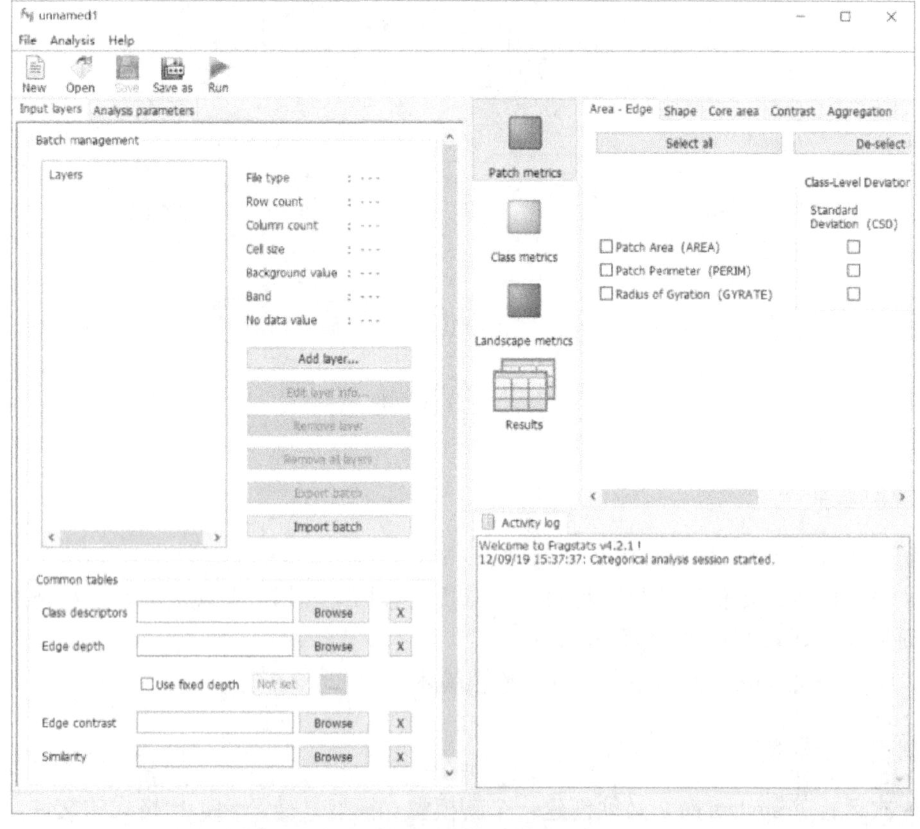

图 5.6　用于参数化 Fragstats 的模型对话框

5.5.3 选择输入层

创建新模型后，下一步就是选择输入层（即输入网格）。如果打开了一个保存的模型，也可以修改输入参数。

在模型对话框窗口的左窗格中，确保选择了“输入图层”选项卡。左窗格的上半部分标记为“批次管理”，可以在其中单独选择输入网格（添加层）或作为先前定义的批次文件（导入批次），还可以编辑或修改输入层（编辑层信息）。

1）网格添加到模型

单击添加图层，将网格添加到模型（图 5.7）。

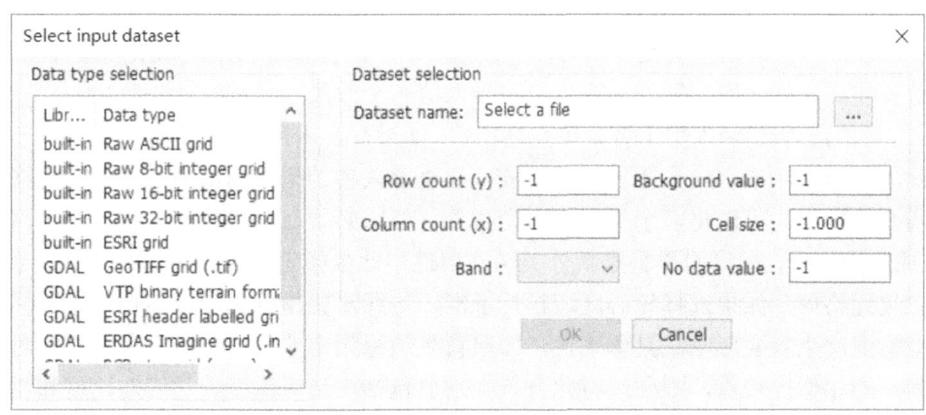

图 5.7 将网格添加到模型

首先，通过单击左窗格中的相应行来选择一种数据类型。Fragstats 接受几种类型的输入图像数据格式。简而言之，所有输入图像应为整数网格（即应为每个像元分配一个与其类成员资格或斑块类型相对应的整数值）。如果该类存在于景观边界中，则将零值分配给一个类是有问题的，因为不允许负零。此外，所有输入网格均应由方格组成，其测量单位为米（m）。

选择以下选项之一：

a. 原始的 ASCII 网格—无标题名[.asc]；

b. 原始的 8 位二进制网格—无标题名[.raw]；

c. 原始的 16 位二进制网格—无标题名[.raw]；

d. 原始的 32 位二进制网格—无标题名[.raw]；

e. ESRI ArcGrid（或 Raster）网格—含标题名；

f. GeoTIFF 网格—含标题名[.tif]；

g. VTP 二进制地形格式网格—含标题名[.bt]；

h. 标记为网格的 ESRI 标头—含标题名[.bil]；

i. ERDAS 图像网格—含标题名[.img]；

j. PCRaster 网格—含标题名[.map]；

k. SAGA GIS 二进制格式网格—含标题名[.sdat]。

其次，通过在“数据集名称”框中输入输入网格的完整路径和文件名来选择一个数据集，或单击导航至按钮（...），然后导航至并选择所需数据类型的输入网格。导航窗口是上下文相关的，因此在默认情况下仅显示具有适当扩展名的文件（请参阅上面方括号中的默认扩展名）。解决这个问题可以通过单击文件名右侧的下拉箭头，在导航对话框中将扩展名过滤器更改为“所有类型”。但在尝试导入数据层之前，请参见上面有关数据格式的讨论。

最后，根据数据类型，需要输入有关网格的一些信息。只有相应数据类型所需的文本框处于活动状态，其他文本框将变灰，填写所有活动的文本框即可。

（1）行数（y）：输入输入图像中的行数。仅当输入数据类型为ASCII或二进制时才需要；否则，该值取自输入网格的标题，并且无法更改。

（2）列数（x）：输入输入图像中的列数。仅当输入数据类型为ASCII或二进制时才需要；否则，该值取自输入网格的标题，并且无法更改。

（3）波段：一些数据格式允许具有多个波段（层）的图像。因此，如果图像有多个波段，则必须选择要导入的波段。默认情况下，将导入第一个波段。

（4）背景值：[可选]输入用于背景单元格的值。如果存在内部背景，则此值不应等于nodata值，因此从nodata中选择一个不同的值更安全。将感兴趣的景观内部或外部的单元格视为背景时才需要此操作。可以将多个类值指定为背景，但这必须在类描述符表中完成（请参见下文）。完成此操作后，指定的类将重新分类网格属性中此处指定的背景值。所有背景单元格都分配有该单元格值，如果选择核心区域指标标准，边缘对比指标标准或相似性指标标准，可能会对背景值产生重要影响。具体来说，如果背景边缘指定非零的边缘深度或边缘对比度权重或非统一的相似度权重，则必须将此背景类别值包括在边缘深度、边缘对比度和相似权重文件（请参见下文）。

（5）像元大小（以m为单位）：在输入图像中输入以m为单位的像元大小。单元格必须为正方形，应输入长度为1 的像元。 仅当输入数据类型为ASCII或二进制时才需要，否则，该值取自输入网格的标题，并且无法更改。

（6）nodata值：输入nodata单元的值。仅在网格不包含任何数据单元的情况下才重要，根据景观的形状可能会或可能不会。仅当输入数据类型为ASCII或二进制时才需要，否则，该值取自输入网格的标题，并且无法更改。关于nodata值，以下几点很重要：①某些输入数据格式（如ESRI网格）在文件头中包含nodata值，通常对用户“隐藏”，而在其他输入数据格式中（如ASCII和8位，16位和32位整数格式），必须在此处指定它，因为图像中没有标题信息。Fragstats对于后面的输入数据格式（ASCII = 9999，8位整数= 127，16位和32位整数= 9999）具有默认的无数据值，并且在以下情况下，需要确保将其更改为默认值：输入景观格局包含一个不同的nodata值，否则输入景观格局中的nodata单元将被视为真实类。②在任何情况下，背景值都不应与nodata值相同。如果背景值与nodata值相同，并且在景观中具有真实背景，则Fragstats将无法区分nodata和真实背景。该情况下无数据和正背景（即景观内部）都将在分析之前转换为负背景，从而将任何实际内部背景（正值背景）转换为外部背景（负值背景），将影响许多指标。③Fragstats在ESRI网格（以及带有头文件的其他格式）属性中列出的特定nodata值可能与ArcMAP中看到的不匹配。不同之处在于，我们使用其他的API，并且只能以32位有符号整数格式加载网格，其nodata值为–2147483647（该格式可以容纳的最小值），而ESRI可以访问更精细粒度API，使ArcMAP可以查看数据集实际上是以16位带符号整数格式存储，经过RLE压缩并且其nodata值为–32768（该格式可以容纳的最小值）。

2）编辑图层信息

单击“编辑图层信息”，重新打开图 5.7 所示的对话框，可编辑任何网格参数。

3）删除层

单击“删除层”，从批次管理器中删除选定的网格。

4）删除所有层

单击“删除所有层”，从批处理管理器中删除所有网格。

5）导出批处理

单击导出批处理，.fbt 格式将加载到网格，导出为批处理文件。

6）导入批处理

单击导入批处理，加载要分析的输入网格列表的批处理文件。如果要分析许多景观，则批处理文件选项很方便。如果选择此选项，则必须通过导航来指定格式正确的批处理文件。Fragstats 将.fbt 文件扩展名用于批处理文件，并且导航在默认情况下将查找具有该扩展名的文件。.fbt 扩展名不是强制性的，使用它有助于保持文件的条理性。

批处理文件必须是逗号分隔的 ASCII 文件。每行应按顺序指定输入景观文件名、单元格大小、背景值、行数、列数、波段号、nodate 值和输入数据类型。该文件的语法如下：

InputFileName, CellSize, Background, Rows, Columns, Band, Nodata, InputDataType。

其中，InputFileName 是输入景观的完整路径和文件名。

CellSize 是对应于像元大小（以 m 为单位）的整数值。

Background 是对应于指定背景值的整数值。在类描述符文件中指定为背景的任何类（请参见下文）都将重新分类为该类值，并视为背景。此外，所有无数据单元将重新分类为负背景。

Rows 是一个整数值，对应于输入图像中的行数。

Columns 是一个整数值，对应于输入图像中的列数。

Band 是一个整数值，对应于要从输入文件导入的所需波段号（即图层）。

Nodata 是与 nodata 值相对应的整数值。无论真 nodata 值是否为负数，是否在 nodata 值前都添加负号都没有关系，因为 Fragstats 会使用 nodata 值（正数或负数）与 Nodata 一样，因此不在关注范围之内。在内部分析之前，Fragstats 会将所有无数据单元转换为用户指定的背景值。

InputDataType 是标识输入数据格式的字符串，其中以下选项对应于上面列出的各种输入数据格式类型：

a. IDF_ASCII

b. IDF_8BIT

c. IDF_16BIT

d. IDF_32BIT

e. IDF_ARCGRID

f. IDF_GeoTIFF

g. IDF_BT

h. IDF_EHDR

i. IDF_EIMG

j. IDF_PCRaster

k. IDF_SagaGIS

批处理文件应包含每种输入情况的记录，并且所有参数都以逗号分隔。参数值应反映每个输入格局的数据类型。如果是 ASCII、8 位、16 位或 32 位整数，则记录必须包含上面指定的所有参数。如果是其他任何格式，则记录仅需要包含输入的景观文件名、背景值和波段号，其余参数应分配为“ x”，示例如下：

D: FooBarASCII_filename, 25, 999, 250, 300, 1, 9999, IDF_ASCII

D: FooBar8BIT_filename, 25, 999, 250, 300, 1, 127, IDF_8BIT

D: FooBar16BIT_filename, 25, 999, 250, 300, 1, 9999, IDF_16BIT

D: FooBar32BIT_filename, 25, 999, 250, 300, 1, 9999, IDF_32BIT

D: FooBarARCGRID_folder, x, 999, x, x, 1, x, IDF_ARCGRID

D: FooBarGeoTIFF_filename, x, 999, x, x, 1, x, IDF_GeoTIFF

D: FooBarVTP_binary_terrain_format_filename, x, 999, x, x, 1, x, IDF_BT

D: FooBarESRI_header_labelled_filename, x, 999, x, x, 1, x, IDF_EHDR

D: FooBarERDAS_Imagine_filename, x, 999, x, x, 1, x, IDF_EIMG

D: FooBarPCRaster_filename, x, 999, x, x, 1, x, IDF_SagaGIS

D: FooBarSAGA_GIS_binary_format_filename, x, 999, x, x, 1, x, IDF_PCRaster 等等。

ArcGrid 文件实际上是包含多个文件而不是单个图像文件的文件夹，因此文件命名约定有些不同。在这种情况下，应将输入文件名指定为 ArcGrid 文件夹的路径（即该文件为文件夹）。此外，无论输入数据类型如何，每个输入景观的像元大小、nodata 值、背景值、行和列以及波段都可以不同。

从批处理文件运行并不能消除完成 Fragstats 的参数化，它仅提供了一种在多个景观上运行 Fragstats 的机制，而不必分别参数化和运行每个景观。必须设置分析参数并选择和参数化各个指标。批处理文件为每个输入格局指定文件名，输入数据类型和网格属性，所有其他参数必须根据以下说明指定。

5.5.4 指定公用表[可选]

一旦创建了新模型，并从批处理文件中添加或导入了输入网格，接下来的可选步骤是指定使用的公用表（在模型对话框的左下窗格中）。描述和归类类别（斑块类型）并分配相应功能指标中使用的边缘深度、边缘对比度和相似度。

1. 类描述符[可选]

单击相应的浏览按钮，然后浏览并选择所需的文件。Fragstats 将文件扩展名.fcd 用于类描述符文件，并且在默认情况下将查找具有该扩展名的文件。虽然.fcd 扩展名不是强制性的，但它有助于保持文件的条理性。文件中的每个记录应包含一个数字类（斑块程序类型）值，该斑块程序类型的字符描述符，逻辑状态指示器和本地背景指示器。逗号分隔的 ASCII 文件的语法为：ID, Name, Enabled, IsBackground

ID 是与景观中类值相对应的整数值。

Name 是类的描述性名称。描述性名称可以是任意长度，可以包含任何字符和空格，但不能包含逗号。该描述性名称在变量类的所有修补程序和类输出文件中报告。

Enabled 可以采用以下值："true"或"t"和"false"或"f"（大写或小写），并确定是否应处理相应的类并将其添加到结果中，还是在输出文件中将其忽略。"true"或"t"表示已启用该类，并且应在斑块程序和类输出文件中输出该类。"false"或"f"表示该类已禁用，不应输出。启用或禁用类不会影响景观指标的计算，在景观指标的计算中仍包含禁用的类。尽管通过禁用类可以节省处理时间，但是主要的效果是对输出的影响。使用此功能可以"关闭"不感兴趣的类，不必在输出文件中查看其统计信息。

IsBackground 可以采用以下值："true"或"t"和"false"或"f"（大写或小写），并确定是否应将相应的类重新分类并视为背景（即分配在格网属性中指定的背景值）。将类分类为背景会影响许多景观指标。

类描述符文件应包含输入环境中每个类的记录，并且所有参数均应以逗号或空格分隔。例如：ID, Name, Enabled, IsBackground

1, shrubs, true, false

2, conifers, true, false

3, deciduous, true, false

4, other, false, true

Fragstats 中的类描述符文件必须包含上面显示的标题行（这是对 Fragstats3.x 的更改）。此外，类描述符文件可以包含输入环境中不存在的其他类，但是应在此文件中列出所有存在的类。

总而言之，类描述符文件可以做三件事：①为每个类指定字符描述符，以便于解释输出文件；②将输出文件限制为仅感兴趣的类；③将类重新分类为背景。

如果提供了类描述符文件，则类名称将被写入输出文件。否则，类 ID（数字斑块类型代码）将被写入输出文件。

2. 边缘深度[可选]

边缘深度表显示"边缘深度"值，用于确定在核心区域指标中构成斑块的核心要素，并且在选择一个或多个核心区域指标时才相关。有以下两种选择。

（1）固定边缘深度：如果希望所有边缘都一样，请选中相应的复选框（使用固定深度），单击[...]按钮并输入非零距离（以 m 为单位）。默认情况下，此框包含零，但是应该输入一个非零距离，因为边缘深度为零会导致核心区域等于面片区域。

（2）可变的边缘深度：为每种边缘类型（即斑块类型的每个成对组合）指定单独的边缘深度。单击相应的浏览按钮，然后浏览并选择所需的文件。Fragstats 将文件扩展名.fsq 用于边缘深度文件，并且在默认情况下将查找具有该扩展名的件。虽然.fsq 扩展名不是强制性的，但是它有助于保持文件的条理性。此逗号分隔的 ASCII 文件的语法如下：

```
FSQ_TABLE
CLASS_LIST_LITERAL(1stClassName, 2ndClassName,etc.)
CLASS_LIST_NUMERIC(1stClassID, 2ndClassID, etc.)
EdgeDepth_1-1, EdgeDepth_1-2, etc.
EdgeDepth_2-1, EdgeDepth_2-2, etc.
```

注释行以#开头，并且可以在表中的任何位置使用。

FSQ_TABLE 必须在第一行中指定。

允许使用两种类型的类列表 CLASS_LIST_LITERAL()和 CLASS_LIST_NUMERIC()，但是仅考虑遇到的第一个类，因此只需要其中一行。

文字类名（1stClassName、2ndClassName 等）是字符串，不能包含空格。

类 ID（1stClassID，2ndClassID 等）是对应于网格中类值的整数值。

关于边缘深度，行和列的顺序是在 CLASS_LIST_LITERAL()或 CLASS_LIST_ NUMERIC ()中指定的顺序，以先到者为准。

EdgeDepth_i-j 是一个整数值，给出对应边缘类型（即第 i 个 ClassID 指定的焦点类和第 j 个 ClassID 指定的相邻类）的边缘深度（以 m 为单位）。建议与单元格大小相等的增量提供边缘深度，因为在应用边缘遮罩时，Fragstats 始终会向上或向下舍入到最接近的单元格。

边缘深度条目必须是方阵（即行和列的数量相同），并且必须具有与 CLASS_LIST_ LITERAL 或 CLASS_LIST_NUMERIC 中给定的 ClassID 相同的列表和顺序，应包含每个斑块类型的唯一成对组合的记录，输入类中的所有类（所有缺少的类都必须在行和列中都缺失，并且为涉及该类的所有边缘分配零边缘深度），并且所有参数都应以逗号分隔。例如，给定四个类以下文件将是合适的：

```
FSQ_TABLE
CLASS_LIST_NUMERIC(2, 3, 4, 5, 6)
0, 30, 30, 30, 30
70, 0, 40, 40, 40
30, 40, 0, 50, 50
30, 40, 50, 0, 60
30, 40, 50, 60, 0
```

可以使用任何文本编辑器创建和管理此表，然后将其简单保存为逗号分隔文件（.csv）。边缘深度矩阵可以是不对称的，即右上三角形和左下三角形不需要相互镜像。行表示焦点类别，而列表示相邻或邻接的类别。示例中焦点类别 A（或 ID = 2）的边缘深度，在边缘深度矩阵的第一行中给出。相邻的 B 类（或 ID = 3）贴片的边缘深度为 30m，具有边缘效应，该效应穿透 30m 到 A 类斑块中。A 类穿透 70m 进入 B 类（第 2 行第 1 列）。因此，边缘效应在 A 类中的渗透比 B 类中的渗透小。这种不对称性在某些应用中很重要。例如，当城市边缘效应渗透到森林深处，而森林边缘效应渗透到城市区域很少。

通常对角线给定零边缘深度，但是可以指定非零对角线。当存在景观边界时，斑块可以邻接同一类斑块的唯一情况是沿着景观边界。在这种情况下，可以指定一个非零的边缘深度，尽管在大多数情况下这种做法是不合逻辑的。

如果图像中有背景，则在数据导入期间需要在网格属性中指定的背景类值，否则所有背景边缘的边缘深度均为零。

3. 边缘对比度[可选]

边缘对比度表显示“边缘对比”值，用于确定每种边缘类型（即斑块类型的每个成对组合）的对比幅度，仅在选择了一个或多个边缘对比指标时才相关。单击相应的浏览按钮，然后浏览并选择所需的文件。Fragstats 将文件扩展名.fsq 用于边缘对比文件，并且在默认情况下将查找具有该扩展名的文件。.fsq 扩展名不是强制性的，但使用它有助于保持文件的条理性。逗号分隔的 ASCII 文件的语法如下：

```
FSQ_TABLE
CLASS_LIST_LITERAL(1stClassName, 2ndClassName, etc.)
CLASS_LIST_NUMERIC(1stClassID, 2ndClassID, etc.)
ContrastWeight_1-1, ContrastWeight_1-2, etc.
ContrastWeight_2-1, ContrastWeight_2-2, etc.
```

注释行以#开头，并且可以在表中的任何位置使用。

FSQ_TABLE 必须在第一行中指定。

允许使用两种类型的类列表 CLASS_LIST_LITERAL()和 CLASS_LIST_NUMERIC()，但是仅考虑遇到的第一个类。

文字类名（1stClassName、2ndClassName 等）是字符串，不能包含空格。

类 ID（1stClassID、2ndClassID 等）是对应于网格中类值的整数值。

关于对比度权重，行和列的顺序是在 CLASS_LIST_LITERAL()或 CLASS_LIST_NUMERIC()中指定的顺序，以先到者为准。ContrastWeight_i-j 是一个整数值，给出对应边缘类型（即第 *i* 个 ClassID 指定的焦点类和第 *j* 个 ClassID 指定的相邻类）的边缘深度（以 m 为单位）。

对比度权重必须在 0（无对比度）到 1（最大对比度）的范围内。

边缘对比度条目必须是方阵（即行和列的数量相同），必须具有与 CLASS_LIST_LITERAL 或 CLASS_LIST_NUMERIC 中给定的 ClassID 相同的列表和顺序，应包含每个斑块类型的唯一成对组合的记录（类）（任何缺少的类都必须在行和列中都丢失，且将被赋予一个（最大）边缘对比度权重），所有参数都应以逗号分隔。例如，给定四个类，以下文件将适用：

```
FSQ_TABLE
CLASS_LIST_NUMERIC(2, 3, 4, 5, 6)
0, 0.2, 0, 0.4, 0.6
0.2, 0, 0, 0.2, 0.4
0, 0, 0, 0, 0
0.4, 0.2, 0, 0, 0.2
0.6, 0.4, 0, 0.2, 0
```

可以使用任何文本编辑器创建和管理此表，然后将其简单保存为逗号分隔文件（.csv）。这个矩阵必须是对称的，因为边缘对比度是边缘本身的属性。对角线通常被赋予零边缘对比度，相同类型的色块之间没有对比度，尽管可以指定任何值。当存在景观边界时，斑块可以邻接同一类斑块的唯一情况是沿着景观边界。在这种情况下，可以指定一个非零的边缘对比度，尽管在大多数情况下这样做是不合逻辑的。如果图像中有背景，则在数据导入期间需要包括在网格属性中指定的背景类值，否则所有背景边缘将被赋予零边缘对比度。

4. 相似度[可选]

相似度表显示“相似度”值，用于确定斑块类型的每个成对组合之间的相似度，并且仅在选择了相似度索引时才相关。单击相应的浏览按钮，然后浏览并选择所需的文件。Fragstats 将文件扩展名.fsq 用于相似性加权文件，并且将在默认情况下查找具有该扩展名的文件。.fsq 扩展名不是强制性的，但是它有助于保持文件的条理性。此逗号分隔的 ASCII 文件的语法如下：

```
FSQ_TABLE
CLASS_LIST_LITERAL(1stClassName, 2ndClassName, etc.)
CLASS_LIST_NUMERIC(1stClassID, 2ndClassID, etc.)
SimilarityWeight_1-1, SimilarityWeight_1-2, etc.
SimilarityWeight_2-1, SimilarityWeight_2-2, etc.
```

注释行以#开头，并且可以在表中的任何位置使用。

FSQ_TABLE 必须在第一行中指定。

允许使用两种类型的类列表 CLASS_LIST_LITERAL()和 CLASS_LIST_NUMERIC()，但是仅考虑遇到的第一个类。

文字类名（1stClassName，2ndClassName 等）是字符串，不能包含空格。

类 ID（1stClassID，2ndClassID 等）是对应于网格中类值的整数值。

关于相似性权重，行和列的顺序是在 CLASS_LIST_LITERAL()或 CLASS_LIST_NUMERIC()中指定的顺序，以先到者为准。相似性权重_i-j 是一个整数值，给出第 i 个 ClassID 指定的焦点类和第 j 个 ClassID 指定的相邻类的相似权重。

相似权重必须在 0（最小相似）和 1（最大相似）之间变化。

相似性条目必须为方阵（即相同数量的行和列），必须具有与 CLASS_LIST_LITERAL 或 CLASS_LIST_NUMERIC 中相同的 ClassID 列表和顺序，并应包含输入格局中斑块类型（类）的每个唯一成对组合的记录[任何缺失的类都必须在行和列中都缺失，对于涉及该类的所有比较，其相似性（最低）为零]，所有参数都应以逗号分隔。例如，给定四个类，以下文件将适用：

```
FSQ_TABLE
CLASS_LIST_NUMERIC(2, 3, 4, 5, 6)
1, 0.8, 0, 0.6, 0.4
0.2, 1, 0, 0.8, 0.6
0, 0, 1, 0, 0
0.6, 0.8, 0, 1, 0.8
0.4, 0.6, 0, 0.8, 1
```

可以使用任何文本编辑器创建和管理此表，然后将其简单保存为逗号分隔文件（.csv）。相似度矩阵可以是不对称的，行表示焦点类别，而列表示相邻或邻接的类别。上面示例中焦点类 A（或 ID = 2）的相似度权重，该相似度权重在相似度矩阵的第一行中给出。给定 A 类焦点斑块，相邻的 B 类斑块（或 ID = 3）相似度为 0.8。相反，给定 B 类焦点斑块，A 类相邻斑块的相似度为 0.2。但是，在大多数情况下，从对称权重考虑相似性更合乎逻辑。通常将对角线的相似度权重设置为 1，因为通常假定相同类别的两个面片的相似度最大，但是可以指定不同的值。如果图像中有背景，则在数据导入期间需要包括在网格属性中指定的背景类值，否则所有背景边缘的权重都为零。

5.5.5　设置分析参数

一旦导入了数据集，并且在指定任何公用表之前或之后，下一步就是设置一些全局分析参数。如果打开了先前保存的模型，则在执行程序之前也可以修改分析参数。

此处显示的是尚未参数化的“新”模型，在模型对话框窗口的左窗格中，确保选择了“Analysis parameters”选项卡，该图像的左下方窗口（采样策略）已被截断（图 5.8）。

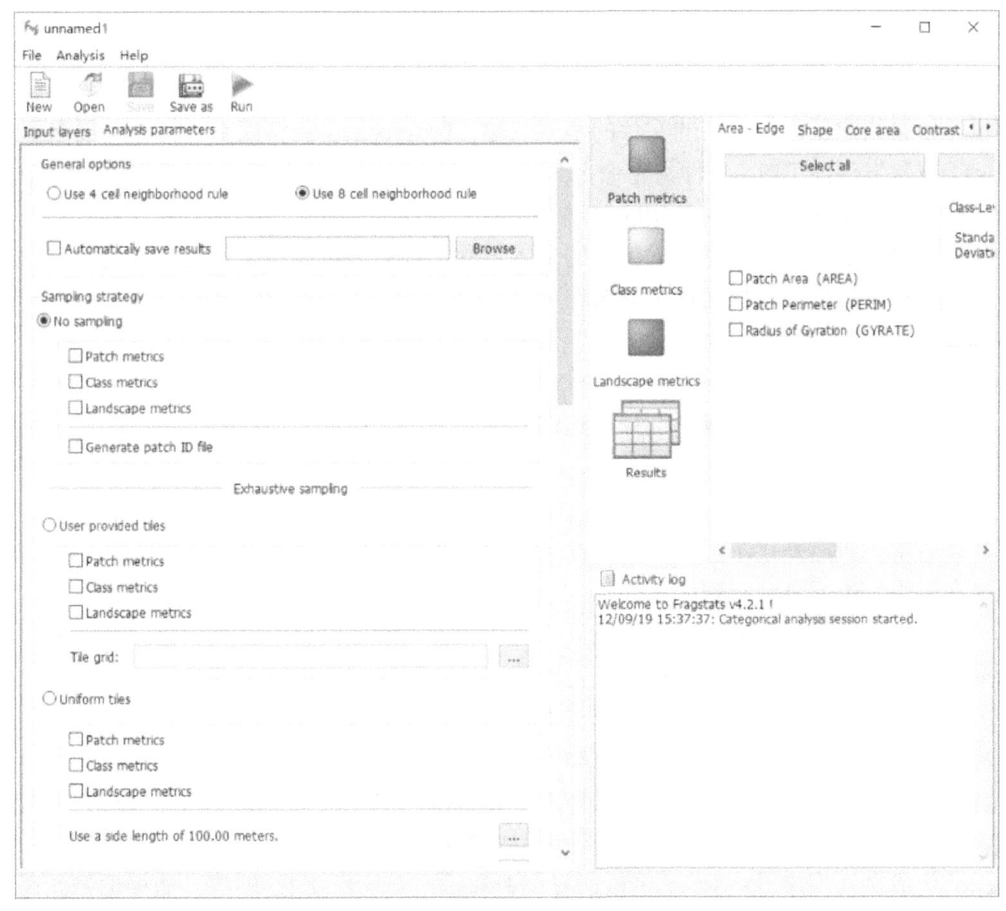

图 5.8　用于参数化 Fragstats 的模型对话框

1. 相邻规则

为描绘斑块，在 4 单元格规则和 8 单元格规则之间进行选择。4 单元规则仅考虑与焦点单元（即正交邻居）共享一侧的 4 个相邻单元来确定斑块成员。8 单元规则考虑所有相邻单元，包括 4 个正交和 4 个对角线邻居。因此，如果选择了 4 单元规则，则将对角线接触的同一类别的两个单元视为单独面片的一部分。如果选择 8 单元规则，则这些规则将被视为同一斑块程序的一部分。修补程序邻居规则的选择将影响配置指标，但对组成指标没有影响。默认为 8 单元格规则。

2. 自动保存结果

选中“自动保存结果”复选框可在执行后自动将结果保存到输出文件。如果选择“自动保存结果”，则还必须通过单击“浏览”按钮并导航到所需的文件夹，然后输入“基本名称”或选择要覆盖的现有文件名称，为输出文件指定“基本名称”。Fragstats 将为其提供扩展名.patch、.class、.land 和.adj，用于相应的斑块程序、类，以及景观指标和邻接矩阵。

（1）如果不选中“自动保存结果”复选框，则执行后始终可以从“结果”对话框中保存结果。

（2）如果选中“自动保存结果”复选框，但未为输出指定基本名称文件，则 Fragstats 将不会运行，并且在活动日志中将显示一条错误消息。

（3）如果指定了已经存在的文件的基本名称，Fragstats 自动将现有文件的扩展名重命名为*.bk1。下次发生冲突时，文件将重命名为*.bk2，以此类推。不能将结果附加到现有文件上，因为不能保证输出文件的结构是相同的。

（4）如果指定了已经存在的文件名的基本名称，则只需包含该文件的基本名称，即直到第一段的名称，不需要包括文件扩展名。

3. 采样策略

有 7 种不同的采样策略可供选择，它们有助于分析子地形（图 5.9）。每次运行只允许一个策略。

1）不采样

默认的常规策略是“不采样”。在此策略中，将每个输入景观格局分析为单个格局。可以选择在斑块、类或景观级别计算指标，但至少要选择一个级别。

（1）斑块指标。如果选中，则可以计算斑块指标。但是仅启用斑块指标，因此必须选择一个或多个单独的斑块程序指标标准，否则将不计算斑块程序指标标准。

（2）类指标。如果选中，则可以计算类指标。但仅启用类指标，因此必须选择一个或多个单独的类指标，否则将不会计算任何类指标。

（3）景观指标。如果选中，则可以计算景观指标。但仅启用景观指标，因此必须选择一个或多个单独的景观指标，否则将不会计算景观指标。

（4）生成斑块程序 ID 文件。可以选择创建和输出斑块程序 ID 映像，如果选择此选项，则 Fragstats 将创建斑块 ID 图像，并以与输入数据类型相同的数据类型格式输出。斑块 ID 图像将为景观中的每个斑块包含唯一的 ID。将为所有背景单元格分配用户指定的背景值的负数。该斑块程序 ID 对应于“基本名称 .patch”输出文件中的斑块程序 ID。如果将斑块程序级别的输出与特定斑块程序相关联，使用 GIS 查看结果，则需要此图像。斑块程序 ID 文件将使用以下约定命名，并输出到与输入映像相同的目录：输入文件名_4 或 8（取决于邻相邻规则）+ ID。

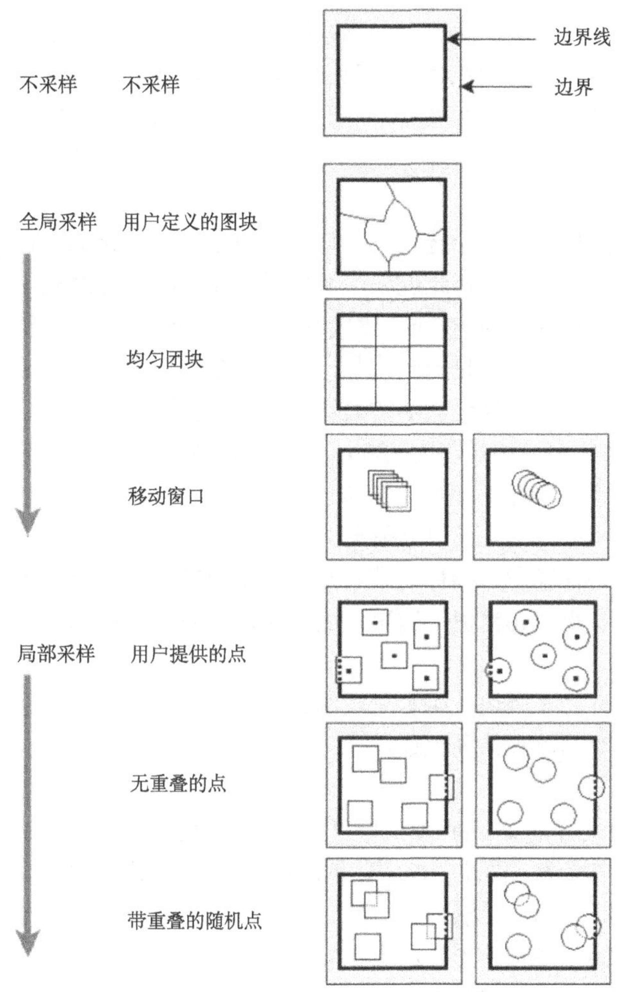

图 5.9 替代景观采样策略的示意图

例如，使用 8 相邻规则分析的名为“test”的输入文件将被赋予以下斑块 ID 文件名：test_8id。如果创建并输出一个已经存在的 ID 图像（如从先前的运行中获得），则 Fragstats 会询问是否要覆盖现有文件。如果使用的是 ArcGrids，并且尝试创建和输出与当前在另一个程序（如在 ArcMap 中）中打开的网格同名的 ID 图像，则该网格将被破坏，并且将写入错误消息到日志窗口。在这种情况下，即使在关闭 ArcMap 之后，也必须删除 grid 文件夹，才能创建和输出具有该名称的 ID 图像。

2）用户提供的图块

对景观进行详尽采样的第一个选项是“用户提供的图块”，其将景观细分为代表子景观的用户提供的图块。如果选择此选项，则必须提供一个与输入景观具有相同输入数据格式、相同像元大小和地理路线的图块网格。在“图块网格”框中，单击导航到按钮（...），选择相应的输入数据类型，然后导航到并选择所需的图块网格。此外，可以选择在斑块、类别和景观级别上计算指标，但必须至少选择一个级别，并且输出将由每个子景观的单独结果组成。

此外，对于每个图块（或子景观图），Fragstats 会自动在景观图周围添加一个单元格宽的

“边框”。在背景部分已介绍，边界是沿感兴趣的景观外部的景观边界沿边界带负值的单元格。边界中的负像元值表示它们在“关注范围”之外。边框提供沿景观边界的单元格邻接信息，并告知核心区域和边缘对比度指标。任何添加的由“nodata”组成的边框都将被分配负的背景类值。

3）均匀图块

对景观进行详尽采样的第二个选项是“均匀图块”，其 Fragstats 将景观均匀地细分为代表子景观的正方形图块。如果选择此选项，则必须通过指定一侧的长度（以 m 为单位）来指定正方形图块的大小。默认值为 100m。要更改大小，可单击（...）按钮并输入新值。创建的图块的实际大小可能不完全等于指定的边长，因为它被约束为像元大小的倍数。因此，图块的实际边长将始终向下约等于像元大小的最接近倍数。例如，如果像元大小为 30m，并且指定边长为 500m，则实际窗户边长将为 480m（16×30）。此外，还可以指定一个标准，以包含最大百分比边框或无数据单元的图块。默认值为 0%，这意味着将忽略包含任何边框（负单元格值）或无数据单元格的图块。如果指定例如 20%，那么最多 20%的图块区域可以由边框或无数据组成，并且将计算所选指标。某些指标对景观的绝对面积敏感，更具体地说，对景观“内部”的面积（即正单元格值）敏感，因此应谨慎完整地将此值从默认值零修改，了解所选指标的含义。

如上所述，可以选择在斑块、类和景观级别上计算指标，但必须至少选择一个级别，并且输出将由每个子景观的单独结果组成。

4）移动窗口

对景观进行详尽采样的第三个选项是“移动窗口分析”。这与上面的统一图块策略相似，不同之处在于，使用统一图块策略时，图块是不重叠的（即互斥和全包），但是随着移动窗口的接近，图块会重叠。如果选择移动窗口选项，则必须指定要使用窗口的异质性级别（类或景观）以及形状（圆形或正方形）和大小（半径或边长，以 m 为单位）。此外，还可以选择指定由边框或无数据单元格组成的窗口的最大百分比。

具有指定形状和大小的窗口将通过网格中每个正值单元（即感兴趣的景观内的所有单元）。但是，仅评估窗口满足边界/无数据的最大百分比阈值的单元格。在每个窗口中，将计算类别或景观级别的每个选定指标，并将该值返回到焦点（中心）单元格。移动窗口分析中不允许斑块指标。保证移动窗口在网格上传递，直到以此方式评估包含有效窗口的每个正值单元（包括正值背景单元）为止。窗口中包含真实正值类的内部背景单元格可能会在输出网格中收到一个值，尽管该单元格是输入网格中的背景。具体来说，如果整个窗口是内部背景，则该单元格将在输出网格中收到一个负背景值。进行移动窗口分析时，要注意以下事项。

（1）窗口形状和大小：用户指定的窗口大小是指接近圆形窗口的半径或方形窗口的边长（以 m 为单位），具体取决于所选的形状。要注意，通过算法实现的窗口的实际面积与基于圆形或正方形的几何数学计算的面积会略有不同。半径是从焦点单元到窗口边缘的距离。例如，给定一个 10m 的像元大小和一个圆形窗口，则将 40m 半径用作 4 个像元宽的蒙板。窗口的直径等于 90m，即半径加聚焦单元大小的两倍，而不是 80m。为了使聚焦盒始终位于窗口的精确中心，必须在窗口的直径上增加聚焦盒。指定的半径总是四舍五入到最接近的像元。因此，如果半径不能完全被像元大小整除，则实际窗口将更大或更小。窗口将始终四舍五入到最接近的奇数个单元格，以便焦点单元始终位于窗口的精确中心。例如，在方窗的情况下，用户指定的边长为 500m，像元大小为 50m，则半径为 500/2/50 = 5 个像元。以单元数为单位的窗口大小将是半径的 2 倍加上侧面或 11×11 窗口(550m×550m)上的 1 个单元(2 ×5+ 1= 11)。用户指定的 550m 边长将导致相同的最终窗口，因为半径始终会四舍五入到最接近的整数。

（2）边界效应：如果窗口与景观边界相交，则靠近景观边缘（即靠近景观边界）的像元会在移动窗口计算中产生偏差。考虑位于景观边界上的单元，放置在该单元格上的普通窗口将延伸到景观边界外。实际上，一半的窗口将延伸到没有景观结构信息的景观外。在圆形窗口的指定半径内或正方形窗口边长的 1/2 内的任何像元都将以这种方式产生偏差。有几种替代方法可以解决这种偏差，但都不是完全可以接受的。Fragstats 可以选择是否要包含边框或无数据的窗口。默认且保守的方法是不为包含部分窗口（即未完全包含在自然景观中的窗口）的焦点单元计算指标。在这种情况下，Fragstats 为返回这些单元格的用户指定外部（负）背景值。因此，在实践中，输出网格将包含围绕景观核心的负值背景单元格的外围缓冲区，仅核心（包含正值单元格完整窗口的单元格）将包含指标值[图 5.10（a）]。Fragstats 还允许放宽此标准，并为包含任何百分比的边界/无数据的窗口计算指标标准，完全了解所选指标标准的含义。重要的是，无论是否将 border/nodata 的百分比更改为大于 0 的值，整个窗口仍必须完全位于输入网格内才能有效使用该窗口。换句话说，窗口必须完全位于输入网格内（包括作为无数据像元、负值边界像元和正值风景像元输入的任何内容)。如果窗口完全位于输入网格之内，则将评估该窗口是否满足边界/无数据单元的最小百分比的指定标准。如果满足该标准，则该窗口被认为是有效的，并且将计算指标。

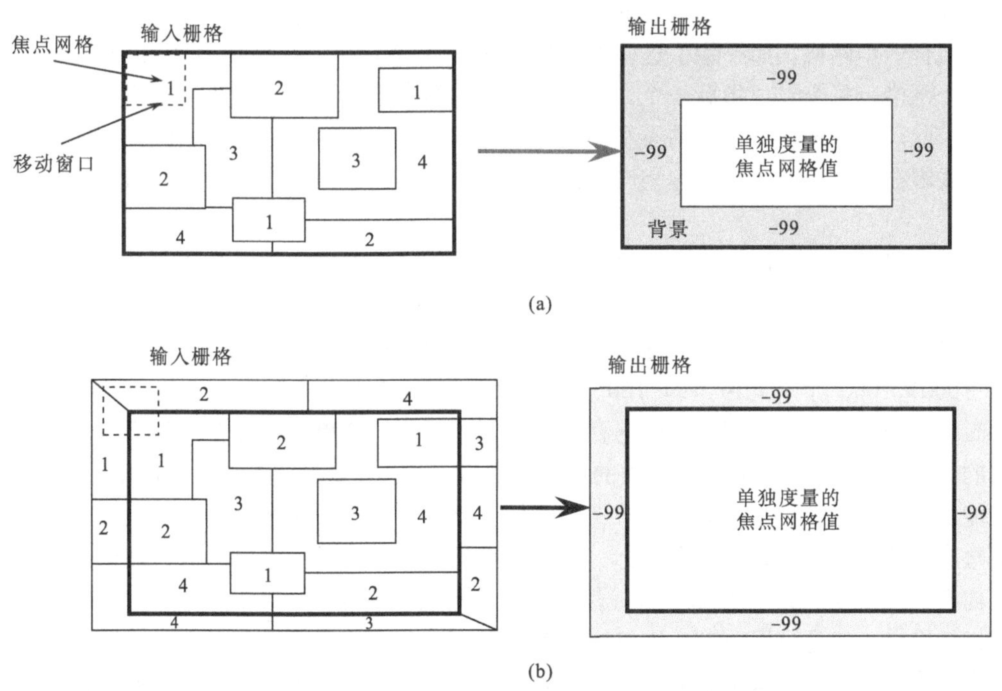

图 5.10　移动窗口分析

随着景观范围相对于窗户尺寸的增加，边界效应的大小和空间范围减小。因此，在选择窗口大小时应格外小心，尽量减少由于边界效应而造成的信息丢失。处理边界效应的另一种方法是扩展输入景观的范围，以在感兴趣的实际景观周围包括适当宽的正值且经过适当分类的像元的扩展条，其中此扩展的宽度等于半径窗口的位置［图 5.10（b）］。通过移动窗口分析在输出网格中生成的景观核心将与感兴趣的原始景观边界对齐。重要的是包括适当宽的景观边界（负值，但已分类的单元格）不会具有相同的效果。根据定义，边界由感兴趣的景观之外的负值单元格组成，并且 Fragstats 在计算指标时会忽略所有负值单元格，但它们会提供与正值单元格相邻的信息。

（3）输入数据类型：移动窗口分析仅限于可以有效处理浮点值的输入数据类型。在移动窗口分析中，不允许使用 8 位或 16 位二进制数据格式。如果这些数据类型包含在与移动窗口分析结合使用的批处理文件中，则将忽略相应的记录。

（4）选择类别和指标标准：对于每个选定的指标标准和启用的类别，Fragstats 输出一个单独的网格。因此，如果输入景观格局包含 10 个类，并且所有类均在类描述符文件中启用，并且选择了一个类级指标标准，则 Fragstats 将输出 10 个网格，所选指标标准的每个类对应一个网格。在这种情况下，每个输出网格代表一个单独的类别，而像元值代表该类别的所选指标的计算值。具体而言，将一个窗口放置在输入格局中的第一个单元格上方，为第一类计算所选指标，然后将该值输出到该特定指标标准类组合的新网格中的相应单元格。对下一个类重复此过程，依此类推，直到评估完所有类为止。接下来，将窗口放置在下一个单元格上方，然后重复该过程。以这种方式重复此过程，直到评估了包含输入景观中的整个窗口的所有正值像元为止。最终结果为每个类别创建一个新的网格，其中单元格值表示所计算指标的值。因此，如果选择五个类别级别的指标标准，则 Fragstats 将输出 50 个网格，每个类别指标标准组合一个网格。如果除了这些类指标之外，还选择了三个景观指标，则 Fragstats 输出另外三个网格，每个景观指标一个。使用多个类和多个指标标准，可以快速增加输出网格的数量。因此，仔细选择最简约的类和指标标准非常重要。注意，不包含相应类别的单元格的窗口，或者在某些情况下仅包含相应类别的单个单元格的窗口，将在输出网格中分配一个背景值。

（5）计算机处理和内存需求：移动窗口分析的计算机处理和内存需求非常惊人。考虑一个相对较小的 100×100 网格，即 1 万个单元格。移动窗口分析涉及在每个单元格上方放置一个窗口并计算一个或多个指标，这等效于进行 1 万个 Fragstats 分析。假设一个较大的网格，包含 1000×1000 个单元格，即 100 万个单元格，存储需求随着输入网格的大小而增加。Fragstats 必须能够为三个网格分配内存，其中每个网格每个单元格需要四个字节。有关内存要求的详细说明，请参见概述部分中的计算机要求。鉴于大多数个人计算机可用的内存有限，很可能没有足够的内存来完成单个唯一的类指标组合，更不用说选择了多个类，不可能轻易产生数十个或数百个组合、几个指标。如果选择了多个类别指标组合，则 Fragstats 将确定在可用内存的情况下可以完成多少次，然后将作业解析为单独的过程。例如，如果选择了 20 个类指标组合，但是可用内存一次仅够四个，则 Fragstats 将在整个景观上进行五遍，每遍输出四个网格。考虑到这些因素应谨慎使用此选项，并且要耐心等待，直到计算机处理能力显著提高。

（6）输出网格命名约定：给定通过移动窗口分析产生输出网格的数量以及某些数据类型（如 ArcGrids）对文件名长度的限制，输出文件命名约定有些烦琐且有限制。如果选择了移动窗口分析，则 Fragstats 将在输入文件的名称后附加“_MW1”（用于移动窗口#1），从而在包含输入文件的目录下创建一个新的子目录，因此，名为“Test”的目录将包含在名为“TestGrid_MW1”的测试目录下，名为“TestGrid”的输入文件将具有一个新的子目录。该子目录将包含每个选定的类指标组合和景观指标的输出网格。对于景观指标，使用指标的首字母缩写来命名输出网格。例如，风景级别的传染指数（CONTAG）将被赋予网格名称“contag”。对于类指标，指标首字母缩写词与类 ID 值结合使用，因为每个类都有单独的输出网格。例如，类别 ID#3 的类别级“笨拙性”索引（CLUMPY）将被赋予网格名称“clumpy_3”。如果对同一个输入文件进行第二次移动窗口分析（如使用不同的窗口大小），则通过在输入文件名后附加“_MW2”来创建第二个目录。依次进行每个后续移动窗口分析，依次类推。

（7）由于 ArcGrid 名称限制为 13 个字符，如果数字类的值超过三位数，则上面对于某些具有长名称的类指标（如 gyrate_am）的命名约定在类级别上会出现问题。例如，gyrate_am 的类值 3000 将以名称“gyrate_am_3000”结束，这对于 ArcGrid 多出了一位。在某些情况下，类别指标标准名称已缩短（仅适用于移动窗口输出网格），以容纳最多 4 位数字的类别值，包括以下指标标准：“gyrate”变为“gyra”、“circle”变为“circ”、“contig”变为“cont”。如果类值超过四位数而导致最终网格名称仍然太长，则会记录错误，并且需要缩短输入网格中的数字类值。

5）用户提供的点

对景观进行局部采样的第一个选项是“用户提供的点”，其中 Fragstats 在每个用户提供的点（焦点单元）周围放置一个指定大小和形状的窗口，作为定义子对象的基础。如果选择此选项，则必须提供标识点（焦点单元）的网格或表格，并且必须指定异质性级别（斑块、类或风景）、形状（圆形或正方形）和要使用的窗口的大小（半径或边长，以 m 为单位），并且输出将包含每个子景观（点）的单独结果。另外，边框将自动包含在每个窗口周围，可以选择指定由边框或无数据单元格组成的窗口的最大百分比。

（1）点网格。如果选择点网格作为指定焦点单元的方式，则点网格必须具有与输入景观相同的输入数据格式，相同的像元大小和地理对齐方式。在“点”网格框中，单击导航到按钮（...），然后选择相应的输入数据类型，然后导航到并选择所需的点网格。如果具有矢量格式的点层，则必须将其转换为栅格网格才能使用此选项。网格应包含点（焦点单元格）的唯一非零，正整数值，并且应为所有其他单元格分配无数据值。

（2）点表。如果选择点表作为指定焦点单元的方法，则单击相应按钮（...），导航到并选择所需的文件。Fragstats 对点文件使用文件扩展名为.fpt，并且在默认情况下将查找具有该扩展名的文件。.fpt 扩展名不是强制性的，但是使用它有助于保持文件的条理性。此 ASCII 文件的语法如下：

```
FPT_TABLE
[first point id#: first point row#: first point col#]
[second point id#: second point row#: second point col#]
```

注释行以#开头，并且可以在表中的任何位置使用。

必须在第一行中指定 FPT_TABLE。

每个带括号的项目都包含以下格式的点坐标：[id：row：column]或[id：row：column]。

点 ID 值必须是唯一的整数值，重复项将被忽略。

行和列的值必须是目标数据集特定范围内的整数值，并且代表行和列号，而不是地理坐标，超出范围和重复的坐标将被忽略。

例如，对于包含三个焦点的表，以下文件将是合适的：

```
FPT_TABLE
[1:2819:17300]
[2:2752:17300]
[3:1880:17303]
```

可以使用任何文本编辑器创建和管理此表，然后将其简单保存为ASCII文本文件。

6）无重叠的随机点

对景观进行局部采样的第二个选项是没有重叠的随机点，其中Fragstats将随机选择用户指定数量的焦点单元，并在每个点周围放置指定大小和形状的窗口作为用于定义子景观的基础。如果选择此选项，则必须指定要使用的窗口的异类级别（斑块、类或景观）、形状（圆形或正方形）和大小（半径或边长，以m为单位），以及焦点单元的目标数量（随机选择），并且输出将包含每个子景观（点）的单独结果。实际窗口大小可能与指定的大小有所不同（请参阅移动窗口）。另外，边框将自动包含在每个窗口周围，可以选择指定由边框或无数据单元格组成的窗口的最大百分比。

此选项可防止所选焦点单元周围的窗口重叠。因此，子景观是不重叠的。但是，根据指定的目标点数以及指定的窗口大小和形状可能无法达到目标窗口数。Fragstats尝试达到目标，但是在由于重叠现有窗口而失败的尝试次数达到阈值之后，Fragstats终止了该过程。在实践中可能无法获得所需数量的随机子地形。

7）带重叠的随机点

局部采样的第二个选项是“无重叠的随机点”，其中Fragstats将随机选择用户指定数量的焦点单元，并在每个点周围放置一个指定大小和形状的窗口作为定义子景观的基础。如果选择此选项，则必须指定要使用的窗口的异类级别（斑块、类或景观）、形状（圆形或正方形）和大小（半径或边长，以m为单位），以及焦点单元的目标数量（随机选择），并且输出将包含每个子地形（点）的单独结果。实际窗口大小可能与指定的大小有所不同（请参阅移动窗口）。另外，边框将自动包含在每个窗口周围，可以选择指定由边框或无数据单元格组成的窗口的最大百分比。

此选项可防止所选焦点单元周围的窗口重叠。因此，子景观是不重叠的。但是，根据指定的目标点数以及指定的窗口大小和形状，可能无法达到目标窗口数。Fragstats尝试达到目标，但是在由于重叠现有窗口而失败的尝试次数达到阈值之后，Fragstats终止了该过程。在实践中可能无法获得所需数量的随机子地形。

5.5.6 选择和限定斑块、类和景观指标

只有在“分析参数”对话框中选择相应的级别时斑块、类和景观指标，这些选项才有意义。在模型对话框的右窗格（图5.11）中根据需要选择指数，并将其参数化。每个指数标准级别（斑块、类和景观）都有一组单独的选项卡式对话框，每个对话框都包含一系列选项卡式页面，包含一组相关的指标。

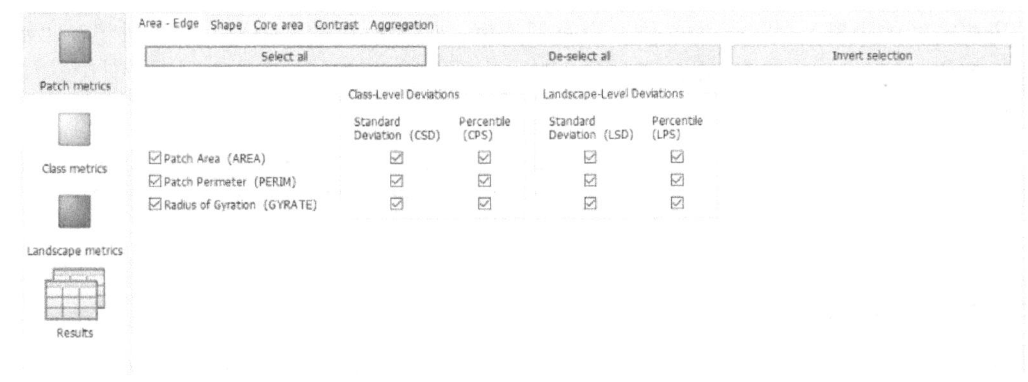

图 5.11　选择和参数化指标对话框

指标的选择相对简单。在每个选项卡式页面上，使用复选框选择所需的单个指标，或使用“全选”按钮选择所有指标，也可以取消选择全部或使用相应的按钮反转选择。 Fragstats 指标部分将详细讨论每个指标。

许多指数标准要求提供其他参数，然后才能计算它们。在大多数情况下，涉及在文本框中输入数字，而在其他情况下，这涉及指定单独的表。这些特殊要求将在下面与相应的选项卡式页面进行描述。

1）区域边缘

如果在类或景观级别的 “区域边缘”选项卡上选择“总边缘（TE）”或“边缘密度（ED）”，则还必须指定要如何处理边界和背景边缘。具体来说，将景观边界和背景类别边缘的多少百分比视为真实边缘，如果存在边界，则仅背景边缘受此指定的影响，因为沿边界的所有其他边缘将通过边界中的信息来明确显示。如果没有边界，则所有边界和背景边缘都会受到影响。通过单击选择按钮（...），可以选择三个选项：

（1）None（空）。不将任何边界/背景视为边缘（0%），这是默认值。

（2）All（全部）。将所有边界/背景计数为边缘（100%）。

（3）Partial（局部）。要指定当作边缘的边界/背景边缘的百分比（0%～100%）。例如，如果指定 50%，则涉及景观边界边缘的总长度的一半（如果没有边界），并且任何内部背景都将作为受影响的指数的边缘。

2）核心区域

如果在“核心区域”选项卡上选择任何核心区域指标，则还必须指定固定的边缘深度（以 m 为单位）或指定边缘深度表。

3）对比度

如果在“对比度”选项卡上选择任何对比度指标，则还必须指定一个边缘对比度表。

4）聚合

如果在类或景观级别的“聚合”选项卡上选择“邻近度索引”（PROX）或“相似度索引”（SIMI），则还必须指定搜索半径。没有默认值，如果没有输入距离，执行时将在“活动日志”窗口中写入一条错误消息，运行将失败。另外，如果选择“相似性索引”，则还必须如前所述指定相似性权重表。

在类别或景观级别选择连接指数（CONNECT），则还必须指定一个阈值距离（即低于它们的斑块之间的距离），以 m 为单位。没有默认值，如果没有输入距离，执行时将在“活动日志”窗口中写入一条错误消息，运行将失败。

5）多样性

如果在景观级别的“多样性”选项卡上选择“相对斑块丰富度”（RPR），则还必须指定最大类别数。没有默认值，如果没有输入距离，执行时将在“活动日志”窗口中写入一条错误消息，运行将失败。

5.5.7 运行 Fragstats

通过单击工具栏上的“运行”按钮或从“分析”下拉菜单中选择“运行”来运行 Fragstats（图 5.12）。其中将列出分析类型（指选择的采样方法）、当前文件、在每个级别选择的指数标准数量，并提示单击“继续执行”或“取消”。在单击“继续”之前，“当前文件”将为空白，它将列出正在处理的当前文件。因此，如果正在运行批处理文件，它将在处理每个输入文件时依次列出每个输入文件。执行运行后，活动日志将报告运行已结束。如果已自动保存了结果，则“活动”日志会将指示结果保存到指定位置。对于长期运行，进度指示器将显示运行进度，活动日志将报告运行的各个阶段。对于批处理，活动日志将报告处理每个输入层的阶段。

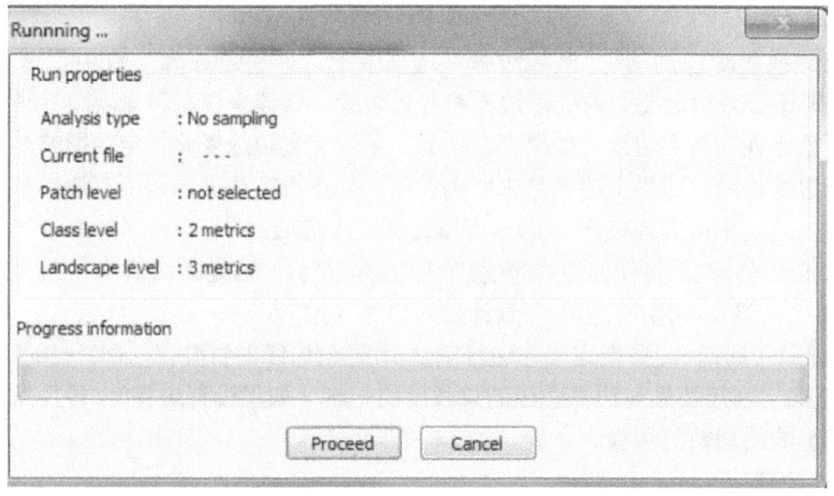

图 5.12 运行 Fragstats 对话框

5.5.8 浏览和保存结果

最后一步是浏览输出，将其保存到文件中。运行结束后（如“活动日志”中所示），单击模型对话框右窗格中的“结果”按钮（图 5.13）。在相应的对话框中，“运行”列表包括每次运行中分析的所有输入层的列表。例如，如果批处理管理器包含两个输入层，执行后运行列表将包括两个输入层的结果，并且将在它们的前面列出前缀 R-001 以指示运行编号 1。第二次执行将列出每个输入层的结果，带有前缀 R-002，依次类推，以用于同一会话期间的后续运行。对于每个输入层，每个指标级别（斑块、类和景观）都有一组单独的选项卡式对话框。如果之前没有在执行运行之前选中“自动保存结果”框，并为输出文件指定基本名称，则可以在此处将结果保存到输出文件中。

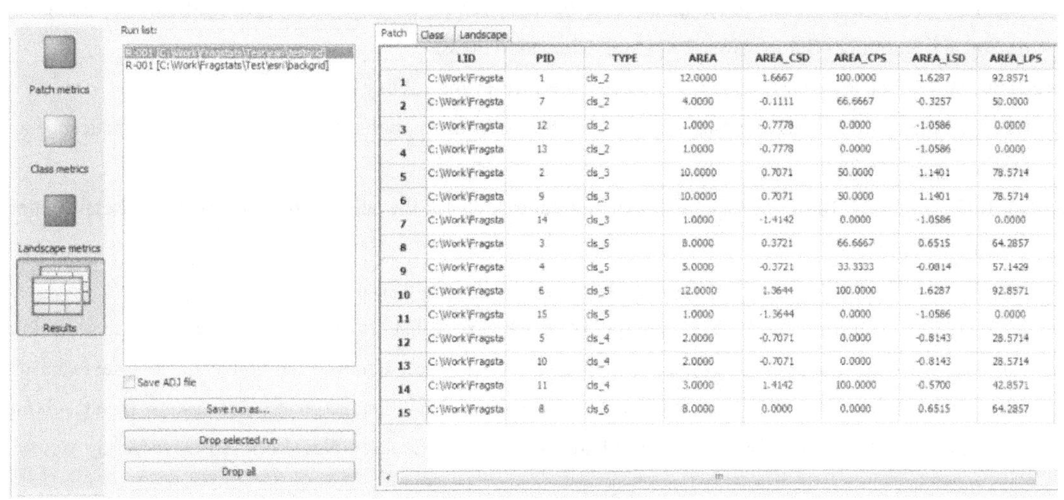

	LID	PID	TYPE	AREA	AREA_CSD	AREA_CPS	AREA_LSD	AREA_LPS
1	C:\Work\Fragsta	1	cls_2	12.0000	1.6667	100.0000	1.6287	92.8571
2	C:\Work\Fragsta	7	cls_2	4.0000	-0.1111	66.6667	-0.3257	50.0000
3	C:\Work\Fragsta	12	cls_2	1.0000	-0.7778	0.0000	-1.0586	0.0000
4	C:\Work\Fragsta	13	cls_2	1.0000	-0.7778	0.0000	-1.0586	0.0000
5	C:\Work\Fragsta	2	cls_3	10.0000	0.7071	50.0000	1.1401	78.5714
6	C:\Work\Fragsta	9	cls_3	10.0000	0.7071	50.0000	1.1401	78.5714
7	C:\Work\Fragsta	14	cls_3	1.0000	-1.4142	0.0000	-1.0586	0.0000
8	C:\Work\Fragsta	3	cls_5	8.0000	0.3721	66.6667	0.6515	64.2857
9	C:\Work\Fragsta	4	cls_5	5.0000	-0.3721	33.3333	-0.0814	57.1429
10	C:\Work\Fragsta	6	cls_5	12.0000	1.3644	100.0000	1.6287	92.8571
11	C:\Work\Fragsta	15	cls_5	1.0000	-1.3644	0.0000	-1.0586	0.0000
12	C:\Work\Fragsta	5	cls_4	2.0000	-0.7071	0.0000	-0.8143	28.5714
13	C:\Work\Fragsta	10	cls_4	2.0000	-0.7071	0.0000	-0.8143	28.5714
14	C:\Work\Fragsta	11	cls_4	3.0000	1.4142	100.0000	-0.5700	42.8571
15	C:\Work\Fragsta	8	cls_6	8.0000	0.0000	0.0000	0.6515	64.2857

图 5.13　结果对话框

单击特定的输入层和选项卡，可以在分析结果保存到文件之前快速查看和评估分析结果，从而节省了在单独的文本编辑器中打开结果或导入分析结果的时间。然后点击“查看”输出到电子表格。只有在为分析选择了相应指标后，选项卡才会包含数据。此外，每次在同一会话中执行运行时，结果都会添加到结果管理器中。可以使用以下选项管理当前会话的结果：

（1）保存 ADJ 文件：如果在运行列表管理器中选中“保存 ADJ 文件”框，则在保存相应的运行时将保存单元格邻接文件（basename .adj）。

（2）将运行另存为...：如果单击“将运行另存为...”按钮，将提示您导航到目标文件夹并提供输出文件的基本名称。如果选中了“保存 ADJ 文件”框，则“基本名”将与相应输出文件的扩展名.patch、.class 和.land 以及邻接矩阵的扩展名.adj 结合在一起。如果尝试保存到已经存在的文件名，则将提示是否要覆盖此文件；否则，系统将提示不能将结果附加到现有文件，因为不能保证输出文件的结构是相同的。如果希望以相同的输出格式附加多个运行的结果，则必须手动承担风险。如果运行#1 由五个输入层组成，并且在运行列表中突出显示了任何输入层，则对于每个所选指标级别，这五个输入层的每一个的结果都将附加到单个输出文件中，如 basename .land 文件将包含与运行#1 相关的所有五个输入层的景观级别指数。

（3）删除选定的运行：如果单击“删除选定的运行”按钮，则会从结果中删除与“运行”列表中突出显示的运行编号关联的结果。与突出显示图层的运行关联的所有图层的结果将被删除，而不仅仅是突出显示图层的结果。

（4）全部删除：如果单击“全部删除”按钮，则会从结果中删除运行列表中的所有运行。

参 考 文 献

Burrough P A. 1986. Principles of Geographical Information Systems for Land Resources Assessment. Monographs on Soil and Resources Survey No. 12. Oxford: Clarendon Press

Forman R T T, Godron M. 1986. Landscape Ecology. New York: John Wiley & Sons

Fortin M J, Drapeau P. 1995. Delineation of ecological boundaries: comparison of approaches and significance test. Oikos, 72(3): 323-332

Gardner R H, Mine B T, Turner M G, et al. 1987. Neutral models for the analysis of broad-scale landscape pattern. Landscape Ecology, 1: 19-28

Greig-Smith P. 1983. Quantitative Plant Ecology. Berkeley: University of California Press

McGarigal K, Cushman S A, Ene E. 2012. FRAGSTATS v4: Spatial Pattern Analysis Program for Categorical and Continuous Maps. Computer software program produced by the authors at the University of Massachusetts, Amherst. Available at the following web site: http://www.umass.edu/landeco/research/fragstats/ fragstats.html

Turner M G, Gardner R H. 1991. Quantitative Methods in Landscape Ecology. New York: Springer-Verlag

第 6 章　Fragstats 中的指标度量

6.1　Fragstats 指标概述

6.1.1　指标简介

Fragstats 软件有两种版本，矢量版本运行在 Arc/Info 环境中，接受 Arc/Info 格式的矢量图层，栅格版本可以接受 Arc/Info、IDRISI、ERDAS 等多种格式的格网数据。两个版本的一个区别在是栅格版本可以计算最近距离、邻近指数和蔓延度，而矢量版本不能；另一个区别是对边缘的处理，由于格网化的地图中，拼块边缘总是大于实际的边缘，因此栅格版本在计算边缘参数时，会产生误差，这种误差依赖于网格的分辨率。

Fragstats 软件功能强大，可以计算出 50 多个景观指标。它能为整个景观、斑块类型甚至每个斑块计算一系列指标。在斑块类型和景观尺度上，有些用来度量景观的组成，有些用来度量景观的空间布局。景观的组成和空间布局会影响生态学过程，这种影响可以由景观的组成或空间布局单独完成，也可以由二者交互实现。因此，弄清楚每个指标是从哪方面来对景观格局进行衡量是非常必要的。另外，有些指标是从相似或相同的角度对景观构型进行度量，这些指标是部分或完全赘余的。大多数情况下，这些赘余指标都有较高的相关性，甚至完全相关。例如，在景观尺度上，斑块密度（PD）和平均斑块面积（MPS）具有相同的含义，因此它们是完全相关的。在应用时，这些赘余的指标可以任选其一，Fragstats 中之所以把它们都列在其中，是考虑到对于不同的应用操作或不同的使用者，会有不同侧重点和不同的使用偏好。使用者必须对这些赘余指标有深入的理解，以便在大多数应用过程中只选择其中一个。另外比较重要的就是针对某个特定的应用操作，还有一些指标从经验上来说是多余的，之所以这样说并不是因为它们是对景观构型同一方面的度量，而是因为对于所研究的特定景观来说，对景观构型不同方面的度量也具有统计上的相关性。这种经验上的多余与前面所说的指标赘余相比，并不相同。对于赘余指标来说，我们不能从中提取更多的信息，却可以通过分析经验性多余指标而获得更多信息。

许多斑块度量指标，在斑块类型和景观尺度上都有相应的指标与之对应。例如，许多对斑块类型进行度量的指标，在对某一斑块进行度量时有相应的指标与之对应，度量斑块类型的平均形状指数（SHAPE_MN）和度量某一单独斑块的形状指数（SHAPE）就是如此，但它们并不只考虑单个斑块，而是同时考虑特定类型的所有斑块。与此类似，许多景观尺度上的度量指标都来自于斑块和斑块类型的特征。所以，许多斑块类型（景观尺度）指标都是由斑块（斑块类型）尺度上指标的平均值或者总和计算得来的。虽然有些斑块类型或景观尺度上的指标基本含义相同，但算法上稍有差异。斑块类型指标代表景观中某一类斑块空间布局特征和模式，而景观尺度上的指标则代表整个景观镶嵌体的空间布局模式，它同时考虑了景观中的所有斑块。然而，尽管在斑块类型和景观尺度上有许多指标相互对应，但是它们的含义却不尽相同。绝大多数对斑块类型进行度量的指标都是用来度量某一斑块类型的空间布局特征，可以看作“破碎性指标”，绝大多数对整个景观进行度量的指标都是用来对整个景观格局进行度量，可以看作“混杂性指标”。因此，对每个指标的理解都应该结合不同的尺度，这一点十分重要。

6.1.2　指标分类

Fragstats 可以计算出许多指标，这些指标可以按其所测度的景观格局的不同方面划分为六类：面积与边缘指标、形状指标、核心面积指标、对比度指标、聚合指标、多样性指标。

这六类指标内部，又分别可以按指标所测度的尺度划分斑块尺度水平、斑块类型尺度水平、景观尺度水平三个层次（图 6.1）。

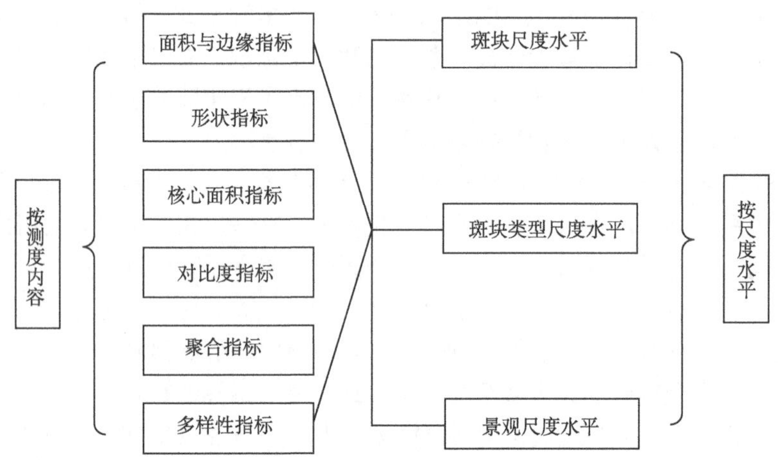

图 6.1　Fragstats 中指标分类

在下面的章节中，我们将对每个指标及其含义做详细的描述。

6.2　不同尺度水平的指标度量

6.2.1　斑块尺度水平的度量指标

斑块尺度水平的度量指标是相对景观中的每一个斑块的度量。在斑块的结果输出文件中，每一行就代表一个斑块，不同的列分别代表不同的度量指标，其中前三列分别是景观 ID 码、斑块 ID 码和斑块类型，斑块指标结果输出文件的结构如下。

```
LID              , PID ,     TYPE ,    AREA ,     PERIM
D:\book\济阳农用地 ,    36 ,        1 ,   0.0400 ,    80.0000
D:\book\济阳农用地 ,  1040 ,        2 ,   0.1200 ,   160.0000
D:\book\济阳农用地 ,  4758 ,        3 ,   0.8000 ,   400.0000
D:\book\济阳农用地 ,   308 ,        4 ,  12.8800 ,  2680.0000
                              A
LID              , PID ,     TYPE ,    AREA ,     PERIM
D:\book\济阳农用地 ,    36 ,     耕地 ,   0.0400 ,    80.0000
```

D:\book\济阳农用地 ，　1040 ，　林地 ，　0.1200 ，　160.0000
D:\book\济阳农用地 ，　4758 ，　园地 ，　0.8000 ，　400.0000
D:\book\济阳农用地 ，　308 ，其他农用地 ，　12.8800 ，　2680.0000

B

景观 ID 码（用 LID 表示）：它是斑块结果输出文件中的第一个字段，它的值就是所导入图像的文件名。

斑块 ID 码（用 PID 表示）：它是输出结果中的第二个字段。如果每个斑块 ID 码图像都包含了一个唯一的 ID 码，那么 Fragstats 就能够从所设定的图像中读出斑块的 ID 码。反之，Fragstats 就会随机地为每个斑块创建一个唯一的 ID 码，并选择性地产生包含 ID 码的图像与输出文件对应。

斑块类型（用 TYPE 表示）：它是结果中的第三个字段。如果斑块类型属性没有定义，Fragstats 就会把它定义为数值型，每个数值代表一种斑块类型，如果有定义，就显示定义的不同类型。

在斑块尺度水平上有两种基本的度量指标：①关于斑块空间特征和各自环境的指标；②对斑块偏离其类型以及整个景观标准的测度，也就是斑块的某个属性偏离其类型和整个景观均值的程度。

斑块的偏差统计：作为对常规指标的补充，Fragstats 能为每个斑块计算几个偏差统计值，来衡量每个斑块度量值偏离其类型或整个景观均值的程度。每个斑块或斑块度量指标分为四种：斑块某一指标相对于斑块类型均值的标准差（CSD）、斑块某一指标值在该类型中的百分位序（CPS）、斑块某一指标相对于整个景观均值的标准差（LSD）、斑块某一指标值在整个景观中的百分位序（LPS）。

1. 斑块某一指标相对于斑块类型均值的标准差（CSD）

$$\mathrm{CSD}=\frac{x_{ij}-\overline{x}_i}{S_i} \tag{6.1}$$

式中：x_{ij} 为斑块 ij 的某一度量指标的值；$\overline{x}_i$ 为斑块类型 i 相应指标的平均值；S_i 为斑块类型 i 相应指标的标准差，其单位与 x_{ij} 相同。

意义及相关说明：CSD 的取值范围没有理论上的限制，但是有 66.5%的结果显示其值都不超过 1，95%的不超过 2，99.7%的不超过 3。用均值和标准差对观测值进行 z 得分计算，这一转化使得标准化后的某一种类型的斑块指标的平均值和方差为 0。在任何观测之中，标准差超过 2.5 就可以看作观测极限，它可以快速简便地判定某指标的极限值。但是在具体应用中，需要确定一个符合正态分布的观测序列。CSD 可以用于多个斑块指标，并且在后面加一个后缀（_CSD），例如，形状指标（SHAPE）就可以表示为 SHAPE_CSD。

2. 斑块某一指标值在该类型中的百分位序（CPS）

$$\mathrm{CPS}=\frac{\mathrm{rank}\left(x_{ij}\right)-1}{n_{ij}-1}\times 100 \tag{6.2}$$

式中：x_{ij} 为斑块 ij 的某一度量指标的值；rank（x_{ij}）为把斑块类型的相应值从小到大排列所

得的位序；n_{ij} 为相应斑块类型的斑块数目，其单位是%，范围是 0～100。

意义及相关说明：CPS 的值反映 x_{ij} 在斑块类型中所处的位置，即有多大比例的斑块相应指标值小于 x_{ij}。当 CPS=0 时，说明斑块 ij 的这一指标值最小；当 CPS=100 时，说明斑块 ij 的这一指标值最大；斑块类型分布的百分比是通过对从低到高的观测值进行排序，并计算比斑块观测值小的观测值所占的百分比得到的。与标准偏差相比，这个偏差统计量没有对基础分布做任何假设；它只是量化了比所考虑的斑块的观测值更小的观测分布的百分比。

3. 斑块某一指标相对于整个景观均值的标准差（LSD）

$$\mathrm{LSD}=\frac{x_{ij}-\bar{x}}{S} \tag{6.3}$$

式中：x_{ij} 为斑块 ij 的某一度量指标的值；$\bar{x}$ 为景观中所有斑块相应指标值的平均值；S 为景观中所有斑块相应指标值的标准差。

意义及相关说明：LSD 与 CSD 有很大的相似性，所不同的是 LSD 是从整个景观的角度来进行度量的。

4. 斑块某一指标值在整个景观中的百分位序（LPS）

$$\mathrm{LPS}=\frac{\mathrm{rank}(x_{ij})-1}{N-1}\times 100 \tag{6.4}$$

式中：x_{ij} 为斑块 ij 的某一指标值；rank（x_{ij}）为把景观中所有斑块的相应值从小到大排列所得的位序；N 为景观中斑块总数。

意义及相关说明：LPS 与 CPS 很相似，所不同的是 LPS 是斑块 ij 在景观中所有斑块中的百分位序。其他相关说明参见 CPS。

6.2.2 斑块类型尺度水平的度量指标

斑块类型的度量是相对于景观中的斑块类型来说的。在斑块类型的结果输出文件中，每一行就代表一个斑块类型，不同的列分别代表不同的度量指标，其中前两列分别是景观 ID 码和斑块类型。

景观 ID 码（用 C_1 表示）：它是输出结果中的第一个字段，它的值就是所导入图像的文件名。

斑块类型（用 C_2 表示）：它可以由用户定义。如果斑块类型属性没用定义，Fragstats 就会把它定义为数值型，每个数值代表一种斑块类型，如果有定义，就显示定义的不同类型（其区别与上面 P_3 相似）。

在斑块类型尺度水平上有两种基本的度量指标：①关于斑块类型的统计和空间布局指标；②给斑块类型提供一阶和二阶统计汇总分布信息的度量指标。后者用于汇总类别中所有斑块属性的平均值、面积加权平均值、中位数、范围、标准差和变异系数。由于对所有类型度量的分布统计信息的计算都是类似的，所以它们共同描述为：斑块类型分布统计。类型指标度量了属于单个类别或单个斑块类型的聚合属性，一些类型指标描述聚合属性并不区分这些组成类的斑块之间有没有区别。另一种在斑块类型尺度上量化斑块组成的方法，是汇总所有相关斑块类型的斑块指标的聚合分布。换言之，由于类代表了相同类型斑块的聚合，那么可以通过汇总组成各类的斑块指标来描述类。有许多一阶和二阶的统计数据可以用于斑块分布的总结。在 Fragstats 中包括平均值（MN）、面积加权平均值（AM）、中位数（MD）、范围（RA）、标准差（SD）、方差（CV）在内的统计分布值。这些度量指标几乎可以应用于任何斑块类型指标，例如，这些度量应用在面积（AREA）上时，就可以表示为斑块面积平均值（AREA_MN）、面积加权的斑块面积平均值（AREA_AM）、斑块面积中位数（AREA_MD）、面积范围（AREA_RA）、斑块面积标准差（AREA_SD）、面积方差（AREA_CV）。表 6.1 从总体上概括介绍一下斑块类型尺度水平的统计值。

表 6.1　斑块类型尺度水平上的统计值

公式	意义
$\mathrm{MN}=\dfrac{\sum_{i=1}^{m}\sum_{j=1}^{n}x_{ij}}{N}\mathrm{MN}$	平均值等于该斑块类型中所有斑块某一指标的总和，除以该斑块类型中的斑块数，其单位与 x_{ij} 相同
$\mathrm{AM}=\sum_{i=1}^{m}\sum_{j=1}^{n}\left[x_{ij}\left(\dfrac{a_{ij}}{\sum_{i=1}^{m}\sum_{j=1}^{n}a_{ij}}\right)\right]$	面积加权平均数等于斑块类型中，某一斑块的某一指标值与它所占该斑块类型面积比重的乘积，然后再求和
$\mathrm{MD}=x_{50\%}$	中位数的值是把某一斑块类型中的所有斑块按某一属性值大小顺序排列，位序处于中间的那个值
$\mathrm{RA}=x_{\max}-x_{\min}$	范围的值等于在某一斑块类型中，所有斑块中相关指标的最大值与最小值之差
$\mathrm{SD}=\sqrt{\dfrac{\sum_{i=1}^{m}\sum_{j=1}^{n}\left[x_{ij}-\left(\dfrac{\sum_{i=1}^{m}\sum_{j=1}^{n}x_{ij}}{N}\right)\right]^2}{N}}$	标准差是斑块类型中每一斑块的指标值与其类型均值之差的平方和，除以斑块类型中斑块的数量，然后再开方。需要指出的是，这里的标准差是总体的标准差，而不是样本标准差
$\mathrm{CV}=\dfrac{\mathrm{SD}}{\mathrm{MN}}\times 100$	方差等于斑块类型标准差与平均值之比，再乘以 100 转化为百分比

6.2.3　景观尺度水平的度量指标

景观的度量是相对于整个景观来说的。在景观的结果输出文件中只有一行，不同的字段分别代表不同的度量指标，其中第一个字段是景观 ID 码，它的值就是所导入图像的文件名。

与斑块类型相似，在景观尺度上有两种基本的度量指标：①关于景观的组分和空间布局指标；②给整个景观提供一阶和二阶统计分布统计信息的度量指标。后者用于汇总景观中所有斑块中斑块属性平均值、面积加权平均值、中位数、范围、标准差和变异系数。由于对所有景观度量的分布统计数据的计算方法类似，所以将它们共同描述为：景观分布统计。景观指标度量整个斑块的聚合属性，一种景观度量方法是通过描述聚集属性来实现的，而不区分组成的不同斑块；另一种方法是在景观尺度水平上总结景观中所有斑块的斑块指标总体分布。换言之，由于景观代表了斑块的聚集，可以通过总结斑块指标来描述景观。有许多一阶和二阶的统计数据可以用于斑块分布的总结。在 Fragstats 中包括 MN、AM、MD、RA、SD、CV 在内的统计分布值，它们用于景观水平上斑块的布局特征。同样，由于这些度量指标几乎可以应用于景观指标，例如，这些度量应用在景观面积（AREA）上时，就可以表示为景观水平上的斑块面积平均值（AREA_MN）、面积加权的斑块面积平均值（AREA_AM）、斑块面积中位数（AREA_MD）、面积范围（AREA_RA）、斑块面积标准差（AREA_SD）、面积方差（AREA_CV），表 6.2 总体概括介绍景观尺度水平上的统计值。

表 6.2 景观尺度水平上的统计值

公式	意义
$\mathrm{MN}=\frac{\sum_{i=1}^{m}\sum_{j=1}^{n}x_{ij}}{N}\mathrm{MN}$	平均值等于景观中所有斑块的某一指标的总和，除以景观中的斑块总数，其单位与 x_{ij} 相同
$\mathrm{AM}=\sum_{i=1}^{m}\sum_{j=1}^{n}\left[x_{ij}\left(\frac{a_{ij}}{\sum_{i=1}^{m}\sum_{j=1}^{n}a_{ij}}\right)\right]$	面积加权平均数等于景观中某一斑块的某一度量值与它所占整个景观面积比重的乘积，然后再求和。需要注意的是，这里所说的景观面积，是各斑块面积的总和，而并非景观本身的面积，因为后者还包括一些不属于任何斑块的背景区域
$\mathrm{MD}=x_{50\%}$	中位数的值是把某一景观中的所有斑块按某一属性值大小顺序排列，位序处于中间的那个值
$\mathrm{RA}=x_{\max}-x_{\min}$	范围的值等于在某景观中，所有斑块中某一指标的最大值与最小值之差
$\mathrm{SD}=\sqrt{\frac{\sum_{i=1}^{m}\sum_{j=1}^{n}\left[x_{ij}-\left(\frac{\sum_{i=1}^{m}\sum_{j=1}^{n}x_{ij}}{N}\right)\right]}{N}}$	标准差是景观中每一斑块的度量值与其均值之差的平方和，除以景观中斑块的数量，然后再开方。需要指出的是，这里的标准差是总体的标准差，而不是样本标准差
$\mathrm{CV}=\frac{\mathrm{SD}}{\mathrm{MN}}\times 100$	方差等于标准差与平均值之比，再乘以 100 转化为百分比

6.3 分类型的指标度量

Fragstats 具有强大的景观指标计算功能，这些指标在景观生态学上有规范的应用。要对指标进行合理运用，首先要了解每个指标的含义及其生态学意义，本节将对 Fragstats 所涉及的六类指标做详细描述。

6.3.1 面积与边缘指标度量

1. 背景知识简介

面积与边缘指标主要用来描述景观中斑块的数量和面积，以及这些斑块产生的边缘长度。这些指标之间的联系较为松散，它们既可以进一步划分为不同的小类，也可以归并于其他已有的类型。

组成景观的每个斑块的面积，是景观包含的一条十分有用的信息。它不仅是进一步计算许多斑块、斑块类型以及景观指标的基础，而且其本身也具有许多生态学作用。据研究，鸟类种数及其他物种出现的频度和丰度与栖息地斑块面积的大小有明显的相关性（Robbins et al.，1989）。许多物种都有最小面积要求，即最小面积要满足它们整个生活史的需要。某些物种栖息地所需要的最小斑块必须是紧凑的，也就是说栖息地斑块的实际面积要比最小斑块面积大，这些物种称为“面积敏感”物种。因而，在通过实验确立起恰当经验性关系以后，斑块面积指标就可以用来设计物种的丰富度和空间分布模式。斑块类型和景观中斑块的面积和数目也能影响许多过程。例如，尽管栖息地的破碎程度会对物种个体的行为、栖息地模式以及物种之间的交流产生许多影响，但是这些影响主要可以归结为两方面的原因：①栖息地面积的缩减；②边缘面积比例提高。简单来说，随着栖息地面积缩减（不是破碎）到一定程度，栖息地将不能满足一定数量物种的生存需要，直到面积缩减到不能满足一个个体生存时，该物种就在栖息地灭绝，这种关系因物种的最小面积会有较大变化。另外，这种领地面积“门槛效应”有可能发生在栖息地面积大于物种个体所需最小面积的情况下。例如，除非一个物种个体栖息地上或附近有该物种其他个体存在，否则它的领地将会因受到其他物种的干扰而不能发挥应有作用。在栖息地缩减和破碎化成更小的、相互独立的斑块时，最终将会导致栖息地面积不能满足个体需要。

景观中边缘总数量对许多生态学现象也有重要意义。随着遥感和 GIS 在生物地理学方面的深入研究，景观指标的使用量有所增加（Gillespie et al.，2008），它们可以基于地面真实数据进行推断，并为自然资源管理者提供实时数据以支撑保护工作（Schindler et al.，2015）。对野生动物与斑块边缘关系的研究尤为重视。例如，森林的边缘效应首先将导致到达森林斑块的风、光线的强度和数量发生变化，进而改变森林的微气候（Thomas et al.，1978，1979；Strelke and Dickson，1980；Morgan and Gates，1982；Logan et al.，1985），这些变化再加上森林边缘种子扩散和草食动物发生变化，会导致植被的结构和组成发生变化（Ranney et al.，1981）。一个森林斑块受边缘效应影响大还是小，受斑块形状和相邻植被的影响。对于一个狭长的林带，有可能全部都是边缘生境。

2. 指标及其含义

Fragstats 能在斑块、斑块类型以及景观尺度水平上计算一系列指标来描述它们的面积及幅度特征。如前面所述，面积指标不仅是进一步计算许多斑块、斑块类型以及景观指标的基础，其本身也具有许多生态学作用。但是对于一些生命组织及其过程而言，面积指标的重要性要逊于斑块的幅度指标。回旋半径（GYRATE）就是用来测度斑块幅度，即景观中某一斑块的所延伸的范围。一定的情况下，斑块越大，斑块的回旋半径越大。同样，在面积一定的情况下，斑块越不紧实，其回旋半径也就越大。回旋半径可以看作从斑块内部任一随机点出发，生物向斑块边缘运行，到达边缘所经距离的平均长度。对于斑块类型和景观尺度来说，它是对景观连通性的测度，表示生物从一个斑块出发，随机穿越景观再回到原来斑块的平均距离。Fragstats 中还有一些指标来计算景观中斑块的数量、密度及其周长等指标。这些指标可以与 6.2 节中的平均值（MN）、面积加权平均值（AM）、中位数（MD）、范围（RA）、标准差（SD）、方差（CV）等组合，形成一系列的指标体系。本节涉及的主要面积与边缘指标度量表如表 6.3 所示。

1）斑块尺度水平的度量指标

（1）斑块面积（AREA）。

$$\mathrm{AREA} = a_{ij} \times \frac{1}{10000} \tag{6.5}$$

式中：a_{ij} 为斑块 ij 的面积，斑块面积的单位为 hm^2，所以要将以 m^2 为单位的 a_{ij} 除以 10000

转化为 hm^2，其取值范围为 AREA＞0。

表 6.3 主要面积与边缘指标度量表

指标	ID	度量指标名称（缩写）
斑块度量指标	P_1	斑块面积（AREA）
	P_2	斑块周长（PERIM）
	P_3	回旋半径（GYRATE）
斑块类型度量指标	C_1	斑块类型总面积（CA）
	C_2	斑块类型所占景观面积比例（PLAND）
	C_3	最大斑块面积指数（LPI）
	C_4	总边缘长度（TE）
	C_5	边缘密度（ED）
	C_6～C_{11}	斑块面积统计分布指标（AREA_MN，_AM，_MD，_RA，_SD，_CV）
	C_{12}～C_{17}	回旋半径统计分布指标（GYRATE_MN，_AM，_MD，_RA，_SD，_CV）
景观度量指标	L_1	总面积（TA）
	L_2	最大斑块面积指数（LPI）
	L_3	总边缘长度（TE）
	L_4	边缘密度（ED）
	L_5～L_{10}	斑块面积统计分布指标（AREA_MN，_AM，_MD，_RA，_SD，_CV）
	L_{11}～L_{16}	回旋半径统计分布指标（GYRATE_MN，_AM，_MD，_RA，_SD，_CV）

相关说明：斑块面积受输入图像粒度和幅度的限制，在具体应用中，还会受最小斑块大小的限制。斑块面积是组成景观镶嵌图的最基本的指标之一，这不仅仅因为它是计算许多其他指标的基础，更因为它本身具有许多生态功用。需要指出的是，选择 4 邻规则还是 8 邻规则来描绘斑块，会对其产生影响。

（2）斑块周长（PERIM）。

$$\text{PERIM}=p_{ij} \tag{6.6}$$

式中：p_{ij} 为斑块 ij 的周长，单位是 m，取值范围是 PERIM＞0。这里的周长包括内部空洞的周长。

相关说明：斑块周长也是景观的基本信息之一，同时也是计算许多其他指标的基础。斑块周长可以当作边缘来对待，而边缘强度和分布特征构成景观格局的一个重要方面。另外，斑块周长和面积的关系是许多形状指标的基础。

（3）回旋半径（GYRATE）。

$$\text{GYRATE}=\sum_{r=1}^{z} h_{ijr} \tag{6.7}$$

式中：h_{ijr} 为位于斑块内部的栅格 ijr 到该斑块中心的距离（这里的距离是栅格中心到栅格中心的距离）；z 为斑块 ij 中的栅格数目，其取指范围是 $z \geqslant 0$。当斑块只有一个栅格组成时，GYRATE = 0，随着斑块范围的扩大，当整个景观由一个斑块组成时，取得最大值。

相关说明：回旋半径是用来度量斑块幅度的指标，因而它受到斑块大小和紧实程度的影响。需要指出的是，选择 4 邻规则还是 8 邻规则来描绘斑块，会对其产生影响。

2）斑块类型尺度水平的度量指标

（1）斑块类型面积（CA）。

$$CA=\sum_{j=1}^{n}a_{ij}\times\frac{1}{10000} \tag{6.8}$$

式中：a_{ij}为斑块 ij 的面积，斑块类型面积相当于把某一斑块类型的所有斑块的面积求和，然后除以 10000 转化为 hm^2，其取值范围 CA＞0。当 CA 逐渐接近 0 时，说明该斑块类型在景观中越来越稀少；当 CA=TA（景观面积）时，说明景观由一种类型的斑块组成。

相关说明：CA 度量的是景观组成，即多大部分的景观面积是由该斑块类型组成的。除了它本身的直接解释意义，它还是计算许多其他指标的基础。

（2）斑块类型所占景观面积的比例（PLAND）。

$$PLAND=p_i=\frac{\sum_{j=1}^{n}a_{ij}}{A}\times 100 \tag{6.9}$$

式中：a_{ij}为斑块 ij 的面积；p_i为斑块类型 i 占整个景观的比例；A 为整个景观的面积。PLAND 就是某一斑块类型的面积与景观总面积的比值，再乘以 100 转化为百分比，其取值范围是 0～100。注意，这里的景观总面积包括其内部存在的背景。当其值逐渐接近 0 时，说明该斑块类型在景观中越来越稀少；当取值为 100 时，说明景观由一种类型的斑块组成。

相关说明：PLAND 是用来衡量某一斑块类型在景观中丰度比的指标。同 CA 相似，它也是衡量景观组分的一个重要指标。然而 PLAND 是个相对百分比，因此在景观面积变化的情况下，由它来衡量景观的组成比用 CA 更恰当。

（3）最大斑块面积指数（LPI）。

$$LPI=\frac{\max(a_{ij})_{j=1}^{n}}{A}\times 100 \tag{6.10}$$

式中：a_{ij}为斑块 ij 的面积；A 为包括景观内部背景在内的景观总面积。LPI 就是用某一斑块类型中的最大斑块面积，除以整个景观面积，然后乘以 100 转化为百分比。换句话说，就是最大斑块面积占整个景观面积的比例。注意，这里的景观总面积包括景观内部的背景部分。

其取值范围是 0＜LPI≤100。当接近 0 时，说明这种斑块类型中最大斑块的面积越小。当等于 100 时，说明整个景观由一个斑块组成。

相关说明：LPI 在类型尺度上是衡量多大比例的景观面积是由该斑块类型的最大斑块组成的。因此，它是对优势度的简单衡量。

（4）总边缘长度（TE）。

$$TE=\sum_{k=1}^{m}e_{ik} \tag{6.11}$$

式中：e_{ik}为景观中相应斑块类型的总边缘长度，包括涉及该斑块类型的景观边界线和背景部分。TE 是这样界定的：如果景观边缘存在，那么它就包括涉及该斑块类型的景观边界线部分和那些真正的边缘部分（如相邻的不同类型斑块之间的边缘）；如果景观边缘缺失，那么 TE 将该斑块类型涉及的景观边界线按一定比例计算作为边缘。但是不管景观边缘存在与否，TE

都包括与该斑块类型相关的内部背景的边缘，这一部分也是按用户确定的比例来计算的。

TE 的单位是 m，取值范围为 TE≥0。当 TE=0 时，意味着景观中该类型斑块没有边缘，换句话说，就是整个景观和景观边缘（如果存在）都由相关斑块类型组成，用户认为景观边界线和背景的边缘都不能当作边缘来对待。

相关说明：类型尺度上的总边缘长度是对特定斑块类型总边缘长度的绝对测量。在具体应用中由于涉及面积大小不同的景观的比较，这一指标就显得不如边缘密度有用，然而，当比较的景观大小完全一样时，总边缘长度和边缘密度是多余的。

（5）边缘密度（ED）。

$$\mathrm{ED}=\frac{\sum_{k=1}^{m}e_{ik}}{A}\times 10000 \tag{6.12}$$

式中：e_{ik}为景观中相应斑块类型的总边缘长度，包括涉及该斑块类型的景观边界线和背景部分；A 为景观总面积。ED 等于总边缘长度除以景观总面积乘以 10000。TE 是这样界定的：如果景观边缘存在，那么它就包括涉及该斑块类型的景观边界线部分和那些真正的边缘部分（如相邻的不同类型斑块之间的边缘）；如果景观边缘缺失，那么 TE 包括涉及该斑块类型的景观边界线的一部分，这一部分按由用户确定的比例来计算的。但是不管景观边缘存在与否，TE 都包括与该斑块类型相关的内部背景的边缘，这一部分也是按用户确定的比例来计算的。

ED 的单位是 m 或 hm^2。取值范围为 ED≥0，当 ED=0 时，表明景观中没有类型边缘，即整个景观和景观边缘（如果存在）都由相关斑块类型组成，用户认为景观边界线和背景的边缘都不能当作边缘来对待。

相关说明：在斑块类型尺度上，边缘密度（ED）与总边缘长度（TE）有相同的功用和缺陷，不同的是 ED 在用于不同大小的景观比较时，能反映出单位面积上的边缘长度。

3）景观尺度水平的度量指标

（1）总面积（TA）。

$$\mathrm{TA}=A\times\frac{1}{10000c} \tag{6.13}$$

TA 等于整个景观的总面积，除以 10000 转化为 hm^2，注意一点，这里的景观总面积包括其内部的背景值，其取值范围为 TA＞0。

相关说明：TA 在衡量景观格局方面没有太多的解释意义，它的重要性在于定义了景观的范围，再者它也经常用来作为计算其他许多指标的基础。

（2）最大斑块面积指数（LPI）。

$$\mathrm{LPI}=\frac{\max(a_{ij})}{A}\times 100 \tag{6.14}$$

式中：a_{ij}为斑块 ij 的面积；A 为包括景观内部背景在内的总面积。LPI 是用某一斑块类型中的最大斑块面积除以整个景观面积，然后乘以 100 转化为百分比。换句话说，就是景观中最大斑块面积占整个景观面积的比例。注意，这里的景观总面积包括景观内部的背景部分。

它的取值范围是 0＜LPI≤100。当它接近 0 时，说明景观中最大斑块的面积越来越小。当它等于 100 时，说明景观仅由一个斑块组成。

相关说明：LPI 是来衡量多大比例的景观面积是由最大斑块组成的。因此，它是对优势度的简单衡量。

（3）总边缘长度（TE）。

$$TE = E \tag{6.15}$$

式中：E 为整个景观的总边缘长度。TE 是这样界定的：如果景观边缘存在，那么它就只包括景观边界线中的真正边缘部分（如相邻的不同类型斑块之间的边缘）；如果景观边缘缺失，那么 TE 包括一定比例的边界线部分，这一比例是用户确定的。但是不管景观边缘存在与否，TE 都包括景观内部背景边缘的一部分，这一部分也是按用户确定的比例来计算的。

TE 的单位是 m，取值范围为 TE≥0。当 TE=0 时，意味着景观中没有边缘，换句话说，就是整个景观和景观边缘（如果存在），是由一个单独的斑块组成，用户认为景观边界线和背景的边缘都不能当作边缘来对待。

相关说明：景观尺度上的总边缘长度是对特定斑块类型总边缘长度的绝对测量。在具体应用中由于涉及面积大小不同的景观的比较，这一指标就显得不如边缘密度有用，当相比较的景观大小完全一样时，总边缘长度和边缘密度同时存在就纯属多余了。

（4）边缘密度（ED）。

$$ED = \frac{E}{A} \times 10000 \tag{6.16}$$

式中：E 为景观的总边缘长度；A 为景观总面积。ED 等于总边缘长度除以景观总面积，乘以 10000。E 在这里是这样界定的：如果景观边缘存在，那么它就只包括景观边界线中的真正边缘部分（如相邻的不同类型斑块之间的边缘）；如果景观边缘缺失，那么 TE 包括一定比例的边界线部分，这一比例是由用户确定的。但是不管景观边缘存在与否，E 都包括景观内部背景的边缘的一部分，这一部分也是按用户确定的比例来计算的。注意，这里的景观总面积包括其内部存在的背景。

ED 的单位是 m 或 hm^2，取值范围为 ED≥0，当 ED=0 时，意味着景观中没有边缘，换句话说，就是整个景观和景观边缘（如果存在），都由相关斑块类型组成，用户认为景观边界线和背景的边缘都不能当作边缘来对待。

相关说明：景观尺度上，边缘密度（ED）与总边缘长度（TE）有相同的功用和缺陷，不同的是 TD 用于不同大小的景观比较时，能反映出单位面积上的边缘长度。是由一个单独的斑块组成，用户认为景观边界线和背景的边缘都不能当作边缘来对待。

3. 此类指标的应用限制

受观测尺度的影响，面积指标的应用有一定的局限性，它的上下限分别由景观幅度和最小斑块面积确定。对这两个指标必须有清楚的认识，因为它解决了分析景观组成和分布时的上下限问题。除此之外，面积指标的局限性很少。所有的边缘指标都会受到图像分辨率的影响，总体上来说，分辨率越高，边缘长度越长。在分辨率较低时，边缘接近于直线；当分辨率较高时，边缘变得蜿蜒曲折，因此，在分辨率不同时，对边缘长度进行对比是没有意义的。另外，在栅格图像中，斑块周长和边缘长度将会因斑块的阶梯状轮廓而变大，这会对所有的边缘指标产生影响。这种变大趋势与图像的粒度和分辨率有关，它使得在应用和解释这些指标时必须结合分辨率。

6.3.2 形状指标度量

1. 背景知识简介

斑块形状和大小及其相互关系将会对一系列生态学过程产生重要影响。研究表明，斑块形状会对斑块内部许多过程产生影响，这些过程包括小型哺乳动物的迁徙（Buechner，1989）、木本植物群落（Hardt and Forman，1989）以及动物的觅食策略（Forman and Godron，1986）等。但是对于景观来说，形状指标最重要的作用在于它与边缘效应（edge effect）有密切联系，而且人类活动在边缘造成的景观退化也可能会损害其生态功能（Veldhuis et al.，2019）。

形状是一个很难在度量中精确量化的参数。例如，一个斑块，其几何对象的形状是其形态的函数，因此，人们可能通过形状指标区分不同的斑块形态。虽然可以在计算机视觉等领域通过数量区分形态模式，但在景观生态应用中，这通常不被重视。相反，重点是几何复杂性与在区分斑块和景观的基础上的整体复杂性，而不是特定的形态。下面描述的形状度量都处理整体几何复杂性，并且不区分不同的形态。

2. 指标及其含义

Fragstats 能在斑块、斑块类型和景观三种尺度水平上计算一系列指标，来描述斑块形状和空间分布状况的复杂性。绝大多数形状指标的测算都以斑块周长和面积的相互关系为基础（Patton，1975）。其中周长面积比率是最简单的形状指标，但是它会随着斑块面积大小的改变而发生变化，例如，在保持形状不变的前提下，斑块面积的增大将会导致周长面积比率减小。一个是在景观生态学研究中广泛应用的指标是形状指数，它是用斑块形状与同面积的形状规则的斑块进行比较，以此来测度斑块形状的复杂性，它比周长面积比率有所改进。另一个是以周长和面积的相互关系为测算基础的形状指标是分维指标（Krummel et al.，1987；Milne，1988；Turner and Ruscher，1988；Iverson，1989；Ripple et al.，1991）。在景观生态学研究中，斑块的形状经常通过分维特征来体现。本部分涉及的主要形状指标度量如表 6.4 所示。

表 6.4 主要形状指标度量表

指标	ID	度量指标名称（缩写）
斑块度量指标	P_1	周长面积比率（PARA）
	P_2	形状（SHAPE）
	P_3	分维数（FRAC）
	P_4	相关外接圆（CIRCLE）
	P_5	邻近指数（CONTIG）
斑块类型度量指标	C_1	周长面积分维数（PAFRAC）
	C_2～C_7	周长面积比例分布（PARA_MN，_AM，_MD，_RA，_SD，_CV）
	C_8～C_{13}	形状指标统计分布（SHAPE_MN，_AM，_MD，_RA，_SD，_CV）
	C_{14}～C_{19}	分维数指标统计分布（FRAC_MN，_AM，_MD，_RA，_SD，_CV）
	C_{20}～C_{25}	线状指标统计分布（LINEAR_MN，_AM，_MD，_RA，_SD，_CV）
	C_{26}～C_{31}	相关外接圆指标统计分布（CIRCLE_MN，_AM，_MD，_RA，_SD，_CV）

续表

指标	ID	度量指标名称（缩写）
斑块类型度量指标	$C_{32}\sim C_{37}$	邻近指标统计分布（CONTIG_MN，_AM，_MD，_RA，_SD，_CV）
景观度量指标	L_1	周长面积分维数（PAFRAC）
	$L_2\sim L_7$	周长面积比率统计分布（PARA_MN，_AM，_MD，_RA，_SD，_CV）
	$L_8\sim L_{13}$	形状指标统计分布（SHAPE_MN，_AM，_MD，_RA，_SD，_CV）
	$L_{14}\sim L_{19}$	分维数指标统计分布（FRAC_MN，_AM，_MD，_RA，_SD，_CV）
	$L_{20}\sim L_{25}$	线状指标统计分布（LINEAR_MN，_AM，_MD，_RA，_SD，_CV）
	$L_{26}\sim L_{31}$	相关邻接卡方分布（SQUARE_MN，_AM，_MD，_RA，_SD，_CV）
	$L_{32}\sim L_{37}$	邻近指标统计分布（CONTIG_MN，_AM，_MD，_RA，_SD，_CV）

对于许多指标的统计分布指标的含义在 6.2 节中已做过介绍，这里不再赘述，下面我们对表 6.4 中涉及的除统计分布指标之外的指标进行详细描述。

1）斑块尺度水平的度量指标

（1）周长面积比率（PARA）。

$$\text{PARA} = \frac{P_{ij}}{a_{ij}} \tag{6.17}$$

式中：P_{ij} 为斑块 ij 的周长；a_{ij} 为斑块 ij 的面积；PARA 为两者的比率，其没有单位，取值范围为 PARA＞0。

相关说明：周长面积比率是对斑块形状复杂性的简单度量，但是没有根据简单的标准几何图形（如正方形）进行标准化。这一指标用来测度斑块复杂性存在一定局限性，因为即使斑块形状不变，随着斑块面积的增大，其周长面积比率将会减小。

（2）形状（SHAPE）。

$$\text{SHAPE} = \frac{p_{ij}}{\min p_{ij}} \tag{6.18}$$

式中：p_{ij} 为用栅格表面数目来表示的斑块 ij 的周长；$\min p_{ij}$ 为 p_{ij} 的可能最小值，即斑块面积最大限度地结合在一起时。SHAPE 等于用栅格表面数目来表示的斑块 ij 的周长除以其可能的最小值。如果用栅格数目表示的斑块 ij 面积是 a_{ij}，n 是平方比 a_i 小的最大整数，且 $m=a_i-n^2$，则 $\min p_{ij}$ 的值可以由式（6.19）中的一个得出：

$$\begin{cases} \min p_{ij} = 4n, & (m=0) \\ \min p_{ij} = 4n+2, & (n^2 < a_{ij} \leqslant n(n+1)) \\ \min p_{ij} = 4n+4, & (a_{ij} > n(n+1)) \end{cases} \tag{6.19}$$

形状指数没有单位，取值范围是 SHAPE≥1。当 SHAPE=1 时，说明斑块最大限度的聚合在一起（如正方形或接近正方形），随着形状越来越不规则，它的值无限增大。

相关说明：形状指标通过与正方形（接近正方形）的标准进行对照，即可消除了周长面积比率中因斑块面积变化而导致周长面积比率发生变化带来的现象，因而，它是对斑块形状复杂性最简单也是最直接的度量。对于较大板块，例如，面积大于 100 像元，最小边长将逐渐接近 $4\sqrt{a_{ij}}$，这是面积等于 a_{ij} 的正方形的周长。Fragstats 以前的版本用这一近似值来计算形状指标。因而现在的指标与以前版本的运行结果不完全一样，这种差别只有在斑块很小的的情况下才有较大差距。

（3）分维数（FRAC）。

$$\mathrm{FRAC}=\frac{2\ln(0.25P_{ij})}{\ln(a_{ij})} \tag{6.20}$$

式中：P_{ij}为斑块 ij 的周长；a_{ij}为斑块 ij 的面积；FRAC 等于 2 倍 1/4 斑块周长的自然对数值除以面积的自然对数值。

FRAC 指标没有单位，取值范围为 1≤FRAC≤2，对于一个二维斑块来说，它的 FRAC＞1，就意味它已经脱离了规则几何形状（形状复杂性增加）。对于一个周长非常简单的几何图形（如正方形）来说，其 FRAC 接近 1，对于一个周长迂回曲折的斑块来说，其 FRAC 接近 2。

相关说明：分维数指标有很强的吸引力，因为它反映了空间尺度范围内的形状复杂性。作为对形状复杂性的度量，它同形状指标相似，克服了周长面积比率最大的缺陷。

（4）相关外接圆（CIRCLE）。

$$\mathrm{CIRCLE}=1-\left[\frac{a_{ij}}{a_{ij}^{s}}\right] \tag{6.21}$$

式中：a_{ij}为斑块 ij 的面积；a_{ij}^{s}为围绕斑块 ij 的最小外接圆的面积。CIRCLE 等于 1 减去斑块面积与该斑块最小外界圆面积的比值。注意，这里的最小外接圆是数学上真正的圆，而不受栅格图像格式的影响。另外，为了保证指标最小值总是 0，外接圆直径的计算是根据最外缘栅格的外部边界之间的距离来确定的，而不是最邻近指标中计算的栅格中心之间的距离。

该指标没有单位，取值范围为 0＜CIRCLE＜1，当它等于 0 时，说明斑块是圆形的；当它接近 1 时，说明是长条线状斑块。当斑块只有一个栅格组成时，CIRCLE 也为 0。

相关说明：对不同格式的栅格数据，相关外接圆都用最小外接圆而不用最小外接正方形的原因是外接圆应用更简便。与线状指标相反，相关外接圆对斑块整体的延展度进行度量。一个弯曲盘绕很厉害但很窄的斑块，如果它的中轴骨架靠近斑块边缘，它就具有很大的线状指标，但它的相关外接圆指标却不大，因为斑块有较好的紧实度。相反，一个狭窄而伸长的斑块可以同时有很高的线状指数和相关外接圆指数。这一指标用来区分细长而狭窄的斑块是很有用的。

（5）邻近指数（CONTIG）。

$$\mathrm{CONTIG}=\frac{\left[\dfrac{\sum_{r=1}^{z}c_{ijr}}{a_{ij}}\right]-1}{v-1} \tag{6.22}$$

式中：c_{ijr}为位于斑块 ij 内像元 r 的邻近值；v 为 3×3 像元模板中邻近值的总和；a_{ij}为以像元个数为单位的斑块 ij 的面积。CONTIG 的值是栅格邻近值的总和除以斑块内的像元总数，然后与 1 的差，再除以样板中值的总和（本例中是 13）与 1 的差。注意，分子分母都减去 1 是为了使该指标范围在 1 之内。

CONTIG 没有单位，且取值范围是 0≤CONTIG≤1。对于一个只有一个像元的斑块来说，这一指标为 0，随着斑块内部邻近度和连接度的增加，它就会向 1 靠近。

相关说明：邻近指数是用来评估斑块内栅格的空间连接性或邻近性的，并以此来为斑块边界线和形状的分布提供指标。它是通过把 3×3 像元模板转化为二进制图像来进行指标度量的。它的转化方式为：对于位于斑块吸引力范围之内的像元，赋值为 1，其他的背景像元赋值为 0。当用于确定像元的水平或垂直像元的关系时，栅格值确定为 2（图 6.2）；当用于确定像元的倾斜关系时，栅格值确定为 1。这使得正交相连的像元值要比斜交相连的大，使得计算相对简单。模板中心像元的值我们赋为 1，来确保结果图像中只有一个像元的斑块的值为 1，而不是 0。结果图像中每个像元的值，起到确定像元数和位置的作用，当它位于移动模板的中心时被计算。具体说来，结果图像中的每个像元值是模板值和输入图像的像元值的和。因而，大相邻斑块的邻近指标值也较大。

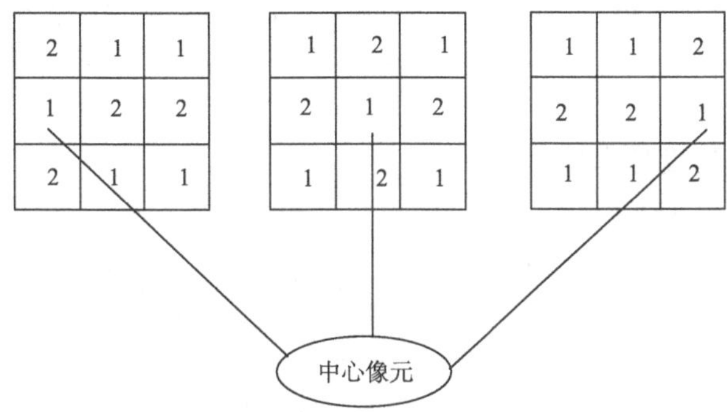

图 6.2　3×3 像元模板中邻近值的确定

2）斑块类型尺度水平的度量指标

周长面积分维数（PAFRAC）。

$$\text{PAFRAC}=\frac{2}{\dfrac{\left[n_i\sum\limits_{j=1}^{n}\left(\ln p_{ij}\cdot\ln a_{ij}\right)\right]-\left[\left(\sum\limits_{j=1}^{n}\ln p_{ij}\right)\left(\sum\limits_{j=1}^{n}\ln a_{ij}\right)\right]}{\left(n_i\sum\limits_{j=1}^{n}\ln p_{ij}^2\right)-\left(\sum\limits_{j=1}^{n}\ln p_{ij}\right)^2}}\tag{6.23}$$

式中：a_{ij}为斑块 ij 的面积；p_{ij}为斑块 ij 的周长；n_i为景观内斑块类型 i 包含的斑块数量。PAFRAC 等于 2 除以回归线的斜率，这一斜率是从以周长自然对数为自变量对面积自然对数的回归中得到的，即 2 除以系数 b_1，它是来自于适合以下方程的最小平方回归分析：ln（area）= b_0+b_1 ln（perim）。注意，PAFRAC 不包括任何背景斑块。

该指标取值范围是 1≤PAFRAC≤2。对于一个二维景观格局来说，分维数值大于 1，意味着它已经偏离简单的几何形状（即形状复杂性增强）。当该形状具有一个简单的周长时（比如说正方形），PAFRAC 就接近 1；当周长弯曲时，PAFRAC 就接近 2。PAFRAC 应用回归技术，会遇到简单的样本问题。具体说来，当斑块数目较少（＜10）时，PAFRAC 就可能大大超过该值的理论范围，在使用中应该避免这种情况。另外，PAFRAC 要求斑块值要大小不同。如果所有斑块大小一样或数目小于 10，PAFRAC 是不确定的，在“basename”.class file 中被标记为“N/A”。这一指标在某些情况下会超过其理论范围，尤其当样本大小接近其最小限度时。

相关说明：周长面积分维数具有很强的吸引力，因为它通过空间尺度（斑块大小）反映了形状复杂性。然而，就像斑块尺度中与它相对应的指标（FRACT）一样，周长面积分维数在整个斑块大小范围内，周长和面积的对数呈线性关系时才有意义。如果不是这样，那么分维数必须在斑块面积范围确定的情况下单独计算。由于这一指标运用了回归分析，那么当样本较小时，就可能有错误结果出现。当景观中斑块数目较少时，这一指标值超过理论范围是很常见的。尽管 Fragstats 对中等大小的样本规模（n＞10）就计算这一指标，但是这一指标只有在样本规模较大时（n＞20），才最有用。另外，必须认识 Fragstats 中分维数的计算是建立在以周长的自然对数为自变量的对面积自然对数的回归之上的，即 ln（area）= b_0 + b_1 ln（perim），这一点很需要。同样可以用以面积的自然对数为自变量的对周长自然对数的回归来计算，即 ln（perim）= b_0 + b_1 ln（area）。这两者之间的差距很小，很难说清谁比谁更好。在实践中这两种方式都有所应用，所以在不同案例的对比当中，弄清分维数是通过哪种方式计算的很重要。

3）景观尺度水平的度量指标

周长面积分维数（PAFRAC）。

$$\mathrm{PAFRAC}=\frac{2\Bigg/\left\{N\sum_{j=1}^{n}\ln P_{ij}\times\ln a_{ij}-\left(\sum_{i=1}^{m}\sum_{j=1}^{n}\ln p_{ij}\right)\left(\sum_{i=1}^{m}\sum_{j=1}^{n}\ln a_{ij}\right)\right\}}{\left(N\sum_{i=1}^{m}\sum_{j=1}^{n}\ln p_{ij}^{2}\right)-\left(\sum_{i=1}^{m}\sum_{j=1}^{n}\ln p_{ij}\right)^{2}} \tag{6.24}$$

式中：a_{ij} 为斑块 ij 的面积；p_{ij} 为斑块 ij 的周长；N 为景观内斑块数量。PAFRAC 就等于 2 除以回归线的斜率，这一斜率是从以周长的自然对数为基础的对面积自然对数的回归中得到的，即 2 除以系数 b_1，它是来自于适合以下方程的最小平方回归分析：ln(area)= b_0 + b_1 ln(perim)。注意，PAFRAC 不包括任何背景斑块。

它没有单位，取值范围是 1≤PAFRAC≤2。对于一个二维景观格局来说，PAFRAC＞1，意味着它已经偏离简单的几何形状(即形状复杂性增强)。当该形状具有一个简单的周长时(如正方形)，PAFRAC 就接近 1；当周长弯曲时，PAFRAC 就接近 2。PAFRAC 应用了回归技术，会遇到简单的样本问题。具体说来，当斑块数目较少（＜10）时，PAFRAC 就可能大大超过该值的理论范围，在使用中应该避免这种情况。另外，PAFRAC 要求斑块值大小不同。因而，如果所有斑块大小一样或数量小于 10，PAFRAC 是不确定的，在“basename” .class file 中被标记为“N/A”。注意，这一指标在某些情况下会超过其理论范围，尤其当样本大小接近其最小限度时。

相关说明：景观尺度上的周长面积分维数同斑块尺度上一样（见前面的相关说明），不同的是这里的回归分析涉及景观内所有斑块。

3. 此类指标的应用限制

所有形状指标的计算都是以周长和面积的关系为基础的，这正是形状指标应用局限性的来源。首先，在栅格图像中，由于斑块边界呈现阶梯状，因此会导致周长长度有变大的趋势，这种趋势与图像的粒度和分辨率有关。基于这种原因，Fragstats 计算得到的周长面积比率要比现实中的实际值大。其次，作为一个形状指标，在度量斑块形态时，周长面积比率的敏感性较差，尽管许多斑块的形状并不相同，但是它们具有相同的面积和周长。它可以较好地用来测量景观总体上的形状复杂性。其他不是以周长面积比率为基础的形状指标，在应用时受限较小。但是它们也不能很好地区分斑块形态，只是侧重于从某个或某几个方面度量其形状的复杂程度。

6.3.3　核心面积指标度量

1. 背景知识简介

核心面积是指一定边缘深度以内的斑块面积。同形状指标相似，核心面积指标的作用和重要性在于它和“边缘效应”有关。“边缘效应”产生的原因在于与斑块内部相比，斑块边缘的生物和非生物因素使其环境条件有所不同（Hansen and Castri，1992）。对于有机体和生态学过程来说，“边缘效应”的实质是不同的。例如，森林边缘影响着世界一半以上的森林，并导致世界范围内生物多样性和生态系统功能的下降（Pfeifer et al.，2017），另外，由于全球生态系统正在迅速变化，生物栖息地的边界效应会影响种群的生存能力（Villard and Metzger，2014）。核心面积作为捕食者良好的栖息地来说，要比斑块面积更有意义。与斑块面积不同，核心面积会受斑块形状的影响。例如，一个斑块的面积足以支持某一物种个体生存，但是并不能说明它有足够适宜的核心面积来支持该物种个体生存。栖息地的破碎化会对许多物种和全球的生物多样性构成威胁，对于栖息地最低面积要求和斑块核心面积的研究，和有效保护大熊猫等对区域敏感的物种具有意义（Qing et al.，2016）。某些情况下，“边缘效应”中边缘的类型和性质会发生变化。因此，在 Fragstats 中，用户可以通过边缘深度文件（edge depth file）来为不同斑块类型之间的边缘设置不同的深度（例如，森林向草原过渡和草原向沙漠过渡的边缘深度是不同的）。当这一信息缺失时，用户会为所有的边缘设置一个相同的深度。

2. 指标及其含义

Fragstats 能够在斑块、斑块类型和景观三种不同尺度上计算一系列核心面积指标。这些指标主要用于描述斑块的数量、密度和斑块的大小，以及在排除一定边缘深度后，与斑块面积相比核心斑块面积的变化情况。本部分包含的主要核心面积指标如表 6.5 所示。

表 6.5　主要核心面积指标度量表

指标	ID	度量指标名称（缩写）
斑块度量指标	P_1	核心面积（CORE）
	P_2	核心面积数量（NCORE）
	P_3	核心面积指数（CAI）
斑块类型度量指标	C_1	总核心面积（TCA）
	C_2	核心面积占整个景观面积的比例（CPLAND）
	C_3	间断分布的核心面积数量（NDCA）
	C_4	间断分布的核心面积密度（DCAD）
	C_5～C_{10}	核心面积分布（CORE_MN，_AM，_MD，_RA，_SD，_CV）
	C_{11}～C_{16}	非连续性核心面积统计分布（DCORE_MN，_AM，_MD，_RA，_SD，_CV）

续表

指标	ID	度量指标名称（缩写）
斑块类型度量指标	C_{17}～C_{22}	核心面积指数统计分布（CAI_MN，_AM，_MD，_RA，_SD，_CV）
景观度量指标	L_1	总核心面积（TCA）
	L_2	间断分布的核心面积数量（NDCA）
	L_3	间断分布的核心面积密度（DCAD）
	L_4～L_9	核心面积统计分布（CORE_MN，_AM，_MD，_RA，_SD，_CV）
	L_{10}～L_{15}	非连续性核心面积统计分布（DCORE_MN，_AM，_MD，_RA，_SD，_CV）
	L_{16}～L_{21}	核心面积指数统计分布（CAI_MN，_AM，_MD，_RA，_SD，_CV）

对于许多指标的统计分布指标的含义在 6.2 节中已做过介绍，这里不再赘述，下面我们对上表中涉及的除统计分布指标之外的指标进行详细描述。

1）斑块尺度水平的度量指标

（1）核心面积（CORE）。

$$\text{CORE} = a_{ij}^{c} \times \frac{1}{10000} \tag{6.25}$$

式中：a_{ij}^{c}为斑块 ij 在一定边缘深度下的核心面积，其单位是 m^2；CORE 等于从斑块周长向里，超过一定距离以内的部分斑块面积，然后除以 10000（将单位转化为 hm^2）。如果景观边缘不存在，沿景观边界线的周边部分一般当作背景对待（按照边缘深度文件中确定）；如果景观边缘存在，这种情况下景观边缘类型根据景观边缘所提供的信息确定。

CORE 单位是 hm^2，取值范围是 CORE≥0。当斑块中的任何一点都在从周长开始度量的边缘深度之内时，CORE=0。随着给定的边缘深度的减小和斑块形状的简单化，CORE 就越来越接 AREA。

相关说明：核心面积代表斑块面积，即周长的距离比给定边缘深度大的那部分面积。注意，一个边缘深度可以用于所有边缘类型，或者用户也可以确定一个边缘深度文件，为不同斑块类型之间的边界设定不同的边缘深度。

（2）核心面积数量（NCORE）。

$$\text{NCORE} = n_{ij}^{c} \tag{6.26}$$

式中：n_{ij}^{c}为在给定边缘深度的情况下，斑块 ij 中间断分布的核心面积数量；NCORE 等于斑块内间断分布的核心面积数量。

NCORE 没有单位，取值范围为 NCORE≥0。当 CORE＝0（即当斑块中的任何一点都在从周长开始度量的边缘深度之内）时，NCORE＝0。由于形状原因导致斑块核心面积不连续时，NCORE＞1。

相关说明：一个核心斑块就是空间上一块间断分布的核心面积。由于斑块大小和形状以及边缘深度值的影响，一个斑块可能包含几块分离的核心。从有机体和生态学过程的角度看，把这些彼此分离的核心面积看作单独的斑块可能更恰当一些。

（3）核心面积指数（CAI）。

$$\mathrm{CAI}=\frac{a_{ij}^{c}}{a_{ij}}\times 100 \tag{6.27}$$

式中：a_{ij}^{c}为斑块 ij 基于具体边缘深度的核心面积，其单位是 m^2；a_{ij}为斑块 ij 的面积；CAI 等于斑块的核心面积除以斑块总面积，然后乘以 100 转化为百分比，换句话说，CAI 就等于核心面积占斑块面积的比例。

CAI 的单位是%，取值范围 0≤CAI＜100。当 CORE＝0（即当斑块中的任何一点都在从周长开始度量的边缘深度之内），也就是说斑块没有核心面积时，CAI=0。当由于面积、形状以及边缘深度的影响而核心面积比例较大时，CAI 就趋近于 100。

相关说明：核心面积指数是一个相对指标，它用核心面积占斑块面积的百分比来度量（即斑块面积中核心面积的组成比例）。

2）斑块类型尺度水平的度量指标

（1）总核心面积（TCA）。

$$\mathrm{TCA}=\sum_{j=1}^{n}a_{ij}^{c}\times\frac{1}{10000}\times\frac{n!}{r!(n-r)!} \tag{6.28}$$

式中：a_{ij}^{c}为斑块 ij 在特定边缘深度下的斑块核心面积；TCA 等于相应斑块类型中各斑块核心面积的总和，然后除以 10000 转化为 hm^2。

TCA 的单位是 hm^2，取值范围为 TCA≥0。当斑块类型中每一斑块中的任何一点都在该斑块从周长开始度量的边缘深度的范围之内时，TCA=0。随着给定的边缘深度的减小和斑块形状的简单化，TCA 就越来越接近斑块类型面积（CA）。

相关说明：总核心面积的确定同斑块尺度上 CORE 一样（见核心面积），所不同的是这里的核心面积是该斑块类型中所有斑块核心面积的总和。

（2）核心面积占整个景观面积的比例（CPLAND）。

$$\mathrm{CPLAND}=\frac{\sum_{j=1}^{n}a_{ij}^{c}}{A}\times 100 \tag{6.29}$$

式中：a_{ij}^{c}为斑块 ij 在一定边缘深度情况下的核心面积；A 为整个景观的面积；CPLAND 等于某斑块类型中所有斑块核心面积的总和，除以景观总面积，再乘以 100 转化为百分比。这里的景观总面积包括景观内部存在的背景。

CPLAND 的单位是%，取值范围为 0≤CPLAND＜100。当该斑块类型中的斑块越来越小或形状更弯曲时，该斑块类型的核心面积就会越来越少，这时 CPLAND 就会趋近 0。当整个景观中只包含一个斑块类型并且边缘深度取值趋近于 0 时，CPLAND 的值趋近于 100。

相关说明：CPLAND 的确定与斑块尺度水平上的 CAI 一样，但不同的是这里的核心面积是相关斑块类型的核心面积的总和，并且作为整个景观面积的百分比来计算，这就更便于不同尺度景观之间的比较。

（3）间断分布的核心面积数量（NDCA）。

$$\mathrm{NDCA}=\sum_{j=1}^{n}n_{ij}^{c} \tag{6.30}$$

式中：n_{ij}^c 为在给定边缘深度的情况下，斑块 ij 中间断分布的核心面积数量；j 为斑块类型 i 的斑块数量；NDCA 等于某类斑块内间断分布的核心面积总数量。

NDCA 没有单位，取值范围为 NDCA≥0。当 TCA＝0（即核心面积为 0）时，NDCA＝0，当有一个斑块包含的核心面积数量大于 1 时（取决于斑块形状的复杂性），NDCA＞1。

相关说明：非连续性核心面积数量的确定同斑块尺度水平上的 NCORE 一样。随着斑块形状和大小的变化以及边缘深度值的变化，一个斑块可能包含几个核心面积。从有机体和生态过程的角度看，把这些彼此分离的核心面积看作单独的斑块可能更恰当一些。

（4）间断分布的核心面积密度（DCAD）。

$$\mathrm{DCAD}=\frac{\sum_{j=1}^{n} n_{ij}^c}{A}\times 10000\times 100 \tag{6.31}$$

式中：n_{ij}^c 为在给定边缘深度的情况下，斑块 ij 中间断分布的核心面积数量；A 为整个景观的面积；DCAD 等于景观中所有斑块的核心面积总数量，除以景观总面积，乘以 10000 和 100（转化为 km^2）的积。需要指出的是，这里的景观面积包括景观内部的所有背景。

DCAD 的单位是个/km^2，取值范围是 DCAD≥0。当 TCA＝0，即景观中不存在核心面积时，DCAD＝0。

相关说明：就像与它对应的斑块密度一样，间断分布的核心面积密度描述的是单位面积上的间断的核心面积数量，这就更容易进行不同尺度的景观之间的对比。当然，如果总核心面积一定，那么 DCAD 与 NDCA 代表的信息是相同的。

3）景观尺度水平的度量指标

（1）总核心面积（TCA）。

$$\mathrm{TCA}=\sum_{i=1}^{m}\sum_{j=i}^{n} a_{ij}^c\times\frac{1}{10000} \tag{6.32}$$

式中：a_{ij}^c 为斑块 ij 在一定边缘深度情况下的核心面积；TCA 等于景观中每个斑块核心面积的总和，除以 10000 转化为 hm^2。

TCA 的单位是 hm^2，取值范围为 TCA≥0。当每个斑块中的任意一点都在给定的从边缘开始度量的边缘深度之内时，TCA＝0。随着给定的边缘深度的减小和斑块形状的简单化，TCA 就越来越接近景观面积 TA。

相关说明：总核心面积的确定同斑块尺度上 CORE 一样，所不同的是这里的核心面积是景观中所有斑块核心面积的总和。

（2）间断分布的核心面积数量（NDCA）。

$$\mathrm{NDCA}=\sum_{i=j}^{m}\sum_{j=1}^{n} n_{ij}^c \tag{6.33}$$

式中：n_{ij}^c 为在给定边缘深度的情况下，斑块 ij 中间断分布的核心面积数量；NDCA 等于景观范围内每个斑块内间断分布的核心面积总数量，也就是景观中核心面积的总个数。

NDCA 没有单位，取值范围为 NDCA≥0。当 TCA＝0（即核心面积为 0）时，NDCA＝0，当至少有一块核心面积存在时（取决于斑块形状的复杂性），NDCA＞1。

相关说明：间断分布的核心面积数量的确定同斑块尺度水平上的 NCORE 一样，但是这里的总和包括景观中所有斑块。当每个核心面积都可以当作一个有独立作用的斑块时，NDCA 就成为 NP 的替代指标。

（3）间断分布的核心面积密度（DCAD）。

$$\mathrm{DCAD}=\frac{\sum_{i=1}^{m}\sum_{j=1}^{n}n_{ij}^{c}}{A}\times 10000\times 100 \tag{6.34}$$

式中：n_{ij}^{c} 为在给定边缘深度的情况下，斑块 ij 中间断分布的核心面积数量；A 为整个景观的面积；DCAD 等于景观中所有斑块的核心面积总数量，除以景观总面积，乘以 10000 和 100（转化为 km^2）的积。这里的景观面积包括景观内部的所有背景。

DCAD 的单位是个/km^2，取值范围是 DCAD≥0。当 TCA＝0，即景观中不存在核心面积时，DCAD＝0。当至少有一个核心面积存在时（取决于斑块形状的复杂性），DCAD＞0。

相关说明：就像与它对应的斑块密度一样，间断分布的核心面积密度描述的是单位面积上的间断的核心面积数量，这就使得不同尺度的景观之间的对比更容易进行。当然，如果总核心面积一定，那么 DCAD 与 NDCA 代表的信息是相同的。

3. 此类指标的应用限制

所有的核心面积指标都会受到斑块大小、形状以及特定边缘深度的影响，但是那些经过中轴变换而计算得到的指标（如平均深度指数）是例外。一般来说，边缘深度增加、斑块形状复杂化或者斑块面积减小，都会导致核心面积变小。

一方面，在考虑生命及其过程的情况下，这种整合测度是必要的；另一方面，诸如核心面积等相关的整合测量也存在缺陷。特殊情况下，斑块面积和格局的混淆会使得指标解释更复杂。例如，核心面积很小，即可以利用的核心面积有限，但是并不能据此区分一个小斑块（面积效应）和一个具有复杂形状的大斑块（格局效应）。另外，对所观测的现象来说，核心面积是否有意义取决于确定的边缘深度是否有意义。不过许多情况下都没有可用的经验来确定合理的边缘深度，以至于只能随意确定。核心面积作为一个指标是否有应用价值，直接取决于边缘深度确定的随意性。

最后，与斑块面积相比，核心面积指标的用途依赖于图像的分辨率、最小斑块面积以及边缘效应的影响距离。例如，假定给定景观图像的分辨率为 1m，最小斑块面积为 100m×100m，如果边缘效应的影响距离确定为1m，那么核心面积和斑块面积基本相同，这时核心面积对斑块形状和大小的反映并不敏感，这种情况下核心面积反映的信息并不比斑块面积多。

6.3.4　对比度指标度量

1. 背景知识简介

对比度是指特定的生物体或生态学过程，在给定的尺度范围内，相邻接的不同斑块类型之间对某种或某些生态学属性的不同量值。某一斑块与其相邻斑块之间的对比度会影响许多重要的生态学过程。例如，“边缘效应”就会受到斑块之间对比程度的影响。小气候的变化（如风速大小、光线强弱）的延伸范围在边缘对比度明显的斑块边缘要比边缘对比度小的地区深远（Ranney et al.，1981）。相类似，因为椋鸟喜欢在早期演替生境中取食，在后期演替生境中筑巢，所以棕头椋将巢搭在新热带森林边缘候鸟聚集区的概率与森林边缘对比度成正比（Brittingham and Temple，1983）。另外，斑块隔离是造成斑块与其生态学上相邻斑块之间对比度的一个原因。生境斑块与其周围景观之间的对比程度将会影响生物的生存和物种的扩散，进而又会影响斑块的隔离程度。在景观扩展过程中，生物体利用其周边斑块中资源的能力，取决于斑块之间界线的性质。斑块之间的界线对生物的活动可以起到屏障的作用，边界渗透功能的差异性在为某些生物流提供便利的同时，使另一种生物流介入，边界也像一个半透膜，选择性地破坏某些生物流（Dunning et al.，1992）。从这方面讲，边缘对比度将会影响它的功能。例如，边缘对比度较强的地区往往会阻碍生物体寻找其周围斑块中的剩余资源。相反，有些生物喜欢斑块类型对比强烈的生境，这也是前一现象的互补。

边缘对比度对许多生态学过程来说都很有意义，因此为对比度下定义也有很多方法，但是它们都具有相似的含义，都能够反映出在某一特定尺度下，相对于某种生态学过程来说，不同斑块之间的相互作用。Fragstats 采用不同的权重来表示不同相邻斑块类型之间的相互作用，这些权重值取值范围为 0～1。大多数情况下，没有有效的事实依据来建立合理指标权重体系，经常根据所了解的现象从理论上来确定，因此某一权重值不能用来衡量所有的边缘效应。

2. 指标及其含义

以边缘对比度为基础，Fragstats 可以斑块、斑块类型和景观三种尺度水平上计算景观格局指数（表 6.6）。

表 6.6 主要对比度指标度量表

指标	ID	度量指标名称（缩写）
斑块度量指标	P_1	边缘对比度（ECON）
斑块类型度量指标	C_1	对比度加权的边缘密度（CWED）
	C_2	总边缘对比度（TECI）
	C_3～C_8	边缘对比度指标统计分布（ECON_MN，_AM，_MD，_RA，_SD，_CV）
景观度量指标	L_1	对比度加权的边缘密度（CWED）
	L_2	总边缘对比度（TECI）
	L_3～L_8	边缘对比度指标统计分布（ECON_MN，_AM，_MD，_RA，_SD，_CV）

这些指标主要包括边缘对比度、对比度加权的边缘密度、总边缘对比度及边缘对比度指标统计分布特征。在斑块水平上，边缘对比度指数用来度量斑块与其邻居之间对比反差程度。斑块周长的每一部分都是通过其与邻接斑块的对比程度来衡量的，斑块总周长就会根据边缘对比程度换算成一个比例，即占总周长的百分比。因而，当斑块的边缘对比度为 10%时，说明斑块与其邻居之间的对比程度很小，只有 10%的周长边缘对比度较大；当斑块的边缘对比度为 90%时，说明斑块与其相邻斑块的对比度很大。这一指标值是一个相对测量值，也就是说对比度值较高只能说明斑块存在边缘而不能说明边缘是 10m 还是 1000m。在斑块类型和景观尺度上，Fragstats 还能计算总边缘长度值。它的基本含义与边缘对比度相似，不同的是它

忽略了斑块个体特征，从景观角度来度量其总的对比程度。

由于边缘对比度指标都是相对测量值，所以 Fragstats 将边缘密度和边缘对比度整合为一个指标——对比度加权的边缘密度。该指标将边缘长度标准化为“单位面积上的边缘长度”，以便于不同面积的景观之间进行比较。例如，边缘密度 100 就是说景观中每 $1hm^2$ 面积中有 100m 长的斑块边缘，如果对比度加权的边缘密度值为 80，就意味着景观中每 $1hm^2$ 面积中有 80m 长的边缘属于对比度最大的边缘。这一指标试图从作用重要性方面对边缘进行度量，因此，对于 CWED 相同的景观来说，它的“边缘效应”所起的作用也相同。

1）斑块尺度水平的度量指标——边缘对比度（ECON）

$$\mathrm{ECON}=\frac{\sum_{k=1}^{m}p_{ijk}\cdot d_{ik}}{p_{ij}}\times 100 \tag{6.35}$$

式中：p_{ijk} 为斑块 ij 的边缘中与斑块类型 k 相邻的那部分；d_{ik} 为斑块类型 i 与 k 之间的差异性（对比度权重）；p_{ij} 为斑块 ij 的周长；ECON 等于斑块的部分周长乘以相应的边缘对比度权重之积的总和，除以斑块 ij 的周长。如果景观边缘存在，边界线的边缘类型就根据景观边缘包含的信息来确定，否则，沿景观边界线的斑块边缘部分一般被当作背景来对待（就像边缘对比度文件中确定的那样）。

ECON 的单位是%，取值范围为 0≤ECON≤100。如果景观只由一个斑块组成，所有的背景由景观边界线组成（即景观边缘缺失），且赋予的对比度权重为 0，那么 ECON 就等于 0。当边缘对比度文件中，该斑块类型的所有斑块周长部分被赋予的对比度权重为 0 时，ECON 也等于 0。当整个斑块周长边缘对比度指都是最大值时（d=1），ECON 就等于 100。当有一部分斑块周长的边缘对比度值小于 1 时，ECON 就小于 100。

相关说明：边缘对比度指标建立的理论基础就是所有的边缘都是不同的，这一指标是对斑块周长对比度的相对度量。

2）类型尺度水平的度量指标

（1）对比度加权的边缘密度（CWED）。

$$\mathrm{CWED}=\frac{\sum_{k=1}^{m}(e_{ik}d_{ik})}{A}\times 10000 \tag{6.36}$$

式中：e_{ik} 为景观中斑块类型 i 与 k 之间的边缘总长度，包括涉及斑块类型 i 的景观边界线部分；d_{ik} 为斑块类型 i 与 k 之间的差异性（对比度权重）；A 为景观总面积；CWED 等于相关斑块类型的边缘总长度乘以相应的边缘对比度权重之积的总和，再除以景观总面积，乘以 10000 转化为 hm^2。位于景观边界线上的斑块边缘部分的处理方法与 ECON 一样。注意，这里的景观总面积包括景观内部存在的背景。

CWED 的单位是 m/hm^2，取值范围为 CWED≥0。当景观中不存在该类型边缘时，即在整个景观和景观边缘存在的情况下，景观中包含该斑块类型并且用户确定的背景边缘对比度为 0（d=0），这时 CWED 的值等于 0。随着景观类型边缘数量的增加或相应斑块类型边缘对比度的增加（即对比度接近于 1），CWED 的值不断增大。

相关说明：对比度加权的边缘密度把边缘标准化为单位面积上的边缘长度，这就使得不同大小景观之间的比较更为便利。

（2）总边缘对比度（TECI）。

$$\mathrm{TECI}=\frac{\sum_{k=1}^{m}e_{ik}\cdot d_{ik}}{\sum_{k=1}^{m}e_{ik}^{*}}\times 100 \tag{6.37}$$

式中：e_{ik}为景观中斑块类型 i 与 k 之间的边缘总长度，包括涉及斑块类型 i 的景观边界线部分；e_{ik}^{*}为景观中斑块类型 i 与 k 之间的边缘总长度，包括整个景观边界线和所有背景的边缘部分；d_{ik} 为斑块类型 i 与 k 之间的差异性（对比度权重）；TECI 等于相关斑块类型的边缘部分乘以相应的边缘对比度权重之积的总和，除以涉及同类型斑块的所有边缘部分的总长度，再乘以 100 转化为百分比。如果景观边缘不存在，沿景观边界线的边界部分一般被当作背景来对待，若景观边缘存在，边界线的边缘类型就由斑块边缘中所包含的信息来确定。

TECI 的单位是%，取值范围为 0≤TECI≤100。当景观中不存在该类型边缘时，即在整个景观和景观边缘存在的情况下，景观中包含该斑块类型并且用户确定的背景边缘对比度为 0（d=0），这时 TECI 的值等于 0。随着所涉及斑块类型边缘对比度的降低（即对比度权重趋近于 0），TECI 的值就趋近于 0；当所有边缘的对比度达到最大时（d=1），TECI 就等于 100。

相关说明：总边缘对比度指标与斑块尺度上的边缘对比度很类似，所不同的是这里把它应用在了斑块类型尺度上。

3）景观尺度水平的度量指标

（1）对比度加权的边缘密度（CWED）。

$$\mathrm{CWED}=\frac{\sum_{k=1}^{m}\sum_{k=i+1}^{m}e_{ik}\cdot d_{ik}}{A}\times 10000 \tag{6.38}$$

这一指标同斑块类型尺度上的 CWED 基本相同，只不过这里把它应用于整个景观尺度上，涉及景观中所有的斑块及斑块类型。

相关说明：对比度加权的边缘密度把边缘标准化为单位面积上的边缘长度，这就使得不同大小景观之间的对比更为便利。

（2）总边缘对比度（TECI）。

$$\mathrm{TECI}=\frac{\sum_{i=1}^{m}\sum_{k=i+1}^{m}e_{ik}\cdot d_{ik}}{E^{*}}\times 100 \tag{6.39}$$

式中：e_{ik}为景观中斑块类型 i 与 k 之间的边缘总长度，包括涉及斑块类型 i 的景观边界线部分；E^{*}为景观中所有边缘的总长度，包括整个景观边界线和所有背景的边缘部分；d_{ik}为斑块类型 i 与 k 之间的差异性（对比度权重）；TECI 等于景观中每一边缘部分的长度与相应边缘对比度的乘积之和，除以景观中的总边缘长度，再乘以 100 转化为百分比。

TECI 的单位是%，取值范围为 0≤TECI≤100。当景观中不存在该类型边缘时，即在整个景观和景观边缘存在的情况下，景观中包含该斑块类型并且用户确定的背景边缘对比度为 0（d=0），这时 TECI 的值等于 0。随着所涉及斑块类型边缘对比度的降低（即对比度权重趋近于 0），TECI 的值就趋近于 0；当所有边缘的对比度达到最大时（d=1），TECI 就等于 100。

相关说明：总边缘对比度指标与斑块尺度上的边缘对比度很类似，所不同的是这里把它应用于景观范围内的所有边缘了。

3. 此类指标的应用限制

边缘对比度指标的应用局限在于该类指标的基础是总边缘长度。这类指标只有在边缘对比度权重文件存在的情况下才能计算，这类指标用途的大小与计算时确定的对比度权重是否有意义直接相关。在确定权重时，必须根据所掌握的事实和理论依据认真考虑。如果确定的权重值不能反映所研究的现象，那么其结果也会受到干扰。

6.3.5 聚合指标度量

1. 背景知识简介

聚合度是指斑块类型在空间上聚集的趋势，这种特性通常也被称为景观纹理。我们使用“聚合”作为一个概括术语来描述几个密切相关的概念：蔓延、离散、细分、隔离。每一个概念都与更广泛的聚合概念相关，但在一些细微方面与其他概念不同，如下所示。

1）蔓延与离散

许多聚合指标度量明确地区分蔓延和离散的空间属性，因此区分这两个不同的部分非常重要。蔓延度是指斑块类型在空间分布上的集聚趋势，即不同斑块聚集成面积较大、分布连续的整体；而离散度则是指不同类型的斑块混杂在一起，其衡量的标准就是斑块是否相邻接。蔓延度和离散度都是对景观质地的描述，它们都能反映不同斑块类型之间的邻接状况，只不过其角度不同。蔓延度能同时反映不同斑块类型的空间分布特征及其混合状况，而离散指标只能反映不同斑块类型的混合状况，因此，作为对景观质地的度量，蔓延度能够涵盖离散度，含义更丰富。蔓延度和离散度描述整个景观的质地，它们也可以用于斑块类型尺度，这时它们的含义会稍有变化。在斑块类型尺度上，离散指数是指某一斑块类型与其他斑块类型的混杂情况，而不是景观尺度上指的所有斑块之间的混杂情况。相类似，在斑块类型尺度上，蔓延度是指某一斑块类型在空间上聚合在一起的趋势，而不是景观尺度上所说的不同斑块类型之间的混合散布状况。

2）细分

细分与蔓延的概念密切相关，都涉及斑块类型的聚合，但细分明确处理了斑块类型的分解程度，即将斑块再细分为独立的斑块。离散处理的是同一斑块类型的聚集或分解，它是将与斑块成员无关的斑块邻接，而细分处理的是将斑块类型细分为分离的斑块。因此，两个分布可以具有相同的分散水平（例如，如在棋盘式分布的情况下，没有类似的单元邻接），但它们可以具有非常不同的细分水平。当然，在真实的景观中，这两个聚集成分往往是高度混淆的；随着斑块类型变得更加分散，它们也往往更加细分。

特定栖息地类型的划分可能会影响各种生态过程，这具体取决于景观环境。例如，斑块的数量或密度可以确定空间上分散的种群或集合种群中与该生境类型相关的亚种群数量。亚种群的数量会影响集合种群的动态和持续性（Gilpin and Hanski，1991）。斑块数量和密度也可以改变物种相互作用的稳定性和捕食者-被捕食者竞争共存的机会（Kareiva，1990）。景观镶嵌中的斑块数量或密度可以具有相同的生态适用性，但经常地用作整个景观镶嵌空间异质性的一般指标。斑块数量或密度较大的景观具有较细的颗粒，即空间异质性以较细的分辨率出现。尽管一个类或景观中斑块的数量或密度对许多生态过程可能具有很强的重要性，但通常它本身并不具有任何解释价值，因为它不传递关于斑块面积或分布的信息。斑块的数量或密度可能是最有价值的，作为计算其他更易解释的度量的基础，通常与其他度量相结合来描述细分。

3）隔离

隔离与细分的概念密切相关，两者都涉及斑块类型的细分，但是隔离明确处理了斑块在空间上彼此隔离的程度，这是细分没有做到的。因此，两个分布可以有相同级别的细分，但是它们可以有不同的隔离级别。这两个聚合指标在真实的景观中经常是高度混乱的，随着斑块类型越来越细分，它们也越来越独立，但并不总是如此。例如，大的连续斑块被道路细分的情况，斑块细分的水平会上升，这些斑块之间可能会相互隔离，也可能不会。

景观质地是景观格局的一个重要方面，对许多生态学过程来说都是非常重要的。斑块类型的细分是生境破碎化过程的重要驱动力，生境破碎化会使一些连续的斑块或生境细化。在生境破碎化过程中，生境的蔓延度降低，细化程度升高，最终会使生态学效应受到破坏（Saunders et al.，1991）。尤其当生境破碎化使得生物个体出现隔离时，会使得生物扩散成功的概率降低，进而导致种群数量减少，甚至会使得该物种在整个景观中灭绝。另外，斑块类型的细分和离散化会影响干扰在整个景观中的扩散（Franklin and Forman，1987），尤其当一个种斑块高度离散化时，对某些干扰扩散的抑制力会更强，相反，当斑块类型的聚集度较高时，某些干扰的扩散速率就会加快。对于那些整个生活史要经历众多不同类型生境的物种来说，离散度会影响它们生境的质量。

2. 指标及其含义

计算聚集度和离散度有几种不同的方法，其中蔓延度指数（CONTAG）就是一个广泛应用的指标，它能同时包含离散和混合两方面的信息。这一指标计算的基础是随机选取两个栅格单元，它们分属不同斑块类型的概率，这一指标首次由 O'Neill 等（1988）提出，随后被广泛应用。李（Li）和 雷诺兹（Reynolds）（1993）指出其公式是错误的，并引入了两种方法来计算蔓延度指数，不但修正了原先的错误，还有新发展。Fragstats 计算的蔓延度指数就是李和雷诺兹提出的两种计算方法中的一个。这一指标计算的基础是栅格单元相邻而不是斑块相邻。这一计算中包含两个概率：①随机选取一个栅格单元，它属于斑块类型 i 的概率；②给定一个属于斑块类型 i 的栅格单元，与它相邻的栅格单元中属于斑块 j 的概率。这两种概率的总效应就相当于随机选取两个栅格单元，它们分属不同类型的概率。这一指数的吸引力就在于这一概率具有直观而简单的解释意义。前面已提到过，计算蔓延度可以有不同的方法，因此这也造成在对蔓延度指标进行解释时会因为弄不清采用何种方法而出现混淆，这也是该指标的一个缺陷。

另一个比较重要的指标是散布与并列指数，该指标主要用于度量斑块极度破碎化的景观。与早期蔓延度指标的计算基础不同，它是根据斑块的邻接程度而非栅格单元的邻接程度来计算的。每一斑块的邻接都是相对于其他斑块类型来说的，所以它不存在相同类型斑块之间出现邻接的情形。它与蔓延度不同，度量的是不同斑块类型交替出现的程度而非混杂程度，指标值越大，说明不同斑块类型交替出现的规律越明显。这一指标不会受到斑块大小、数量等的直接影响，对于一个由四个分属不同类型的斑块组成的景观和一个由四种类型共 100 个小斑块做成的景观来说，如果斑块类型均匀分布，它们的指标值相同，但是它们的蔓延度会有很大差异。此部分涉及的指标还有很多（表 6.7），下面我们分别给予详细介绍。

表 6.7 主要蔓延度/离散度指标度量表

指标	ID	度量指标名称（缩写）
斑块度量指标	P_1	欧氏最近距离（ENN）
	P_2	邻近度指数（PROX）
	P_3	相似度指数（SIMI）
斑块类型度量指标	C_1	散布与并列指数（IJI）
	C_2	相似邻接比例（PLADJ）
	C_3	聚合度（AI）
	C_4	丛聚指数（CLUMPY）
	C_5	景观形状指数（LSI）
	C_6	标准化形状指数（nLSI）
	C_7	斑块内聚力指数（COHESION）
	C_8	斑块数量（NP）
	C_9	斑块密度（PD）
	C_{10}	景观分离度（DIVISION）
	C_{11}	分散指数（SPLIT）
	C_{12}	有效网格大小（MESH）
	C_{13}～C_{18}	欧氏最近距离分布（ENN_MN，_AM，_MD，_RA，_SD，_CV）
	C_{19}～C_{24}	邻近度指数分布（PROX_MN，_AM，_MD，_RA，_SD，_CV）
	C_{25}～C_{30}	相似度指数分布（SIMI_MN，_AM，_MD，_RA，_SD，_CV）
	C_{31}	连接度指数（CONNECT）
景观度量指标	L_1	蔓延度（CONTAG）
	L_2	散布与并列指数（IJI）
	L_3	相似邻接比例（PLADJ）
	L_4	聚合度（AI）
	L_5	景观形状指数（LSI）
	L_6	斑块内聚力指数（COHESION）
	L_7	斑块数量（NP）
	L_8	斑块密度（PD）
	L_9	景观分离度（DIVISION）
	L_{10}	分散指数（SPLIT）
	L_{11}	有效网格大小（MESH）
	L_{12}～L_{17}	欧氏最近距离分布（ENN_MN，_AM，_MD，_RA，_SD，_CV）
	L_{18}～L_{23}	邻近度指数分布（PROX_MN，_AM，_MD，_RA，_SD，_CV）
	L_{24}～L_{29}	相似度指数分布（SIMI_MN，_AM，_MD，_RA，_SD，_CV）
	L_{30}	连接度指数（CONNECT）

在介绍每个指标之前，还有几个概念需要明确，就是单倍法（single-count method）和双倍法（double-count method），这是计算蔓延度等指标的两种不同方法，它们的区别在于对每个节点像元统计一次还是两次。在单倍法中，每个节点像元统计一次且不保存统计顺序，在双倍法中，每个节点像元统计两次且保存统计顺序。Fragstats 计算指标时，除了两种特殊情况，都采用双倍法。这两种特殊情况：①在景观边缘存在的情况下，位于景观边界线上的节点只统计一次，且与位于景观内部的栅格单元保持一致。例如，斑块类型 2（位于景观内部）与斑块类型 3（位于景观边缘）之间有节点位于景观边界线上，那么在镶嵌关系矩阵中被标记为 2-3 而不是 3-2。②所有涉及背景的节点，都只统计一次，且与非背景栅格像元保持一致。另一个概念是相似节点（like adjacencies），它指的是相同斑块类型相邻产生的节点。由于本部分指标都是用来度量斑块之间的相会作用、相互关系，因此只存在斑块类型和景观两种尺度，并且各指标都没有相应的平均值、方差之类的统计分布值。

1）斑块尺度水平的度量指标

（1）欧氏最近距离（ENN）。

$$\text{ENN} = h_{ij} \tag{6.40}$$

式中：h_{ij} 为从斑块 ij 到同一类型的最近相邻斑块的距离，基于边到边的距离，由斑块中心到中心的距离计算得到的，其单位是 m；ENN 大于零，无上限。最小 ENN 受斑块大小的约束，当使用八邻规则时，最小 ENN 等于单元大小的两倍；当使用四邻规则时，最小 ENN 等于对角线邻域之间的距离。

相关说明：ENN 可能是最简单的斑块度量，已被广泛用于量化斑块隔离。这里，用简单的欧几里得几何定义了最近邻距离，即焦点斑块与其同类最近邻之间的最短直线距离。

（2）邻近度指数（PROX）。

$$\text{PROX} = \sum_{g=1}^{n} \frac{a_{ijs}}{h_{ijs}^2} \tag{6.41}$$

PROX 等于斑块面积（m^2）除以斑块和相应类型的所有焦点斑块之间的最近边到边距离平方（m^2）。注意，当搜索缓冲区超出横向边界时，计算中只考虑横向中包含的斑块。此外，边到边的距离是从单元格中心到单元格中心的距离，无量纲，PROX≥0。如果在搜索半径内没有找到相同类型的邻近斑块，则 PROX=0，当搜索范围内越来越多地被相同类型的斑块占据，并且这些斑块在分布上变得越来越近、越来越相邻时，PROX 会增加。PROX 的上限受搜索半径和斑块间最小距离的影响。

相关说明：邻近指数是由古斯塔夫森（Gustafson）和帕克（Parker）开发的，考虑了所有斑块的大小和邻近度，并且斑块在指定的搜索半径内。Fragstats 搜索半径内斑块焦点和其他斑块之间的距离，而不是搜索半径内每个斑块之间的距离。

（3）相似度指数（SIMI）。

$$\text{SIMI} = \sum_{g=1}^{n} \frac{a_{ijs} \cdot d_{ik}}{h_{ijs}^2} \tag{6.42}$$

式中：a_{ijs} 为斑块 ij 指定区域内的面积；d_{ik} 为斑块 i 与斑块 k 之间的类型相似性；h_{ijs} 为斑块与斑块间基于边到边的距离，从斑块中心计算；SIMI 等于相邻斑块面积（m^2）与相邻斑块类型与相邻斑块类别之间的相似系数之和，且相邻斑块的边缘在焦点斑块的指定距离（m）内，除以焦斑和相邻斑之间的最近边到边距离平方（m^2）。当搜索缓冲区超出横向边界时，计算中只考虑横向中包含的斑块，边到边的距离是从单元格中心到单元格中心的距离。

相关说明：SIMI 无量纲，SIMI≥0，如果指定邻域内的所有斑块具有零相似系数。随着越来越多的邻域（由指定的搜索半径定义）被具有更大相似系数的斑块占据，相似的斑块变得更紧密、更邻接、分布更少碎片，SIMI 增加。SIMI 的上限受搜索半径和最小块间距的影响。

2）斑块类型尺度水平的度量指标

（1）散布与并列指数（IJI）。

$$\mathrm{IJI}=\frac{-\sum_{k=1}^{m}\left[\left(\frac{e_{ik}}{\sum\limits_{k=1}^{m}e_{ik}}\right)\ln\left(\frac{e_{ik}}{\sum\limits_{k=1}^{m}e_{ik}}\right)\right]}{\ln(m-1)}\times 100 \tag{6.43}$$

式中：e_{ik}为 i 类斑块和 k 类斑块之间的边缘总长度；m 为景观中斑块类型数，如果景观边界存在，则包括景观边界，它用来度量在给定斑块类型数目情况下，斑块的实际散布状况与最大散布状况的比值；IJI 的计算涵盖景观图像中的所有斑块类型。

IJI 指标单位是%，范围为 0<IJI≤100。当某类斑块只与其他一类有相邻时，指标值接近 0。随着相邻斑块类型数的增多，当所有斑块类型与某斑块类型相邻的概率相同时，IJI=100。若景观中斑块类型数少于 3，不会计算该值，在输出结果文件中用“N/A”表示。

相关说明：散布与并列指数的计算是基于斑块之间的节点数而非栅格单元相接的数目，因此，它不能像蔓延度对斑块的聚集程度进行测度。

（2）相似邻接比例（PLADJ）。

$$\mathrm{PLADJ}=\frac{g_{ij}}{\sum\limits_{k=1}^{m}g_{ik}}\times 100 \tag{6.44}$$

式中：g_{ij} 为基于双倍法计算的斑块类型 i 与斑块类型 j 之间的结点数；g_{ik} 为基于双倍法计算的斑块类型 i 与 k 之间的结点数；PLADJ 是某类斑块自身相邻的节点数除以该斑块所有节点数，乘以 100，单位是%，范围是 0～100。当某一斑块类型最大限度离散化，不存在两两相邻时，该值等于 0，这种情况只有在该斑块类型的比例小于 0.5 时才成立；若比例等于 0.5，只有该类斑块如棋盘状分布时该值才等于 0；若比例大于 0.5，会开始出现相邻节点。当某斑块类型聚集程度提高，相邻节点比重增加时，相似邻接比例度指标增大。当整个景观只有一个斑块，所有的节点都位于同类斑块之前，并且景观边缘由相同类型斑块组成时，相似邻接比例为 100。如果景观只有一个斑块但是景观不存在边缘，PLADJ 值就小于 100；如果景观只有一个栅格，相似邻接比例在 basename.class file 中以“N/A”表示。

相关说明：相似邻接比例是通过节点矩阵计算得来的，节点矩阵能够反映在景观图上不同斑块类型相邻出现的概率。相似邻接比例是对特定斑块类型集聚程度的测度。若斑块类型最大程度分散，则该指数最小，反之亦然。该指数仅计算分散程度，并不计算蔓延程度。在解释中心类比例时，该指数十分有用。无论该斑块类型在景观中的比例多大，只要该类型在景观中最大程度离散化，它就会取得最小值。然而，这一指标没有考虑节点数随机均衡分布的情况。如果指标值小于斑块类型 i 的面积比重，说明斑块类型 i 的离散程度比随机分布还高。需要注意的是，该指标度量的仅是斑块的离散程度而非相间分布状况，因此与斑块类型面积比例（P_i）相结合来度量某一斑块类型的破碎程度十分有效。

（3）聚合度（AI）。

$$\mathrm{AI}=\left[\frac{g_{ij}}{\max \to g_{ii}}\right]\times 100 \tag{6.45}$$

式中：g_{ij} 为基于单倍法的斑块类型 i 像元之间的结点数；max g_{ii} 为基于单倍法的斑块类型 i 像元之间的最大节点数；AI 等于 g_{ij} 的实际值除以该类型最大限度聚集在一起时的 g_{ii} 最大值。如果 a_i 是斑块类型 i 的面积（以栅格数目测算），n 是平方比 a_i 小的最大整数且 $m = a_i - n^2$，则斑块类型 i 的最大周长 max g_{ii} 可以由式（6.46）中的一个计算。

$$\begin{cases}\max g_{ii}=2n(n-1), & m=0\\ \max g_{ii}=2n(n-1)+2m-2, & m>n\\ \max g_{ii}=2n(n-1)+2m-1, & m<n\end{cases} \tag{6.46}$$

在定义该指标时，相似节点添加的统计采用单倍法，景观中所有景观界线都被忽略。AI 的单位是%，范围为 0～100。当某一斑块类型的破碎程度达到最大化时，AI 等于 0；且随聚集程度不断增加，AI 的值也不断增大；当该斑块类型聚集成一个紧实的整体时，AI 等于 100。当该类斑块只有一个栅格单元时，不会计算 AI 值，在输出结果文件中以“N/A”表示。AI 与景观形状指数高度相关，只是后者计算以表面周长为基础，而 AI 以内部节点数为基础。这两个指标都可以用 P_i 值进行标准化，来反映其极差，如果它们的标准形式同时出现，就是多余的，所以 Fragstats 中只计算标准化景观形状指数（nLSI）。

相关说明：聚合度指数也是从节点矩阵中计算来的，它用来表示不同斑块类型（包括相同类型之间的相似节点）相邻出现在景观图上的概率。AI 统计的节点数只包括同类斑块之间的节点，另外，与其他以节点数为基础计算所得指标的比较，它采用的是单倍法，节点矩阵在输出结果中有单独的“basename.adj”。由于计算该指标时只需要内部节点，因此 Fragstats 就利用这一点来区分内部节点和外部节点，景观边缘在该计算指标中不起任何作用。AI 用来度量在给定 P_i 情况下，节点数的最大值，这一最大值只在该类斑块聚集成一个紧实的整体时取得，形状不一定是正方形。

（4）从聚指数（CLUMPY）。

$$\text{Given } G_i=\left(\frac{g_{ij}}{\sum_{k=1}^{m} g_{ik}}\right) \tag{6.47}$$

$$\text{CLUMPY}=\begin{bmatrix} \dfrac{G_i-P_i}{1-P_i}, & G_i \geqslant P_i \\ \dfrac{G_i-P_i}{1-P_i}, & G_i < P_i; P_i \geqslant 0.5 \\ \dfrac{P_i-G_i}{-P_i}, & G_i < P_i; P_i < 0.5 \end{bmatrix} \tag{6.48}$$

式中：g_{ij} 和 g_{ik} 与邻接度中的含义一样；P_i 为斑块类型 i 占景观的比例；CLUMPY 描述的是某种斑块类型相似节点比重对随机状态的偏离程度。如果相似邻接比例（G_i）小于该斑块类型在景观中的面积比例（P_i），且 P_i<0.5，从聚指数就等于 G_i 与 P_i 的差，再除以 P_i；否则该值等于 G_i 与 P_i 的差，除以的 $1-P_i$ 差的商值。可以看出，当斑块类型最大限度聚集在一起时，G_i=1，但是需要对该斑块类型的周长做相应的调整。如果 a_i 是斑块类型 i 的面积（以栅格数目测算），n 是平方比 a_i 小的最大整数且 $m = a_i - n^2$，则斑块类型 i 的最小周长 $\min - e_i$ 可以由以式（6.49）中的一个计算。

$$\begin{cases} \min - e_i = 4n, & (m=0) \\ \min - e_i = 4n+2, & (n^2 < a_i = n(1+n)) \\ \min - e_i = 4n+4, & (a_i > n(1+n)) \end{cases} \tag{6.49}$$

式中：分子中的 g_{ij} 只包括景观内部的相似节点，位于景观边缘中的节点不在计算之列。分母中的 g_{ik} 的总和包括该斑块类型涉及的所有节点（景观背景和景观界线不管是否存在景观边缘）。节点的计算采用双倍法，面积比例中的景观总面积包括景观内部的背景面积。

CLUMPY 指标没有单位，取值范围为–1 ≤ CLUMPY ≤ 1。给定任意 P_i，当该斑块最大限度分散时，CLUMPY＝–1；当该类斑块随机分布时，CLUMPY＝0；当该类斑块聚集程度不断提高时，其值就向 1 靠近。当景观只有一个栅格单元组成时，CLUMPY 不能计算，在结果文件中以“N/A”表示。

相关说明：从聚指数是从节点矩阵中计算来的，它用来表示不同斑块类型（包括相同类型之间的相似节点）相邻出现在景观图上的概率。当 $P_i \leqslant 0.5$ 时，如果斑块类型最大限度的离散化，G_i= 0；如果最大限度的聚集化，G_i = 1。而当 $P_i > 0.5$ 时，如果斑块类型最大限度的离散化，G_i= $2P_i$ –1。

（5）景观形状指数（LSI）。

$$\text{LSI}=\frac{0.25\sum_{k=1}^{m} e_{ik}^{*}}{\sqrt{A}} \tag{6.50}$$

式中：e_{ik}^{*} 为类型 i 的边缘总长度或周长（用栅格表面数目表示），涉及斑块类型 i 所有景观边界线和背景边缘；A 为总面积（m^2）；LSI 等于相关斑块类型的总边缘长度的 1/4，边缘总长度不管它是否表示“真”边，也不管用户如何指定如何处理边界，只要涉及相应斑块类型的横向边界内的所有边缘段都需算入总长度再除以总景观面积（m^2）。它的取值范围为 LSI≥1，当 LSI=1 时，说明景观中该类型的斑块只有一个，且为正方形或接近正方形。随着斑块类型的离散，它逐渐变大且没有最大限制。

相关说明：景观形状指数提供了总边缘或边缘密度的标准化测量，可根据景观的大小进行调整。因为它是标准化的，所以有一个直接的解释，例如，相对于总边缘，它只对景观的大小有意义。

（6）标准化景观形状指数（nLSI）。

$$\mathrm{nLSI} = \frac{e_i - \min e_i}{\max e_i - \min e_i} \tag{6.51}$$

式中：e_i为类型 i 的边缘总长度或周长（用栅格表面数目表示），涉及类型 i 所有景观边界线和背景边缘，其取值范围为 0≤nLSI≤1；min e_i为 e_i的最小可能值；max e_i是最大可能值，其中 min e_i在上面已经叙述过，max e_i由式（6.5.2）给出。

如果 A 是用栅格表面数目测算景观总面积(包括所有内部背景)，B 是位于景观边界线(周长）上的栅格数目，Z 是用栅格数目表示的景观总边界长度（周长），p_i是相应斑块类型占整个景观的比例，那么 max e_i可以由式（6.52）计算。

$$\begin{cases} \max e_i = 4a_i, & P_i \leqslant 0.5 \\ \begin{cases} \max e_i = 3A - 2a_i, & A\text{为偶数且}0.5 \leqslant P_i \leqslant (0.5A + 0.5B)/A \\ \max e_i = 3A - 2a_i + 3, & A\text{为奇数且}0.5 \leqslant P_i \leqslant (0.5A + 0.5B)/A \end{cases} \\ \max e_i = Z + 4(A - a_i), & P_i > (0.5A + 0.5B)/A \end{cases} \tag{6.52}$$

相关说明：标准化景观形状指标是经过极指标准化后的景观形状指标，因此，也能提供聚集度和离散度方面的信息，它本质上是把任一斑块类型的 LSI 界定在最大值与最小值之间。当某种斑块类型相对稀少（P_i<0.1）或优势度相对较大（P_i>0.5）时，总边缘长度（周长）最小值和最大值的差距相对不大；相反，当斑块类型之间的丰富度较接近时，它们的差距就非常大。nLSI 本质上是对给定变化范围内聚集度的度量。正如 LSI 与 AI 的相关性很密切一样，它们的标准化指标相关性也很强。基于这种原因，AI 的标准化形式没有计算，因为在 nLSI 存在的情况下，它是完全多余的。另外，这一指标在斑块聚集或离散程度很大的情况下，尽量不要使用；如果选择圆形窗口进行动态窗口分析，这一指标也不能用。

（7）斑块内聚力指数（COHESION）。

$$\mathrm{COHESION} = \left[1 - \frac{\sum_{j=1}^{n} p_{ij}^*}{\sum_{j=1}^{n} p_{ij}^* \sqrt{a_{ij}^*}}\right]\left[1 - \frac{1}{\sqrt{Z}}\right]^{-1} \times 100 \tag{6.53}$$

式中：p_{ij}^*为斑块 ij 的周长；a_{ij}^*为它的面积；Z 为景观中的栅格总数。景观总面积（Z）不包括内部背景。

COHESION 指标没有单位，取值范围为 0≤COHESION<100。当景观中某斑块类型的比例降低并且不断细化，连通性降低时，COHESION 的值就趋近于 0。随着景观中该类斑块组成比例的提高，COHESION 的值就增加。如果景观只由一个没有背景的斑块组成时，COHESION=0。

相关说明：斑块内聚力指标衡量的是相关斑块类型的自然连通度。在渗透阈值以下时，斑块内聚力对该类斑块的聚集程度很敏感。随着该斑块类型在分布上越来越聚集，自然连通度提高，斑块内聚力指标就会提高。一旦超过渗透阈值，斑块内聚力对斑块空间分布状况不再敏感。

（8）斑块数量（NP）。

$$NP = n_i \tag{6.54}$$

式中：n_i 为景观中斑块类型 i 所包含的斑块数量，取值范围为 NP≥1，当 NP=1 时，说明整个景观中该类型斑块只有一个。

相关说明：斑块数量是对景观异质性和破碎度的简单描述。尽管某一斑块类型中的斑块数量对某些生态过程非常重要，但是它本身有很大的局限性，因为它反映不出斑块面积、分布和密度方面的信息。如果景观面积或类型面积是个定值，那么它同斑块密度和斑块面积平均值具有相同的指标含义。需要指出的是，选择 4 邻规则还是 8 邻规则来描绘斑块，会对其产生影响。

（9）斑块密度（PD）。

$$PD = \frac{n_i}{A} \times 10000 \times 100 \tag{6.55}$$

式中：n_i 为景观中斑块类型 i 所包含的斑块数量；A 为整个景观的面积，包括景观内部存在的背景；PD＞0 并受栅格尺寸的限制，但每一个栅格代表一个独立的板块时，PD 取得最大值。

相关说明：PD 是景观格局方面局限性很明显但又很基础的一个数据。作为一个指标，它与 NP 具有相同的功用，不同的是它反映了单位面积上的斑块数量。如果景观面积是个定值，那么 PD 与 NP 表达的意义相同。同 NP 相似，PD 不能反映出斑块大小和空间分布方面的信息。需要指出的是，选择 4 相邻规则还是 8 相邻规则来描绘斑块，会对其产生影响。

（10）景观分离度（DIVISION）。

$$DIVISION = 1 - \sum_{j=1}^{m} \left(\frac{a_{ij}}{A} \right)^2 \tag{6.56}$$

式中：a_{ij} 为斑块 ij 的面积；A 为景观总面积；分离度等于 1 减去某斑块类型每个斑块的面积除以景观总面积的商的平方和，其取值范围为 0≤DIVISION＜1。当整个景观只有一个斑块组成，DIVISION=0；当该类景观只包含一个面积相当于一个栅格的斑块时，DIVISION=1。当该斑块类型在景观中的面积比例和斑块尺寸出现下降时，DIVISION 就接近 1。

相关说明：分离度是指从景观中随机选择两个像元，而这两个像元不在同一斑块中的概率。这一指标与 Simpson’s 多样性指标相似，不同的是这里的总和是某类斑块面积比例的总和而非各斑块类型在景观总面积的比例总和。这一指标与下面要介绍的有效网格大小（MESH）呈完全负相关的关系，因此它们同时出现是多余的，Fragstats 之所以同时保留这两个指标，是因为它们有不同的单位和解释意义，DIVISION 可以解释为一种概率，而 MESH 则是一个面积。

（11）分散指数（SPLIT）。

$$SPLIT = \frac{A^2}{\sum_{j=1}^{n} a_{ij}^2} \tag{6.57}$$

式中：a_{ij}为斑块 ij 的面积；A 为景观总面积。该指数等于景观总面积的平方除以某类斑块中各斑块面积的平方和。景观面积包括景观内部任一内部背景值。

SPLIT 指标没有单位，其取值范围为 1≤SPLIT≤景观面积平方中的栅格数。景观由一斑块组成时，SPLIT=1；随着该类斑块面积的缩减和斑块尺寸的细化，该指标将会增大。指数的上限受景观面积和栅格单元大小之间的比例影响，并且只有在该斑块类型只有一个斑块且该斑块只有一个像元组成时取得。

相关说明：该指标可以用来表示有效网格的数量，或者说当该斑块类型细分为 S（the splitting index）斑块时，特定斑块大小下的斑块数目。

（12）有效网格大小（MESH）。

$$\mathrm{MESH}=\frac{\sum_{j=1}^{n}a_{ij}^{2}}{A}\times\frac{1}{10000} \tag{6.58}$$

式中：a_{ij}为斑块 ij 的面积；A 为景观总面积。该指标就等于某一斑块类型中所有斑块面积的平方和除以景观总面积（包括景观背景），然后除以 10000 转化为 hm^2。

MESH 指数单位是 hm^2，取值范围为栅格大小与景观面积的比率≤MESH≤A。MESH 的下限由栅格大小与景观面积的比例决定，且在该类斑块大小为一个栅格单元时取得最小值，而当整个景观只含有一个斑块时达到最大值。

相关说明：该指数用于计算斑块面积的分布。该指数与分离度共存，且与平均斑块面积权重相似。但在类水平计算上不同。该指数和分离度均给出了平均面积权重，但前者基于景观区域，后者则是类区域。平均斑块面积权重提供了斑块结构的绝对计算，而该指数则是相对计算。

（13）连接度指数（CONNECT）。

$$\mathrm{CONNECT}=\left[\frac{\sum_{j=k}^{n}c_{ijk}}{\frac{n_i(n_i-1)}{2}}\right]\times 100 \tag{6.59}$$

式中：c_{ijk}为在用户指定临界距离之内的，与斑块类型 i 相关的斑块 j 与 k 的连接状况；n_i为景观中斑块类型 i 的斑块数量。连接度就等于某类斑块中所有斑块之间的节点数目（斑块 j 与 k 连接时，c_{ijk}=1；反之，c_{ijk}=0），除以所有可能的节点数目，乘以 100 转化为百分数。

CONNECT 指标单位是%，取值范围为 0≤CONNECT≤100，当所计算的斑块类型只含有一个斑块或者该斑块类型之间没有连接时，连接度等于 0。当该斑块类型每一个斑块之间都连通时，连接度等于 100。

相关说明：连接度是根据给定距离范围内某类斑块不同斑块之间的功能性节点数来确定的。这里的距离可以基于欧几里得几何距离或者功能距离，其中几何距离的测算指的是栅格中心之间的距离。因此，对于两个有十个尺寸 10m 栅格的斑块来说，它们之间的距离为 110m，而不是 100m。

3）景观尺度水平的度量指标

（1）蔓延度（CONTAG）。

$$\mathrm{CONTAG}=\left\{1+\frac{\sum_{i=1}^{m}\sum_{i=1}^{m}\left[P_i\left(\frac{g_{ik}}{\sum_{k=1}^{m}g_{ik}}\right)\right]\left[\ln P_i\cdot\left(\frac{g_{ik}}{\sum_{k=1}^{m}g_{ik}}\right)\right]}{2\ln m}\right\}\times 100 \tag{6.60}$$

式中：P_i为斑块类型 i 在景观中的的面积比重；g_{ik}为基于双倍法的斑块类型 i 和斑块类型 k 之间节点数；m 为景观中的斑块类型数，包括景观边界中的斑块类型。蔓延度（CONTAG）用来度量在给定斑块类型数情况下，实际观测的蔓延度与蔓延度最大可能值之间的比值。蔓延度的计算涉及景观中所有的斑块类型和相似节点。P_i的计算中所采用的景观面积不包括内部背景。

CONTAG 指标单位为%，其取值范围为 0＜CONTAG≤100。当所有斑块类型最大程度破碎化和间断分布时，指标值趋近于 0，当斑块类型最大限度地集聚在一起时，指标值达到 100。当景观中斑块类型数少于 2 时，该指标值不被计算，在结果文件 basename.land 中以“N/A”来表示。

相关说明：蔓延度与边缘密度呈现强烈的负相关性。例如，当某一斑块类型在景观中的比例很高时，蔓延度值就较高。另外，蔓延度会受到斑块类型离散状况和间断分布状况的影响。

（2）散布与并列指标（IJI）。

$$\mathrm{IJI}=\frac{-\sum_{i=1}^{m}\sum_{k=i+1}^{m}\left[\left(\frac{e_{ik}}{E}\right)\cdot\ln\left(\frac{e_{ik}}{E}\right)\right]}{\ln\left\{0.5\left[m\left(m-1\right)\right]\right\}}\times 100 \tag{6.61}$$

式中：e_{ik}为景观中位于斑块 i 与 k 之间的边缘总长度；E 为整个景观中的边缘总长度，但是不包括背景部分；m 为景观中斑块类型的数量；IJI 等于每一斑块类型的总边缘长度除以景观中边缘总长度，然后再乘以这一值的自然对数值，再把所有类型求和，取相反数后除以 m 与 m–1 之积 1/2 的自然对数值，再乘以 100 转化为百分数。IJI 把图像中所有存在的斑块类型都考虑在内，包括那些存在于景观边缘部分的斑块。忽略所有的背景边缘部分，就像边缘不存在时的景观边界线部分一样，因为这些边缘部分的节点信息是不可用的，斑块类型与背景的混合认为是不相关的。

IJI 指标的单位是%，取值范围为 0＜IJI≤100。当景观中特定斑块类型的节点分布变得不均衡时，IJI 就趋近于 0。当所有的斑块类型与其他斑块的节点都均衡时（即散布与并列度最大）时，IJI=100。当斑块类型数小于 3 时，它在 basename.land 文件中不被计算，用“N/A”来表示。

相关说明：散布与并列指标的基础是斑块的节点，但其并非蔓延度指标中栅格的节点。因此，它不像蔓延度指标那样对斑块类型聚集度进行度量，而是对斑块类型散布或混合特性的测量。

（3）相似邻接比例（PLADJ）。

$$\mathrm{PLADJ}=\left(\frac{\sum_{i=1}^{m}g_{ij}}{\sum_{i=1}^{m}\sum_{k=1}^{m}g_{ik}}\right)\times 100 \tag{6.62}$$

式中：g_{ij} 为基于双倍法计算的斑块类型 i 与斑块类型 j 之间的结点数，其是基于双倍法计算的斑块类型 i 与 k 之间的结点数；PLADJ 等于每类斑块的相似节点数的总和除以景观中所有的节点数，然后乘以 100 转化为百分数，也就是所有节点当中相似节点的比例。PLADJ 的计算涉及景观中所有斑块类型，如果景观边界存在，它内部的斑块也包括在内。分母的计算涉及所有的背景边界。

PLADJ 指标单位为%，取值范围为 0≤PLADJ≤100。当每一斑块类型都最大限度离散化，不存在同类之间两两相邻的情况时，PLADJ=0；当所有斑块类型最大限度地聚集在一起，并且景观存在一个完全由相同斑块类型组成的边界时，PLADJ=100。如果景观由一个无背景的栅格组成，那么这一指标在结果输出文件中不计算，以“N/A”来表示。

相关说明：相似邻接比例是通过节点矩阵（adjacency matrix）计算得来的，节点矩阵能够反映在景观图上不同斑块类型相邻出现的概率。相似邻接比例度是所有斑块类型集聚程度的测度。当景观中包含形状简单的大斑块时，其相似邻接比例较高；反之则指标值较小。在景观尺度上，与蔓延度指标相比，它仅能反映斑块的分散程度而不能反映其间断分布状况。不管斑块类型在景观中比例有多大，只要其离散程度较高，该指标值就会较小；只要能做大程度连续分布，其值就较大。

（4）聚合度（AI）。

$$\mathrm{AI}=\left[\sum_{i=1}^{m}\frac{g_{ij}}{\max\to g_{ii}}P_i\right]\times 100 \tag{6.63}$$

式中：g_{ij} 为基于单倍法的斑块类型 i 像元之间的结点数；$\max g_{ii}$ 为基于单倍法的斑块类型 i 像元之间的最大节点数；P_i 为景观中斑块类型 i 的面积比例；AI 等于 g_{ij} 的实际值除以该类型最大限度聚集在一起时的 g_{ii} 最大值，乘以 P_i 后，再将所有类型求和，乘以 100 转化为百分数。如果 A_i 是斑块类型 i 的面积（以栅格数目测算），n 是平方比 A_i 小的最大整数且 $m=A_i-n^2$，则斑块类型 i 共用的最大边缘长度 $\max g_{ii}$ 可以由式（6.64）中的一个计算。

$$\begin{cases}\max g_{ii}=2n(n-1), & m=0\\ \max g_{ii}=2n(n-1)+2m-2, & m>n\\ \max g_{ii}=2n(n-1)+2m-1, & m\leqslant n\end{cases} \tag{6.64}$$

在定义该指标时，相似节点数量的统计采用单倍法，忽略景观中所有景观界线。P_i 计算时采用的景观面积也不包括景观背景。

AI 的单位是%，范围为 0～100。当某一斑块类型的破碎程度达到最大化时，AI=0；随聚集程度不断增加，AI 的值也不断增大；当该斑块类型聚集成一个紧实的整体时，AI 等于 100。当每类斑块都只有一个栅格单元时，不会计算 AI 值，在输出结果文件中以“N/A”表示。

相关说明：AI 是从斑块尺度水平上的节点矩阵中计算来得。在景观水平上，这一指标的计算可以简单地理解斑块类型尺度上 AI 指标的面积加权平均值。这一指标衡量的是在给定景观组成的情况下相似节点的最大可能数。

（5）景观形状指数（LSI）。

$$\mathrm{LSI}=\frac{0.25E}{\sqrt{A}} \tag{6.65}$$

式中：E 为斑块周长；A 为斑块面积；LSI 等于相关斑块类型的总边缘长度的四分之一，边缘总长度不管它是否表示“真”边，也不管用户如何指定如何处理边界，只要涉及相应斑块类型的横向边界内的所有边缘段都需算入总长度再除以总景观面积。它的取值范围为 LSI≥1，当它等于 1 时，说明景观中该类型的斑块只有一个，且为正方形或接近正方形。随着斑块类型的离散，它逐渐变大且没有最大限制。

相关说明：景观形状指数提供了总边缘或边缘密度的标准化测量，可根据景观的大小进行调整。因为它是标准化的，所以它有一个直接的解释，例如，相对于总边缘，它只相对于景观的大小有意义。

（6）斑块内聚力指数（COHESION）。

$$\mathrm{COHESION}=1-\frac{\sum_{i=1}^{n}p_{ij}}{\sum_{i=1}^{n}p_{ij}\sqrt{a_{ij}}}\left[1-\frac{1}{\sqrt{Z}}\right]^{-1}\times 100 \tag{6.66}$$

式中：p_{ij} 为斑块 ij 的周长；a_{ij} 为它的面积；Z 为景观中的栅格总数。景观总面积（Z）不包括内部背景。

COHESION 指标没有单位，取值范围为 0≤COHESION＜100。当景观中某斑块类型的比例降低并且不断进一步细化，连通性降低时，COHESION 的值就趋近于 0。随着景观中该类斑块组成比例的提高，COHESION 的值就增加。当景观只有一个没有背景的斑块组成时，COHESION 就等于 0。

相关说明：斑块内聚力指标衡量的是相关斑块类型的自然连通度。在渗透阈值以下时，斑块内聚力对该类斑块的聚集程度是敏感的。随着该斑块类型在分布上变得越来越聚集，自然连通度提高，斑块内聚力指标就会提高。一旦超过渗透阈值，斑块内聚力对斑块空间分布状况不再敏感。

（7）斑块数量（NP）。

$$\mathrm{NP}=N \tag{6.67}$$

式中：N 为景观中的斑块总数。需要指出的是，这里的斑块数，既不包括作为景观内部背景中的斑块，也不包括景观边界上的斑块。NP 的取值范围为 NP≥1，当 NP=1 时，说明景观中只包含一个斑块。

相关说明：斑块数量本身的应用意义并不大，因为它反映不出斑块面积、分布和密度方面的信息。如果景观面积是个定值，那么它同斑块密度和斑块面积均值具有相同的指标含义。它的重要性在于它是其他一些更具有解释作用的指标的测算基础。需要指出的是，选择 4 邻规则还是 8 邻规则来描绘斑块，会对其产生影响。

（8）斑块密度（PD）。

$$PD=\frac{N}{A}\times 10000\times 100 \tag{6.68}$$

式中：N为景观中的斑块总数；A为景观总面积；PD 等于景观中的斑块总数与景观总面积的比值，乘以 10000 再乘以 100，转化为个/km^2。这里的斑块数，既不包括景观内部背景中的斑块，也不包括景观边界上的斑块，而景观总面积包括景观内部存在的背景。

该指标取值范围为 PD＞0，并受栅格大小的限制，PD 还受栅格图像粒径的限制，当图像每个栅格都是一个独立的斑块时，取得最大值。

相关说明：PD 是景观格局指数中局限性很明显但又很基础的一个数据。作为一个指标，它与 NP 具有相同的功用，不同的是它反映了单位面积上的斑块数量。如果景观面积是个定值，PD 与 NP 表达意义的相同。同 NP 相似，它不能反映出斑块大小和空间分布方面的信息。需要指出的是，选择 4 相邻规则还是 8 相邻规则来描绘斑块，会对其产生影响。

（9）景观分离度（DIVISION）。

$$DIVISION=1-\sum_{i=1}^{m}\sum_{j=1}^{n}\left(\frac{a_{ij}}{A}\right)^2 \tag{6.69}$$

式中：a_{ij}为斑块 ij 的面积；A 为整个景观的面积；DIVISION 等于 1 减去景观中所有斑块的面积与景观面积比值的平方和。这里的景观总面积包括景观内部存在的背景。

DIVISION 的单位是比率，取值范围为 0≤DIVISION＜1。当景观只有一个斑块时，DIVISION=0。当景观最大程度细化（每个栅格都是一个独立的斑块）时，DIVISION 取得最大值。

相关说明：DIVISION 的基础是斑块面积的累积分布，可以理解为在景观中随机选择两个像元，这两个像元不属于同一斑块类型的概率。它与 Simpson's 多样性指数相似，不过这里的总和是通过每一个斑块的面积比率得来的，而不是每一个斑块类型的面积比率。这一指标与下面要介绍的有效网格大小（MESH）呈完全负相关的关系，之所以同时保留这两个指数，是因为它们的单位和解释意义不同。DIVISION 可以被看作一个概率，而 MESH 给出的是一个面积。正如下面在 MESH 中所要描述的，在不存在背景的情况下，DIVISION 与面积加权平均斑块面积（AREA_AM）是多余的。

（10）分散指数（SPLIT）。

$$SPLIT=\frac{A^2}{\sum_{i=1}^{m}\sum_{j=1}^{n}a_{ij}^2} \tag{6.70}$$

式中：a_{ij}为斑块 ij 的面积；A 为整个景观的面积；SPLIT 等于景观总面积的平方，除以景观中所有斑块面积的平方和。这里的景观总面积包括景观内部存在的背景。

SPLIT 指标没有单位，取值范围为 1≤SPLIT≤景观中栅格数目的平方。当景观只有一个斑块时，SPLIT=1；随着景观进一步分化为较小的斑块，该指标值逐渐增大，当整个景观最大程度细化（每个栅格都是一个独立的斑块）时，它取得最大值。

相关说明：SPLIT 的基础是斑块面积的累积分布，它可以理解为起作用的网格数量，或者理解为当景观细化为 S 型斑块（S 是指指标 SPLIT 的值）时，具有相同尺寸的斑块数量。

（11）有效网格大小（MESH）。

$$\text{MESH}=\frac{\sum_{i=1}^{m}\sum_{j=1}^{n}a_{ij}^{2}}{A} \tag{6.71}$$

式中：a_{ij}为斑块 ij 的面积；A 为整个景观的面积；MESH 等于景观总面积的倒数，乘以景观中所有斑块面积平方的总和。这里的景观总面积包括景观内部存在的背景。

MESH 的单位是 hm^2，取值范围是栅格尺寸≤MESH≤景观总面积。MESH 的最小值受栅格尺寸的影响，并且在整个景观最大程度细化（每个栅格都是一个独立的斑块）时取得；当整个景观只有一个斑块组成时，MESH 取得最大值。

相关说明：MESH 的基础是斑块面积的累积分布，可以理解为当景观细化为 S 型斑块（S 是指指标 SPLIT 的值）时的斑块尺寸。MESH 与 DIVISION 呈完全负相关的关系，它们同时出现是重复的，之所以同时保留这两个指数，是因为它们的单位和解释意义不同。DIVISION 可以被看作一个概率，而 MESH 给出的是一个面积。另外，要注意 MESH 与面积加权的平均斑块大小（AREA_AM）的相似性。从理论和计算上来看，这两个指标在景观尺度上几乎是完全相同的，并且在大多数情况下，它们的值也相等。具体说来，在 AREA_AM 给出的面积加权的平均斑块面积中，每一斑块面积比例的基础不包括背景的景观总面积，相反，MESH 中的景观总面积包括背景。因此，如果没有内部背景，它们就会返回相同的值，它们差异的大小取决于背景的面积比例。

（12）连接度指标（CONNECT）。

$$\text{CONNECT}=\left[\frac{\sum_{i=1}^{m}\sum_{j=k}^{n}c_{ijk}}{\sum_{i=1}^{m}\left(\frac{n_i(n_i-1)}{2}\right)}\right]\times 100 \tag{6.72}$$

式中：c_{ijk}为在用户指定临界距离之内的，与斑块类型 i 相关的斑块 j 与 k 的连接状况；n_i为景观中每一斑块类型的斑块数量。这一指数的计算与斑块类型尺度上的连通性指数相似，只不过其应用范围扩展到景观中的所有斑块类型。

CONNECT 指标的单位是%，取值范围为 0≤CONNECT≤100。当景观由一个斑块组成或者景观中所有斑块类型只含有一种，再或景观中所有斑块都不连通时，CONNECT = 0；当景观中每一斑块都连通时，CONNECT = 100。

相关说明：景观尺度水平上的连接度是通过同类斑块之间的节点数来确定的。它可以看作是在给定斑块数量的前提下，占最大连通性的比例。它的计算可以基于几何距离，也可以基于功能距离，其中几何距离的测算指的是栅格中心之间的距离。因此，对于两个 10m 栅格的斑块来说，它们之间的距离为 110m，而不是 100m。

3. 此类指标的应用限制

此类指标中的很大一部分（如从聚指数、聚合度等）都是基于节点矩阵计算得来的，它们都会受图像粒度和分辨率的影响。在特定的斑块拼合图中，粒度尺寸变小会使得节点数增加。在给定尺度条件下，如果尺度恒定不变，这些指标应用效果最好。需要注意的是景观的混合分布状况不会直接受到分辨率的影响。另外，对于相邻的定义有两种：一种是 4 邻，即与中心栅格共用边长的四个栅格；另一种是 8 邻，它还包括对角线上的四个栅格。Fragstats 在计算这些指标时采用的是 4 邻原则。在统计栅格节点时，也有单倍法和双倍法两种方法，如前所述，Fragstats 一般采用双倍法，只在很少情况下采用单倍法。在计算多分维数时采用窗口分析会花费很长的时间。

多分维数等基于几何分维计算所得的指标会受以下几个方面的限制：首先，在测绘过程中对景观格局的简化并非真正的分形，分形度量的应用从严格意义上讲是值得商榷的。分形几何确定的值与尺子测量的实际长度在经过双对数转换后应该呈现一种线性关系，如果这种情况不能实现，就不能称为分形。在测绘过程中对景观格局的平滑或重塑都有可能使这种线性关系出现偏离，这时再应用分维数就存在问题。其次，对窗口大小和数量相互关系测度的准确性会受到景观幅度和粒度会影响。当幅度和粒度的比值较大时，需要确定一个合理的窗口尺寸范围来拟合得到一个准确的斜率。最后，粒度与斑块平均大小的关系会影响分维数的准确性和意义。如果在窗口尺寸大于平均斑块大小时，图像分辨率只允许使用两个或者三个窗口尺寸，则在该点取得的斜率就存在问题。在这种情况下，当较大窗口尺寸加入到该回归线时，大量有用的信息会在均衡化过程中丢失。

6.3.6 多样性指标度量

1. 背景知识简介

多样性指标在景观生态学中的应用极为广泛，最初广泛应用于度量动植物种类的多样性，这里是多样性指标应用的扩展。Fragstats 能计算 3 种多样性指标，这些指标主要受景观组成丰富度和均匀度两方面的影响。丰富度指的是组成景观的斑块类型的数目，均匀度是指不同斑块类型面积的分布状况。丰富度和均匀度分别是指景观组成和结构方面的多样性。一些指标对丰富度的敏感性要比对均匀度强，因此，一些稀有斑块类型会对这些指标产生很强的放大作用；另一些指标可能对丰富度的敏感性就不那么强，它们在一些常见斑块类型上的权重较大。这些多样性指标都可以被景观生态学家用来度量景观结构或景观组成（Romme，1982）。

2. 指标及其含义

Fragstats 在景观尺度上可以通过一些指标来衡量景观的多样性，这些指标在景观尺度上对景观组成进行度量，不受斑块空间格局的影响。应用最为广泛的多样性指标就是基于信息论的 Shannon's 多样性指标，它最初是由香农（Shannon）和韦弗（Weaver）在 1949 年提出的。该指标的绝对值并没有什么特别的含义，它主要作为一个相对指标对不同的景观或同一景观的不同时期进行比较。Simpson's 多样性指数是另一个应用较为广泛的多样性指标，它也是基于信息论建立起来的（Simpson，1949）。稀有斑块类型对这一指标不是十分敏感，其解释意义也比 Shannon's 多样性指标更直观。Simpson's 多样性指数代表随机选取两个栅格单元，它们分属不同斑块类型的概率，因此该指标值越大，景观中两个随机栅格分属不同景观类型的概率越高。由于 Simpson's 多样性指数是一个概率值，因此它既具有直接的解释作用，也可以用于景观之间进行对比。Fragstats 还计算一个修正 Simpson's 多样性指数，通过修正它消除了该指标作为概率的直观意义，将它转化成与 Shannon's 多样性指标具有相同取值范围的一个新指标，因此修正 Simpson's 多样性指数和 Shannon's 多样性指数在许多方面都很相似，并且具有相同的功用。本节还涉及丰富度和均匀度等指标（表 6.8），下面我们逐一详细介绍。

表 6.8　多样性指标度量表

ID	度量指标名称（缩写）
L_1	斑块丰富度（PR）
L_2	斑块丰富度密度（PRD）
L_3	相对斑块丰富度（RPR）
L_4	Shannon's 多样性指数（SHDI）
L_5	Simpson's 多样性指数（SIDI）
L_6	修正 Simpson's 多样性指数（MSIDI）
L_7	Shannon's 均匀度指数（SHEI）
L_8	Simpson's 均匀度指数（SIEI）
L_9	修正 Simpson's 均匀度指数（MSIEI）

（1）斑块丰富度（PR）。

$$\mathrm{PR} = m \tag{6.73}$$

式中：m 为景观中斑块类型数，不包括景观边界中的斑块类型；PR 为景观边界线以内的斑块类型数，其没有单位，取值范围为 PR≥1。

相关说明：斑块丰富度是对景观组成的最简单度量，但是它不能体现不同斑块类型的相对丰富度，当斑块丰富度密度和斑块相对丰富度同时存在时，该指标再出现就是多余的。

（2）斑块丰富度密度（PRD）。

$$\mathrm{PRD} = \frac{m}{A} \times 10000 \times 100 \tag{6.74}$$

式中：m 为景观中斑块类型数，不包括景观边界中的斑块类型；A 为景观总面积（m^2）；PRD 等于景观边界中的斑块类型数除以景观总面积（m^2），乘以 10000 和 100（变为 km^2）。其单位是个/ km^2，取值范围为 PRD＞0。

相关说明：斑块丰富度密度是指单位面积上的斑块丰富度，当斑块丰富度密度和相对斑块丰富度同时存在时，该指标再出现就是多余的。

（3）相对斑块丰富度（RPR）。

$$\mathrm{RPR} = \frac{m}{m_{\max}} \times 100 \tag{6.75}$$

式中：m 为景观中斑块类型数，不包括景观边界中的斑块类型；$m_{\max}$ 为 m 的最大可能值；RPR 就是实际斑块丰富度与用户确定的最大潜在丰富度之间的比值，乘以 100 转化为百分比。该指标单位为%，取值范围为 0＜RPR≤100。

相关说明：相对斑块丰富度与斑块丰富度相似，不同的是它由用户确定的最大可能丰富度比例的形式表现出来。当斑块丰富度和斑块丰富度密度同时存在的情况下，再出现相对斑块丰富度指标就是多余的。

（4）Shannon’s 多样性指数（SHDI）。

$$\text{SHDI} = -\sum_{i=1}^{m}(P_i \times \ln P_i) \tag{6.76}$$

式中：P_i为景观中斑块类型 i 的面积比重；SHDI 等于景观中各斑块类型面积比重与其自然对数乘积的总和，然后再取相反数。这里计算 P_i时采用的景观总面积不包括景观中的背景。该指标单位是信息，其取值范围为 SHDI≥0。当整个景观中只有一个斑块时，SHDI=0。随着景观中斑块类型数的增加以及它们面积比例的均衡化，SHDI 值增大。

相关说明：Shannon’s 多样性指数在计算生态群落多样性时应用十分广泛，这里把它应用于计算景观多样性。Shannon’s 多样性对稀有斑块类型的敏感性比 Simpson’s 多样性指数强。

（5）Simpson’s 多样性指数（SIDI）。

$$\text{SIDI} = 1 - \sum_{i=1}^{m} P_i^2 \tag{6.77}$$

式中：P_i为指景观中斑块类型 i 的面积比重，计算时采用的景观总面积不包括景观中的背景；SIDI 等于景观中各斑块类型面积比重的平方和。该指标没有单位，其取值范围为 0≤SIDI＜1。当整个景观中只有一个斑块时，SIDI=0。随着景观中斑块类型数的增加以及它们面积比例不断均衡化，SHDI 值也逐渐趋向于 1。

相关说明：Simpson’s 多样性指标是另一个应用较为广泛的多样性指标，它同样是从度量生物群落中借鉴来的，比 Shannon’s 多样性指标更为直观，它代表的是随机从景观中选取两个栅格单元，它们分属不同斑块类型的概率。

（6）修正 Simpson’s 多样性指数（MSIDI）。

$$\text{MSIDI} = -\ln \sum_{i=1}^{m} P_i^2 \tag{6.78}$$

式中：P_i为景观中斑块类型 i 的面积比重，计算时采用的景观总面积不包括景观中的背景；MSIDI 等于景观中各斑块类型面积比重平方和的自然对数的相反数。该指标没有单位，其取值范围为 MSIDI≥0。当整个景观中只有一个斑块时，MSIDI=0。随着景观中斑块类型数的增加以及它们面积比重不断均衡化，MSIDI 值也不断增大。

相关说明：通过修正消除了 Simpson’s 指标作为概率的直观意义，将它转化成与 Shannon’s 多样性指标具有相同取值范围的一个新指标。

（7）Shannon’s 均匀度指数（SHEI）。

$$\text{SHEI} = \frac{-\sum_{i=1}^{m}(P_i \times \ln P_i)}{\ln m} \tag{6.79}$$

式中：P_i为景观中斑块类型 i 的面积比重，计算时采用的景观总面积不包括景观中的背景；m 为景观中的斑块类型数；SHEI 等于 Shannon’s 多样性指标与斑块类型数自然对数的比值。该指标没有单位，其取值范围为 0≤SHEI≤1。随着景观中不同斑块类型面积比重越来越不平衡，指标值不断向 0 接近；当整个景观只有一个斑块组成时，SHEI = 0。当景观中各斑块类型面积比重相同时，SHEI=1。

相关说明：Shannon’s 均匀度指数反映的是景观中不同斑块类型面积比重的均衡度与其最

大值的比值，因此，均匀度是支配度的一个补充。

（8）Simpson's 均匀度指数（SIEI）。

$$\mathrm{SIEI}=\frac{1-\sum_{i=1}^{m}P_i^2}{1-\dfrac{1}{m}} \tag{6.80}$$

式中：P_i 为景观中斑块类型 i 的面积比重，计算时采用的景观总面积不包括景观中的背景；m 为景观中的斑块类型数；SIEI 等于 Simpson's 多样性指标与 1 减斑块类型数倒数之差的比值。该指标没有单位，其取值范围为 0≤SIEI≤1。随着景观中不同斑块类型面积比例越来越不平衡，指标值不断向 0 接近；当整个景观只有一个斑块组成时，SIEI=0。当景观中各斑块类型面积比重相同时，SIEI = 1。

相关说明：Simpson's 均匀度指数反映的是景观中不同斑块类型面积比重的均衡度与其最大值的比值，因此，均匀度是支配度的一个补充。

（9）修正 Simpson's 均匀度指数（MSIEI）。

$$\mathrm{MSIEI}=\frac{-\ln\sum_{i=1}^{m}P_i^2}{\ln m} \tag{6.81}$$

式中：P_i 为景观中斑块类型 i 的面积比重，计算时采用的景观总面积不包括景观中的背景；m 为景观中的斑块类型数；SHEI 等于修正 Simpson's 多样性指标与景观中斑块类型数自然对数的比值。该指标没有单位，其取值范围为 0≤MSIEI≤1。随着景观中不同斑块类型面积比重越来越不平衡，指标值逐渐趋向 0；当整个景观只有一个斑块组成时，MSIEI = 0。当景观中各斑块类型面积比重相同时，MSIEI =1。

相关说明：修正 Simpson's 均匀度指数反映的是景观中不同斑块类型面积比例的均衡度与其最大值的比值，因此，也是支配度的一个补充。

3. 此类指标的应用限制

由于多样性不能反映生物群落实际的物种组成情况，因此用多样性度量生态群落受到诸多批评。物种的多样性是对群落组成的大体测度，它没有考虑每个物种的独特性及其潜在的生态、社会和经济价值。有些群落可能具有较高的生物多样性，但是大部分物种都是普通物种或不期望的物种；相反，另一些群落生物多样性可能较低，但是都是由独特、稀有或者具有较高期望值的物种组成。尽管景观多样性指标在应用于景观生态学时，它的缺陷没有得到很好的解决，但是当应用于度量斑块类型时，这些缺陷就不那么重要了。另外，像 Shannon's 指标和 Simpson's 指标一样，多样性指标整合了丰富度和均匀度两方面的信息，即便如此，它们在单独对丰富度和均匀度进行测度时却不能反映更多信息。

参 考 文 献

Brittingham M C, Temple S A. 1983. Have cowbirds caused forest songbirds to decline? Bio-Science, 33: 31-35

Buechner M. 1989. Are small-scale landscape features important factors for field studies of small mammal dispersal sinks? Landscape Ecology, 2: 191-199

Dunning J B, Danielson B J, Pulliam H R. 1992. Ecological processes that affect populations in complex landscapes. Oikos, 65: 169-175

Forman R T T, Godron M. 1986. Landscape Ecology. New York: John Wiley & Sons

Franklin J F, Forman R T T. 1987. Creating landscape pattern by forest cutting: ecological consequences and principles. Landscape Ecology, 1: 5-18

Gillespie T W, Foody G M, Rocchini D, et al. 2008. Measuring and modelling biodiversity from space. Progress in Physical Geography, 32(2): 203-221

Gilpin M E, Hanski I. 1991. Metapopulation Dynamics: Empirical and Theoretical Investigations. San Diego: Academic Press

Hansen A, Castri F. 1992. Landscape Boundaries. New York: Springer-Verlag

Hardt R A, Forman R T T. 1989. Boundary form effects on woody colonization of reclaimed surface mines. Ecology, 70: 1252-1260

Iverson L R. 1989. Land use changes in Illinois, USA: the influence of landscape attributes on current and historic land use. Landscape Ecology, 2: 45-61

Kareiva P. 1990. Population dynamics in spatially complex environments: theory and data. Philosophical Transactions of the Royal Society of London. Series B: Biological Sciences, 330(1257): 175-190

Krummel J R, Gardner R H, Sugihara G, et al. 1987. Landscape patterns in a disturbed environment. Oikos, 48: 321-324

Li H, Reynolds J F. 1993. A new contagion index to quantify spatial patterns of landscapes. Landscape Ecology, 8: 155-162

Logan W, Brown E R, Longrie D, et al. 1985. Management of Wildlife and Fish Habitats in Forests of Western Oregon and Washington. US Department of Agriculture, Forest Service, Pacific Northwest Region

Milne B T. 1988. Measuring the fractal geometry of landscapes. Applied Mathematics and Computation, 27: 67-79

Morgan K A, Gates J E. 1982. Bird population patterns in forest edge and strip vegetation at Remington Farms, Maryland. Journal of Wildlife Management, 46(4): 933-944

O'Neill R V, Krummel J R, Gardner R H, et al. 1988. Indices of landscape pattern. Landscape Ecology, 1:153-162

Patton D R. 1975. A diversity index for quantifying habitat "edge". Wildlife Society Bulletin, 3(4): 171-173

Pfeifer M, Lefebvre V, Peres C A, et al. 2017. Creation of forest edges has a global impact on forest vertebrates. Nature, 551(7679): 187-191

Qing J, Yang Z, He K, et al. 2016. The minimum area requirements(MAR)for giant panda: an empirical study. Scientific Reports, 6: 1-9

Ranney J W, Bruner M C, Levenson J B. 1981. The importance of edge in the structure and dynamics of forest islands. In Burgess R L, Sharpe D M. Forest Island Dynamics in Man-Dominated Landscapes. New York: Springer-Verlag

Ripple W J , Bradshaw G A, Spies T A. 1991. Measuring landscape pattern in the Cascade Range of Oregon, USA. Biological Conservation, 57: 73-88

Robbins C S, Dawson D K, Dowell B A. 1989. Habitat area requirements of breeding forest birds of the middle Atlantic states. Wildlife Monographs, 103: 3-34

Romme W H. 1982. Fire and landscape diversity in subalpine forests of Yellowstone National Park. Ecological Monographs, 52(2): 199-221

Saunders D A, Hobbs R J, Margules C R. 1991. Biological consequences of ecosystem fragmentation: a review.

Conservation Biology, 5(1): 18-32

Schindler S, Von Wehrden H, Poirazidis K, et al. 2015. Performance of methods to select landscape metrics for modelling species richness. Ecological Modelling, 295: 107-112

Simpson E H. 1949. Measurement of diversity. Nature, 163: 688

Strelke W K, Dickson J G. 1980. Effect of forest clear-cut edge on breeding birds in east Texas. The Journal of Wildlife Management, 44(3): 559-567

Thomas J W, Maser C, Rodiek J E. 1978. Edges-their interspersion, resulting diversity, and its measurement. In: Degraff R M. Proceedings of the workshop on nongame bird habitat management in the coniferous forests of the western United States. Gen. Tech. Rep. PNW-64

Thomas J W, Maser C, Rodiek J E. 1979. Wildlife Habitats in Managed Forests: the Blue Mountains of Oregon and Washington. Washington: USDA Forest Service Agricultural Handbook.

Turner M G, Ruscher C L. 1988. Changes in the spatial patterns of land use in Georgia. Landscape Ecology, 1(4): 241-251

Veldhuis M P, Ritchie M E, Ogutu J O, et al. 2019. Cross-boundary human impacts compromise the Serengeti-Mara ecosystem. Science: 363(6434): 1424-1428

Villard M A, Metzger J P. 2014. Beyond the fragmentation debate: a conceptual model to predict when habitat configuration really matters. Journal of Applied Ecology, 51: 309-318

第 7 章　尺度（粒度）与景观指数选取

景观格局是指景观组成单元的类型、数目以及空间分布与配置，它是景观异质性的体现，同时又是各种生态过程作用的结果。景观格局分析包括景观的空间异质性、景观斑块的性质和空间参数的相关性等（李团胜和肖笃宁，2002）。目前，国内学者多采用景观空间格局指数量化分析景观空间格局特征。景观格局及其变化是自然、社会和人类因素共同作用的结果，并反映一定社会形态下人类活动和经济发展的状况，将景观结构与生态过程相结合的格局分析是重要的研究内容（韩文权等，2005；张秋菊和傅伯杰，2003）。因此，对研究区域进行景观格局空间分析，是揭示该区域空间分布特征、土地利用状况以及经济发展的有效手段。

7.1　景观时空尺度

尺度（scale）的原始含义来自地图学中的图幅和图形分辨率或比例尺。它代表了地图要素的综合水平和详细程度。虽然地理学或地图学中“比例尺”和景观生态学中“尺度”的英文对应词都为 scale，但生态学研究中的尺度与地理学或地图学中比例尺既有联系又有明显区别。景观生态学尺度是对研究对象在空间上或时间上的测度，分别称为空间尺度和时间尺度。无论空间尺度或时间尺度，一般都包含范围（extent）和分辨率（resolution）两方面的意义，在对景观本身的空间特征进行描述时还会用到粒度（grain）。范围是指研究对象在空间或时间上的持续范围。分辨率是指研究对象时间和空间特征的最小单元。一般来说大尺度（或称粗尺度）常指较大空间范围内的景观特征，往往对应于较小的比例尺和较低的分辨率；而小尺度（或称细尺度）则常指小空间范围内的景观特征，往往对应于较大的比例尺和较高的分辨率。

本节内容主要参考郭晋平和周志翔（2007）的《景观生态学》、周志翔（2007）的《景观生态学基础》、傅伯杰等（2001）的《景观生态学原理及应用》、赵羿和李月辉（2001）的《实用景观生态学》等整理而成。

7.1.1　景观时空尺度概述

1. 空间尺度

空间尺度一般是指研究对象的空间规模和空间分辨率、研究对象的变化涉及的总体空间范围和该变化能被有效辨识的最小空间范围。一般用面积单位表示，在某些采用样线法或者样带法研究的景观中也可以用长度单位进行测度。在实际的景观生态学研究中，空间尺度最终要落实到由欲研究的景观生态过程和功能所决定的空间地域范围，或最低级别或最小的生态学空间单元。

2. 时间尺度

时间尺度是指某一过程和事件的持续时间长短和考察其过程和变化的时间间隔，即生态过程和现象持续多长时间或在多大的时间间隔上表现出来。由于不同研究对象或者同一研究对象的不同过程总是在特定的时间尺度上发生的，相应地在不同的时间尺度上表现为不同的生态学效应，应当在合适的时间尺度上进行研究，才能达到预期的研究目的。

3. 组织尺度

在景观生态学研究中用生态学组织层次定义的研究范围和空间分辨率称为组织尺度。由个体、种群、群落、生态系统、景观和区域组成的生物组织等级结构系统，不同的层次对应着不同的空间尺度，不同层次上各种生态过程的时间尺度也有明显差别。一般而言，从个体、种群、群落、生态系统、景观到区域乃至全球，虽然在各层次的具体研究对象之间，实际的时间和空间尺度可能会有一定的重叠和交叉，但不同等级层次上生态学研究的空间和时间尺度都趋于增大。生物系统等级结构层次与时间尺度、空间尺度关系见图 7.1。

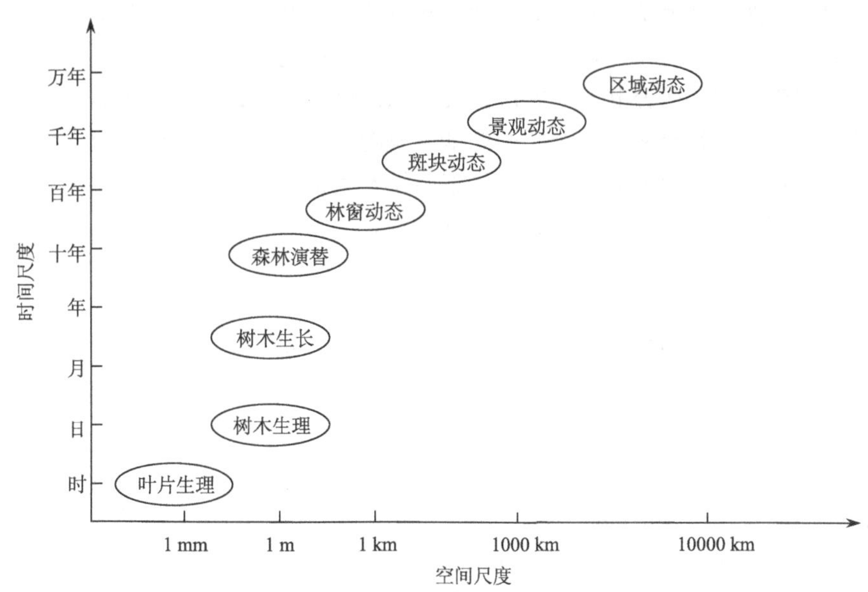

图 7.1　生态系统等级结构层次与时间尺度、空间尺度关系示意图

4. 尺度效应

生态学系统的结构、功能及其动态变化在不同的空间尺度和时间尺度上虽有相同的表现，但也会产生不同的生态效应。从空间尺度来看，在较大的尺度上观察一片未经人为干扰的森林，人们会觉得森林在相当长的时期内都没有发生明显的变化。但是，如果将观测和研究的尺度缩小，就不难发现其中的个别大径木或小片大径木由于风暴、雷电等因素而倒伏，在整个森林中散布着大小不一的林窗和林中空地。在整体上并未显示出显著变化的情况下，镶嵌体中较小尺度的斑块上都发生了显著的变化。从时间尺度来看，在地球形成和发展历史的时间尺度上考察地球及地球表面的变化，从生命出现到现在也不过是地球发展史中短暂的

一瞬，而人类出现的历史则更短，可以发现其变化非常巨大。例如，将地球表面的事物放在人类进化历史的时间尺度上去考察，可以发现，如果不是人类大规模的破坏，热带雨林几乎没有什么变化。又如，如果不是气候变暖的速率远远超出了地质时期的正常速率，人们就不会对全球气候的变化表现出极大的关注。再如，气候的年际变幅很大，但仅仅根据今年比去年干热，不可能得出全球气候正在变暖的结论，而常常要在几百年的时间尺度上加以考察，才能得出可信的结论。

空间尺度是研究某一物体或现象所采用的空间单位，同时又指某一现象或过程在空间上所涉及的范围。对区域进行景观格局分析，如果尺度过小，会因区域空间信息数据量过大而掩盖一些重要信息；如果尺度过大，则又造成细节信息的缺失。空间格局对尺度的依赖性主要体现在不同尺度上空间异质性表现出不同的格局，从不同尺度观测或分析空间异质性，其结果不同，离开尺度讨论的景观格局毫无意义（刘建国，1992）。根据研究区域和数据资料，选择合适的分析尺度，称为最佳分析尺度。最佳分析尺度既能抑制空间信息的冗余噪声，又能避免有效信息的丢失，便于对景观格局进行合理有效的分析（吕志强等，2007）。

景观生态学主要强调景观的异质性、视觉性和物质性，而地理学则主要强调景观的空间性、区域性和综合性（邬建国，2000），无论是地理学还是景观生态学，景观格局都是其关注的焦点。然而景观格局具有尺度依赖性，即尺度效应（Wu et al.，2000）。若要正确理解景观格局，就必须首先认识和研究其尺度效应。尺度和尺度变化是理解和研究景观格局的关键。事实上，尺度是自然与社会科学一个共同的基本概念（Marceau，1999）。目前生态地理建模需要研究的理论核心是多尺度问题，因为生态系统及其格局是在多尺度上存在的，具有等级系统结构。所以空间异质性分析必须考虑尺度问题。

5. *尺度的对度性和相对性*

一般来说时间尺度、空间尺度和组织尺度三者之间是相互对应的，由于从生态学研究的尺度是连续的，三种尺度之间的关系并不是一一对应关系，但三者之间的对应性也是明显的。即处于较高组织层次上的研究对象，具有较大的空间尺度，其时间尺度也较长；反之亦然。尺度的大小是相对的，而且也很难确定一个统一的尺度划分标准，这是由研究对象的复杂性和多样性决定的。汉 • 戴乐古（H. Delcourt）和保 • 戴乐古（P. Delcourt）（1988）曾提出将景观生态学研究的景观分成 4 个尺度水平，包括小尺度、中尺度、大尺度和巨尺度。4 个尺度的时间和空间范围及相应的动态过程见表 7.1。

表 7.1　4 个尺度的时间和空间范围及相应的动态过程

尺度水平	空间范围/m^2	时间范围/a	生态学问题或过程
小尺度（microscale）	1～10^6	1～500	风、火和采伐等干扰，土壤侵蚀和潜移、沙丘移动、崩塌、滑坡、河流运移和沉积等地貌过程，动物种群循环波动、林冠空隙演替和弃耕地的演替，森林景观破碎化，过渡带或边际带的增加，廊道适宜性的变化等
中尺度（mesoscale）	10^6～10^{10}	500～10^4	二级河流的流域、冰期或间冰期发生的过程或事件，包括人类文明进步过程
大尺度（macroscale）	10^{10}～10^{12}	10^4～10^6	冰期间冰期循环，物种形成和灭绝
巨尺度（megascale）	>10^{12}	10^6～4.6×10^9	板块构造运动等地质事件与大陆地质过程

从表 7.1 可以看出，从不同的角度考虑生态学问题的范围，可以对尺度大小进行划分，尺度的大小是相对的，是否在研究和实践中进行上述尺度划分，以及是否严格按照上述标准进行划分并不重要，只要能够更好地理解景观生态学尺度的依赖性，明确景观生态学研究中在更小尺度上，揭示其形成的原因和制约机制问题的途径。

6. 尺度外推

某一尺度上发现的问题往往需要在更大尺度上寻找综合的解决办法。在景观生态学研究中，人们往往需要利用某一尺度上所获得的信息或知识来推断其他尺度上的特征，这一过程被称为尺度外推。它包括尺度上推和尺度下推。由于生态学系统的复杂性，尺度外推极其困难，因而需要采取慎重的态度。尺度外推也始终是景观生态学研究中极富挑战性的研究领域。

7. 景观粒度

景观粒度是指组成景观镶嵌体的景观要素斑块的平均大小（规模）及其分异程度。它来源于对航空像片和卫星影像的观测。景观要素斑块在景观镶嵌体中的视觉表现就是颗粒的粗糙程度。粗粒景观一般是指由较大的异质景观要素斑块镶嵌构成的景观，而细粒景观是由较小的异质景观要素斑块镶嵌而成的景观。粗粒景观一般在较大尺度上有较高的异质性，当研究和观测的空间尺度增大时景观异质性降低。与此相反，细粒景现在较小尺度上的异质性较高，当研究和观测的空间尺度增大时景观异质性降低。对于景观中不同的研究对象、不同的生态学过程，其粒度有很大的差异。

7.1.2　景观变化的尺度依赖性

由于景观的时空尺度性，景观变化对时空尺度的依赖性很强，人类必须在一定的时空尺度上才能感知景观特征的变化，认识景观变化的规律性。如前所述，景观生态学中研究的尺度包括空间尺度、时间尺度和组织尺度。依据研究对象情况，也可分为微观尺度、中观尺度、宏观尺度和超级尺度。在生态系统和景观生态水平上的长期研究，空间尺度分为小区尺度、斑块尺度、景观尺度、区域尺度、大陆尺度及全球尺度 6 个层次。由此可见，不同的研究对象需要在不同的时空尺度上进行研究，同一研究对象在不同的时空尺度上也会得出不同的研究结果，景观变化研究对尺度具有很强的依赖性，需要根据研究对象和目的选择最佳研究尺度。景观变化的尺度依赖性主要表现在以下几个方面。

1. 时滞效应

生态过程的因果之间或者对自然生态系统的干扰及其引起的生态响应之间常常有一个明显的时间间隔，称为时滞效应。景观的某些生态过程非常缓慢，短期研究这些生态过程似乎是静止的，常常低估了这些变化，无法揭示其因果关系和变化趋势。长期的生态研究是将时间尺度扩展到数年、数十年或数百年来研究生态过程。

由于生态系统的时滞效应十分明显，许多生态过程需要长期的观测才可完成。生态过程时滞效应，主要有以下几方面原因：某些生物和物理过程需要时间进行积累；物质和能量及有机体在不同景观单元之间的运移需要时间；引发一个生态过程或事件的一些必要条件很少同时发生；由一系列因果关系引发的事件也增加了时滞；在空间上景观尺度的扩展也会造成时滞效应等。研究的尺度越大，这些过程所需的时间和过程就会越复杂，生态过程和反应时间也会加长。

2. 景观结构与尺度

1）尺度与斑块

（1）尺度对斑块数量的影响。

尺度变换不仅影响斑块大小和形状，还影响景观的斑块数（表 7.2）。在尺度变换分析过程中，尺度不超过 100m 时，构成景观的斑块数量最大（1794），尺度增大之后减少。当尺度小于或等于 100m 时，景观中那些包含狭长部位的斑块失去连接，被分成多个小斑块，是斑块数量增加的根本原因。当尺度大于 100m 后，景观中的小斑块大量合并，因而斑块数减少。

表 7.2　不同尺度上的斑块属性

项目尺度/m	斑块数	平均斑块面积/km^2	最大斑块面积/km^2	最小斑块面积/km^2	平均周长面积比值	最大周长面积比值	最小周长面积比值
30	1518	4.11	325.49	0.014	9.53	34.86	0.74
50	1610	3.88	325.74	0.0045	11.29	80.96	0.74
100	1794	3.48	322.21	0.01	12.06	49.64	0.77
200	1614	3.86	318.51	0.03	9.23	26.12	0.79
400	1157	5.38	296.69	0.12	5.67	13.48	0.63
800	388	15.92	444.81	0.41	2.88	7.1	0.46
1600	160	38.22	492.33	1.88	144	3.33	0.37

（2）尺度对斑块面积的影响。

景观是由空间上镶嵌分布的斑块构成的，在尺度变换过程中，不同大小的斑块具有不同的变化方式，而斑块的变化又决定着景观的其他空间特征。

（3）尺度对斑块形状的影响。

随着尺度的增加，最大、最小和平均斑块周长面积比值减小。随着尺度的增加，周长面积比值大的斑块，其面积的变化率大。但有些周长面积比值大的斑块的而积变化率较小，是因为同类型的小斑块呈聚集分布，在尺度变换中，相互合并形成了较大的斑块。

2）尺度与景观要素类型面积

构成景观的斑块面积变化决定了景观单元类型的面积变化（表 7.3）。随着尺度的增加，各景观单元类型的面积都有不同程度的变化。廊道（如河流和水渠等）面积减小，廊道狭窄的部分消失，较宽的部分形成孤立的斑块。居民点的面积减少，主要融入耕地类型，因而耕地面积相应增加。尺度为 100m 时，各景观类型，尤其是廊道（河流和水渠）的面积变化不明显；当尺度大于 100m 或小于 400m 时，河流和水渠等廊道的面积变化大，而其他类型的面积变化不大，表明景观丢失廊道的空间信息；当尺度大于 400m 时，各景观类型而积变化较大，表明尺度为 100m 和 400m 处或其附近有一个尺度分析阈值。

3）交错带与尺度

生态交错带的确定与监测在一定程度上依赖于尺度水平。在这一尺度上可以辨明的交错带在另一尺度上可能模糊不清。如全球范围内可明确确认的海防交错带在小尺度上则因分辨率太细而难以监测出来，反之亦然。某些大尺度上反映的交错带（如海防交错带）本身又是一个由低尺度水平上各种景观要素和相应的交错带所组成的景观镶嵌体。

表 7.3 不同分辨率条件下的部分景观要素的面积（据布仁仓等，2005，有删改）

景观类型	分辨率						
	30m	50m	100m	200m	400m	800m	1600m
盐地碱蓬盐土高潮滩涂	290	290	291	287	281	280	267
旱作盐化潮土河成高地	722	722	725	741	771	834	920
杂类草盐化潮土河成高地	64	64	61	56	39	20	11
刺槐盐化潮土河成高地	4	4	4	5	5	8	0
河流	125	124	115	107	74	39	26
居民点	142	141	140	138	122	78	27

4）干扰与尺度

对干扰的定义取决于研究尺度的差异。例如，生态系统内部病虫害的发生，可能会影响到物种结构的变异，导致某些物种的消失或泛滥。对于种群来说，这是一种严重的干扰，但由于对整个群落的生态特征没有产生影响，从生态系统的尺度来看则不是干扰，而是一种正常的生态过程。同样，对生态系统构成干扰的事件，在景观尺度上可能是一种正常波动。

3. 景观稳定性的时空尺度

景观稳定性的尺度问题包括景观稳定性的时间尺度和景观稳定性的空间尺度。

1）景观稳定性的时间尺度

景观稳定性是一个相对的概念，任何景观都是连续变化中的瞬时状态，这些状态可以看作时间的函数，景观的稳定性取决于观察景观时所选定的时间尺度。评价景观是否稳定首先要确定一个时间尺度，即变化速率。当景观的变化速率大于确定的运动速率时，就认为景观失去了稳定性；当景观的变化速率小于确定的运动速率时，就认为景观是稳定的。由于景观与人类的生活密切相关，人们只是在其有限的生命周期中观察景观的变化，所以景观动态研究尺度应以人的生命周期作为参考，在 100 年左右的时间间隔内，如果观察到的景观有本质的变化，就可以说景观失去了稳定性。

2）景观稳定性的空间尺度

景观稳定性实际上是许多复杂结构在立地斑块水平上的不断变化与景观水平上相对静止的统一。这种稳定性又称为景观的异质稳定性。流域尺度上河岸植被的稳定性要比沿河流渠道各段的局部植被稳定性高，就是异质稳定性的体现，小尺度上景观要素组成和结构的变化较快，而大尺度上的景观变化比较缓慢，小尺度上的剧烈波动，可能在较大尺度上被异质景观格局吸收。这种规律存在于绝大多数的景观中。研究结果表明，不同生态系统的空间配置会影响景观的稳定性，同时也会影响组成景观生态系统的许多特性。

7.1.3 粒度与景观指数选取

地表系统是由各种不同级别子系统组成的复杂巨系统（索恰瓦，1991）。地表空间数据表达地表系统中各部分规模的大小和空间范围的大小，分为不同的层次，即不同空间尺度（NASA，1992）。空间尺度是空间数据的重要特征之一，是指空间数据集表达空间范围的相对大小，不同尺度的数据，其表达的信息密度的差异很大。一般而言，尺度变大，信息密度变小，但不是等比例变化（弗特普费尔，1982）。

在空间分析时，由于栅格形式的 GIS 数据非常适合空间叠加、空间相关和空间模拟等空间分析，因而通常需要把矢量数据转化成栅格数据。由于不同的应用目的，所选取的尺度不同，在这种转化过程中，所用栅格的大小是不同的，这就导致信息损失的程度也不一样（杨存建等，2001）。

1. 城市景观格局粒度效应及指数选择

1）广州市土地利用格局粒度效应

本节参考吕志强等（2007）的研究成果，采用广州市 2000 年 TM 遥感影像，通过 ERDAS 进行卫星数据校正、图像综合处理，结合 GPS 野外实地调查数据进行监督分类。由于过于详细的分类不利于景观尺度上的景观格局分析，根据景观类型的性质、功能差异，本节将土地利用类型分成水田、旱地裸地、林地、疏林地、园地、草地、河流、水库坑塘、湿地和建设用地 10 个大类（吕志强等，2007）。

景观生态学与 GIS 相结合，使研究不同尺度上景观结构、功能的方法更加多元化（Mander and Jongman，1998；Wu，2004；Zhang et al.，2004）。TM 图像的分辨率为 30m，为获得最佳分析尺度，在 GIS 软件中把土地利用图栅格单元依次设为 30m、60m、90m、120m、150m、180m、210m、240m、270m、300m、330m、360m、390m、420m（中华人民共和国国土资源部，1999），把生成的各尺度上的景观栅格图在 ArcView 扩展模块中转化为 ASCII 码格式，再输入 Fragstats 进行指数分析。

本节通过比较指数的尺度转折点来确定最佳分析尺度，共选取 35 个指数（Wu et al.，2002）。通过尺度效应图（图 7.2）可看出，一些指数在不同尺度上没有变化或无规律变化，一些指数虽呈规律性上升或下降，但尺度转折点不明显，最终可用于确定分析尺度的是有规律变化且有明显拐点的敏感指数（图 7.3）。

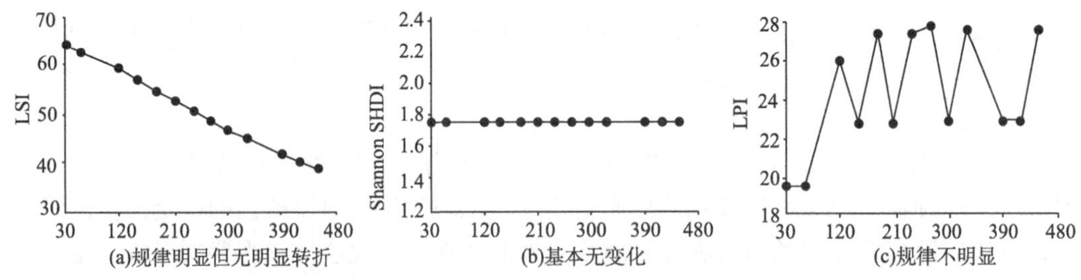

图 7.2　无拐点或规律不明显指数尺度效应

景观特征尺度拐点不是一个确定的数值，而是一个相对较小的区间，在这个区间内指数变化比较明显。不同指数变化的拐点不完全相同，对于单个指数，根据拐点来划分尺度阈，如核心面积的尺度阈为（120，150）、（150，180）、（180，240）。

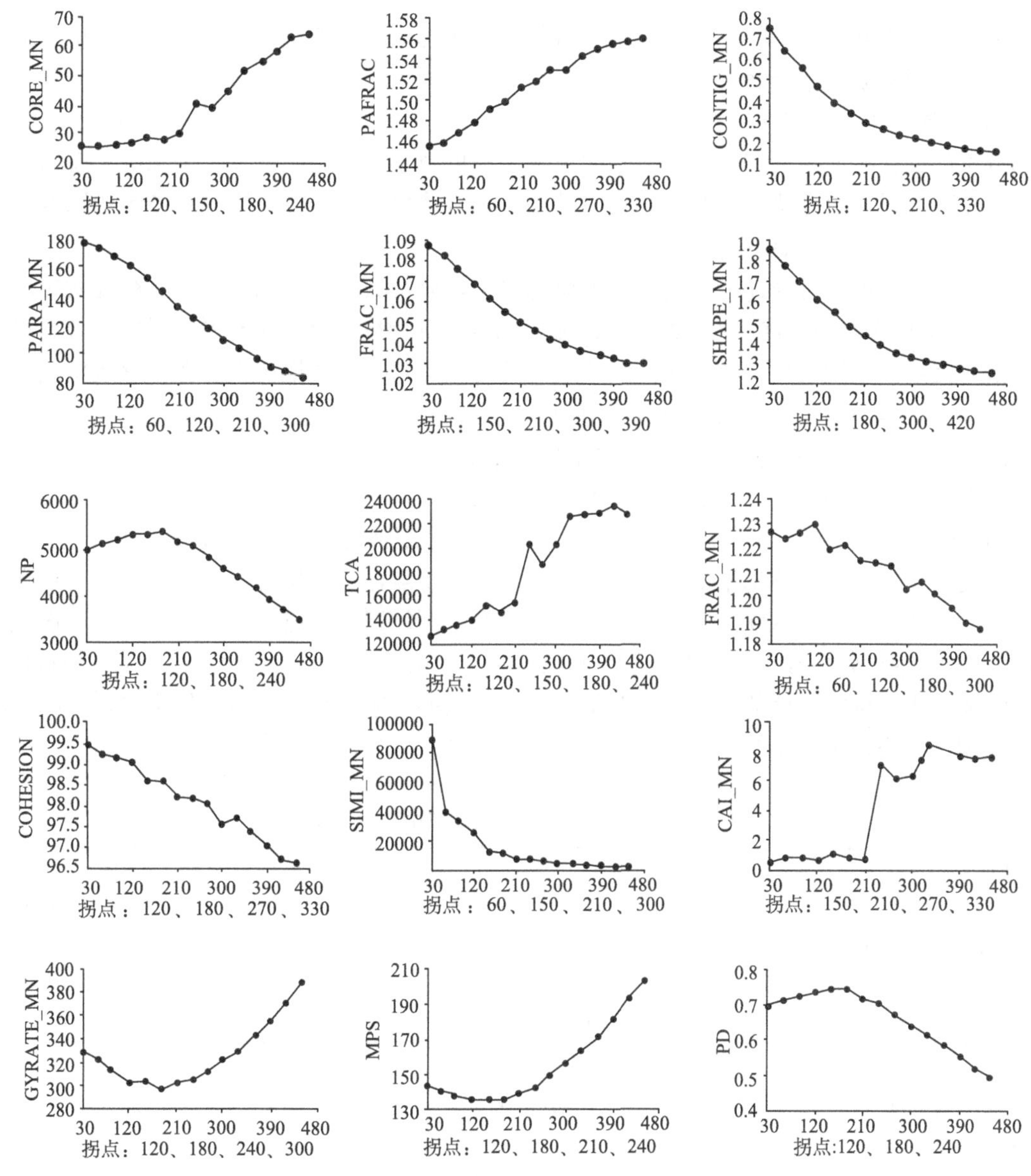

图 7.3　敏感指数尺度效应（据吕志强等，2007）

对于整个景观，需综合各个指数的尺度拐点来划分尺度阈。综合分析各尺度效应图，该地区的分析尺度阈为：(60，120)、(120，180)、(180，210)、(210，240)、(240，300)、(300，330)。在粒度选择时，若想既保证计算的质量，又不使计算过程中的工作量过大，应当在第一尺度阈内选择中等偏大的粒度（赵文武等，2003），第一尺度阈为（60，120），所以最终选择的最佳分析尺度为 120m。

由此可以得出如下基本结论：

（1）最佳分析尺度的选择，应根据研究区的实际情况进行系统分析，灵活确定最佳分析尺度。同一地区如果采用的数据不同，则最佳分析尺度也不相同，分析结果可能会有差异。

（2）选择最佳尺度时，拐点出现的位置不同。尺度综合选取时只能参照大概范围人为选定，所以会受主观因素影响。另外需把所有景观放在同一尺度下进行比较，所以这里的最佳不一定对每类景观都最合适。

（3）在景观格局分析时，因为指数众多，一些对研究区域更为有效的指数可能会被遗漏。格局分析的量化研究中要充分考虑指数的影响因子以及景观数据的特征，否则会出现错误的结论。以下通过对景观格局指数之间相关性分析，来确定不同研究尺度景观指数的选取。

2）广州市土地利用格局粒度效应

本节借助游丽平等（2008）的厦门岛研究案例，介绍城市土地利用格局的粒度效应。采用厦门岛 2004 年的 SPOT5 多光谱与全色波段融合后分辨率为 215m 的遥感影像为数据源，参照国内常用的土地利用分类系统，结合厦门岛的具体情况及实地调查，在遥感数据预处理的基础上，将厦门岛土地利用按照城镇用地、耕地、园地、林地、道路、城市绿地、水体和建设用地分成 8 种类型。基于 GIS 的土地利用数据尺度变换：以原始数据为基准，按照从小到大的栅格单元（5m×5m、10m×10m、20m×20m、……）重新采样，获得不同尺度的土地利用栅格数据。将转换后的不同尺度栅格数据逐一导入景观格局分析程序 Fragstats3.3 中，分别计算不同尺度下各景观格局指数的值。根据研究区的特点，在斑块类型水平上选取斑块数量（NP）、面积比例（PLAND）、周长（TE）以及面积周长分维数（PAFRAC），在景观水平上选取景观形状指数（LSI）、多样性指数（SHDI）、均匀度（SHEI）、聚集度（CONTAG）等指数。通过指数值随粒度的变化特征分析尺度对指数的影响，尺度对格局的影响，不同粒度下的景观格局指数见表 7.4。

表 7.4　不同粒度下的景观格局指数统计表

粒度/m	2.5	5	10	20	30	40	50	60	70	80	90	100
LSI	26.3843	26.2405	26.0503	25.284	24.2711	22.9454	21.5564	20.2571	19.2348	18.436	17.4377	17.0628
CONTAG	59.6277	57.9487	55.5863	51.8008	48.82	46.4339	44.5452	43.0769	41.5088	40.2884	39.243	37.9895
SHDI	1.6189	1.6189	1.6188	1.6185	1.6185	1.6197	1.6203	1.616	1.621	1.6189	1.6223	1.621
SHEI	0.7785	0.7785	0.7785	0.7783	0.7783	0.7789	0.7792	0.7771	0.7795	0.7785	0.7801	0.7795

从景观指数计算结果来看（表 7.4），不同粒度的选择，对土地利用景观格局进行分析，结果存在差异。

通过对研究区土地利用格局在不同粒度下的景观指数变化特征分析，可知不同指数对粒度变化响应的敏感性不同，对景观指数选择的指示作用具体表现为：

（1）由于研究区没有景观类型消失，面积比例随粒度的增大未表现出明显变化，基本维持稳定，在研究粒度范围内体现出对尺度变化的弱敏感性。

（2）斑块数量、周长、分维数、景观形状指数和聚集度具有明显的尺度效应，体现出对尺度变化的敏感性，呈现出一定的变化规律。其中，斑块数量呈现出抛物线的变化特征，在 10m 和 60m 出现变化的转折点；周长随粒度的增大主要表现为 4 种变化特征，均存在较为明显的变化转折点；分维数随粒度的变化呈现非线性的变化趋势，各景观类型的分维数在 10m 和 60m 处均有较明显的变化转折点；景观形状指数和聚集度随粒度的增大呈线性下降的趋势，与粒度大小有很好的拟合，可决系数达 0.9 以上。

（3）多样性指数和均匀度随粒度的增大变化趋势基本一致，介于 2.5～30m，变化幅度很小，随着粒度的进一步增大，指数值有升有降，总体而言，在整个研究区研究尺度区间表现为小幅度的浮动，多样性指数和均匀度在研究粒度范围内对尺度变化的敏感性相对较弱。

基于以上的研究结果分析，除面积比例随粒度变化基本维持不变，可以用于研究区研究粒度范围内所有粒度条件下的景观格局研究外，其余的各景观指数尽管计算方法、大小以及对于尺度变化的响应各不相同，但是它们都体现出一定的尺度依赖性，因此，利用这些指数进行不同尺度下的景观类型、景观格局变化预测、对比分析和评价等研究时需考虑尺度效应，进行一定的尺度转换。

3）上海市土地利用格局粒度效应

徐丽华等（2007）等研究了上海市城市土地利用景观的空间尺度效应。在 RS 与 GIS 技术支持下，基于 2002 年上海市 5m 分辨率的 SPOT 遥感影像和上海城市土地利用的景观类型，定量分析了几种常用景观格局指数：平均斑块面积（MPS）、多样性指数（SHDI）、周长面积分维数（PAFRAC）、斑块密度（PD）、空间自相关性的统计指标等随尺度的变化规律。结果表明：上海市土地利用景观格局指数对粒度和幅度变化都很敏感，景观格局具有明显的尺度依赖性，不同指数对尺度的响应特征不同。40m 分辨率是上海城市土地利用景观的本征观测尺度，小于这个尺度范围往往表现出随机性特征。24km 的幅度是一个特征操作尺度，与上海市建成区与非建成区边界的范围相吻合，对于上海城市景观而言，距离城市中心 12km 的幅度可能是一个本征的操作尺度。上海市城市结构的复杂性和城市空间扩展的不对称性，说明上海城市景观格局的本征操作尺度不是一个规则的形状，24km 的正方形范围仅是一个近似的操作尺度（图 7.4）。

2. 非城市景观格局粒度效应与景观指数选择

1）泾河流域景观指数的粒度效应

杨丽等（2007）研究了泾河流域景观指数的粒度效应。以泾河流域 1∶10 万比例尺下的景观类型图为研究对象，在前人的研究基础上选择了 7 个景观指数，即斑块密度、最大斑块指数、聚集度、平均形状指数、面积加权平均分维数、Simpson's 多样性指数和 Shannon's 均匀度指数（表 7.5），并对其粒度效应进行了分析，结果表明，各景观指数均具有明显的粒度效应，不同景观指数随粒度增加表现出了不同的变化趋势，根据各景观指数的粒度效应关系，可以将上述 7 个景观指数分为四类。

第一类指数随粒度的增加呈单调递减，具有比较明确的粒度效应关系，这类指数主要有平均形状指数和聚集度指数。

第二类指数随粒度增加也呈下降趋势，但在下降的过程中出现了不明显的尺度转折点，这类指数主要有 Simpson's 多样性指数和 Shannon's 均匀度指数。

第三类指数随粒度增加总体上呈上升趋势，并具有明显的尺度转折点，这类指数在本研究中只有最大斑块指数。

第四类指数随着粒度增加，粒度效应关系比较复杂，粒度效应曲线近似于“n”形，并具有明显的尺度转折点，这类指数有斑块密度指数和面积加权平均分维数。

结果还表明，对泾河流域 1∶10 万比例尺下的景观类型图进行景观指数计算的适宜粒度范围为 30～40m，见表 7.6。

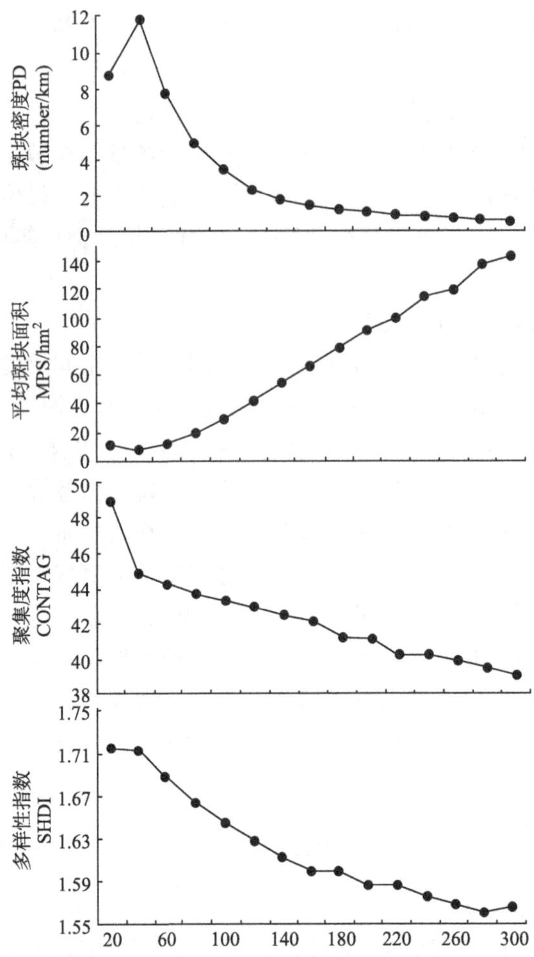

图 7.4　景观指数对粒度变化的响应曲线（据徐丽华等，2007）

表 7.5　泾河流域景观粒度效应选择的指数（据杨丽等，2007）

分析方面	论文中选用的指数	指数缩写	选择的理由
多样性信息	辛普森多样性指数	SIDI	描述景观的多样性信息
	香农均匀度指数	SHEI	描述景观的均匀度信息
板块大小和密度	斑块密度	PD	分析破碎化梯度信息
优势度	最大斑块指数	LPI	度量景观优势度
斑块形状复杂度	面积加权平均分位数	AWMPFD	分析景观形状复杂程度
	平均形状指数	MSI	
聚集和散布情况	聚集度	CONTAG	度量景观的分布情况

表 7.6　各景观指数的尺度效应、尺度区间及适宜粒度范围

景观指数分类	景观指数	尺度效应曲线	第一尺度区间/m	适宜粒度范围/m
第一类	MSI	指数下降	—	越小越好
	CONTAG	幂函数下降	—	越小越好
第二类	SHEI	直线下降，带有不明显的阶梯下降趋势	30～40	30～40

续表

景观指数分类	景观指数	尺度效应曲线	第一尺度区间/m	适宜粒度范围/m
第二类	SIDI	直线下降，带有不明显的阶梯形下降趋势	30～40	30～40
第三类	LPI	总体呈直线上升趋势	30～40	30～40
第四类	PD	近似“n”形曲线，先上升后下降	30～60	40～60
	AWMPFD	近似“n”形曲线，先上升后下降	30～40	30～40

2）泾河流域景观指数的粒度效应

崔步礼等（2009）研究了沙地景观中矢量数据栅格化方法及尺度效应。从斑块面积、周长、数量对转换方法及尺度的响应角度进行了详尽的分析。以库布齐沙漠地区的 2003 年 1∶10 万的矢量数据为例，转换尺度以 10m 为起点，200m 为终点，10m 为间隔，利用最大面积值方法（RMA）和中心属性值方法（RCC）两种转换方法分别进行栅格化，讨论了面积、周长、斑块数量对不同尺度及不同转换方法的响应，同时还讨论了运算时间对转换方法及尺度的响应。得出了 30m 大小的转换尺度为最佳尺度，最大面积值方法优于中心属性值方法的结论。

3. 景观格局粒度效应与景观指数选择技术

空间尺度效应主要受景观本身空间异质性的影响。因此，不同地区由于自然条件、人类活动的干预程度不同，区域斑块类型组成、斑块形状、斑块面积等也会不同，造成景观本身空间异质性的差异，从而对转换尺度的响应不同。

研究结果表明，尽管粒度对景观指数计算结果影响不同，但在不同粒度下，依靠景观指数计算的景观格局特征仍然具有一定的规律可循。因此在对不同研究对象的景观格局指数计算时，粒度效应的影响也不同，在计算时应加以注意，以减少景观格局分析中的盲目性。

这里归纳总结景观格局粒度效应与景观指数选择技术包括：

（1）对于研究区和研究对象的差异，选择不同的景观指数需要指数选择技术。这部分内容参见 7.2 节内容。

（2）对于新的研究区域和研究对象，首先要借助 RS 和 GIS 技术进行尺度（粒度）效应的分析，这方面数据区域景观格局分析的基本技术是寻找本征尺度技术。这是进行区域景观格局分析的必要步骤和技术。如果研究景观格局没有寻找本征尺度的内容，便可认为其结果“缺基性”。

（3）景观异质性分析技术主要关注那些相对稳定和具有明显独特性的景观量化指数，因此，通过景观指数尺度（粒度）效应的初步研究，找到研究区的相对稳定景观指数和敏感指数，进而可以探讨在本征尺度上的空间、时间和结构的特征。这个技术称为景观稳定性与异常性分析技术。

7.2　景观指数间相关性及其选取

为了测定景观格局对生态过程的影响，人们采用简单的数字来描述复杂的景观格局，这些简单的数字就是景观格局指数（landscape indices or metrics）（布仁仓等，2005）。以信息论为基础的优势度与蔓延度，以分形几何学为基础的分维数等指数来描述景观格局。景观指数数量越来越多，于是试图用一个指数表述景观格局，但一个指数无法代表一个景观格局的特殊性，无法完全与其他景观区分，因为不同的景观格局可能有相等的景观指数。进一步的研究表明只能用几个指数的组合来描述景观格局（Hulshoff，1995），但当研究目的是描述景观格局某一个特性时可以采用一个指数。在景观指数中，大部分指数之间景观格局信息重复（Traub and Kleinn，1999），为了避免信息重复，保留了总面积和总边界长度等景观固有特性的景观指数。本节内容参考布仁仓等（2005）、龚建周和夏北成（2005）相关成果，综合阐述景观指数之间的相关关系，从而为相关工作在选择景观指数时提供参考。

7.2.1 景观指数间关系的量化分析

1. *研究方法介绍*

以辽宁省为研究区，利用遥感图像处理软件（ER Mapper），对辽宁省 1998 年陆地资源卫星 TM 5 影像数据进行了景观分类，共分出 16 种类型，景观分类的精度为 30m×30m。在 GIS 的支持下，根据研究区内 78 个县市区的行政界线，把全省景观类型图分割成 78 个景观类型图，利用 APACK 和 FRAGSTATS 景观格局分析软件，在景观水平上计算每个县市区的 39 个景观格局指数。依据 FRAGSTATS 软件的指数分类，把格局指数分为 4 种类型：面积、周长和密度指数；形状指数；蔓延度指数；多样性指数。

首先，计算每个指数的自然对数值，计算指数间的原始值与指数值、原始值与自然对数值和自然对数值与自然对数值之间的相关系数；其次，选择绝对值最大的相关系数作为指数之间的相关系数；最后，在 p=0.01 的水平上，对相关系数进行 F 检验（图 7.5）。

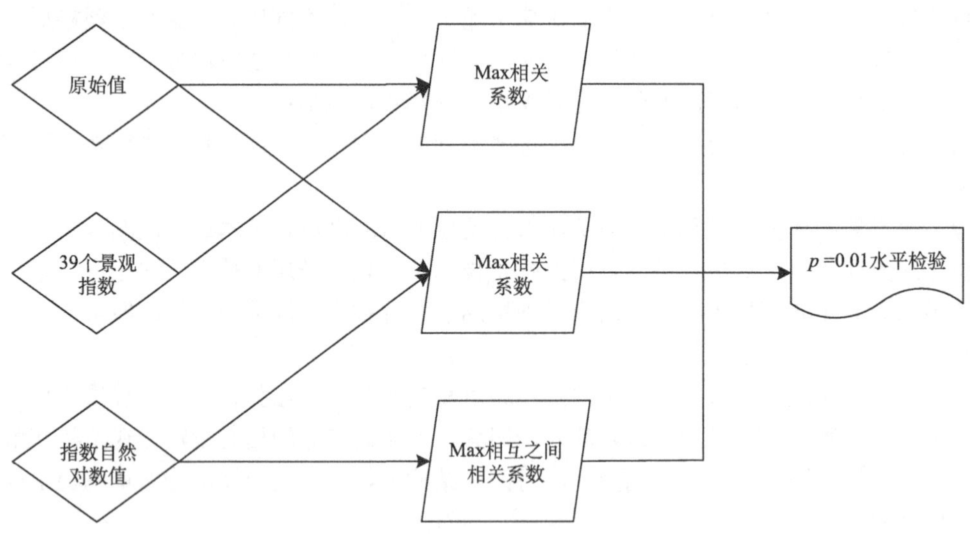

图 7.5　研究方法

如果相关系数绝对值大于 0.75，并且在 p=0.01 水平上显著，则指数间存在显著的相关关系；如果相关系数绝对值小于 0.75，但在 p=0.01 水平上显著，则此相关系数只能表明指数变化趋势，即一个指数的变化预示另一个指数的变化趋势；如果相关系数绝对值小于 0.75，并且在 p=0.01 水平不显著，则指数之间不存在任何意义的相关关系。

2. 景观指数类型内相关性

1）面积、周长和密度指数间的相关性

此类指数关系到斑块的面积、周长、斑块数以及由它们引申出来的总面积、总边界长度以及各类密度，是最基本的格局指数，也是其他指数的基础（又称为基本指数）。景观类型图的空间属性数据库能提供斑块类型、面积和周长等空间属性，经过简单的统计可以获得总面积、类型数、总边界长度和斑块数等格局指数。因此，总面积、总边界长度和斑块数是景观固有的特性，它们决定着其他与面积、周长和密度有关的指数。而且这些固有特性之间相互存在显著的相关关系（$|R|>0.75$），即如果总面积（TA）增加，景观总边界长度（TE）（R^2=92.50%）和斑块数（NP）（R^2=90.68%）显著增加，并且平均斑块面积变异系数（APA-CV）（R^2=72.08%）也显著增加。从这个意义上讲，总面积决定着景观边界长度和斑块数，甚至由它们引申出来的其他指数，如平均斑块面积变异系数。

景观格局指数中的两个密度指数，即斑块密度（PD）和边界密度（ED）呈现正相关关系（R^2=72.19%），即单位面积上斑块数的增加能引起 72.19%的单位面积上边界长度的增加。此外，PD 和 APA 所表示的生态学意义完全相同（R=1.000），即景观破碎化。在计算过程中，只是分子和分母的颠倒而已，见表 7.7。

表 7.7　面积、周长、密度指数（基本指数）间的相关分析（据布仁仓等，2005）

基本指数	TA	TE	NP	LPI	ED	PD	NAPA	APP	APA	APA-CV
TA	1.00 lnR-lnC									
TE	0.96 lnR-lnC	1.00 lnR-lnC								
NP	0.95 lnR-lnC	0.99 lnR-lnC	1.00 lnR-lnC							
LPI	–0.06 lnR-lnC	–0.21 lnR-lnC	–0.21 lnR-lnC	1.00 lnR-lnC						
ED	0.24 lnR-lnC	（0.50） lnR-lnC	（0.49） lnR-lnC	（–0.63） lnR-C	1.00 lnR-C					
PD	–0.12 R-lnC	0.22 lnR-lnC	0.29 lnR-lnC	（–0.55） lnR-C	0.86 lnR-C	1.00 lnR-lnC				
NAPA	–0.28 lnR-C	（–0.44） lnR-C	（–0.36） lnR-C	（0.46） lnR-lnC	（–0.68） R-C	（–0.35） R-lnC	1.00 lnR-lnC			
APP	–0.33 R-C	0.27 lnR-C	0.12 lnR-lnC	–0.01 R-C	–0.12 lnR-C	（–0.66） lnR-C	（–0.39） R-lnC	1.00 lnR-lnC		
APA	–0.09 R-lnC	（–0.34） R-lnC	（–0.38） R-lnC	（0.59） R-C	–0.92 R-lnC	–1.00 lnR-lnC	（0.35） lnR-C	（0.55） lnR-lnC	1.00 lnR-lnC	
APA-CV	0.85 lnR-lnC	0.78 lnR-lnC	0.79 lnR-lnC	（0.51） R-C	0.07 lnR-lnC	–0.16 lnR-C	0.10 R-C	0.10 lnR-lnC	0.07 lnR-lnC	1.00 lnR-lnC

注：下划线表示相关系数既通过了 $F_{0.01}$ 检验其值又大于 0.75；括号表示相关系数通过了 $F_{0.01}$ 检验，其值小于 0.75；R-C 表示行和列的数值的相关关系；R-lnC 表示行的数值和列的自然对数间的相关关系；lnR-C 表示行的自然对数和列的数值间的相关关系；lnR-lnC 表示行和列的自然对数间的相关关系。下同。

在此类指数中，与其他指数具有显著相关关系的指数为总面积（TA）、总边界长度（TE）、斑块数（NP）和平均斑块面积变异系数（APA-CV）。而与其他指数不存在显著相关关系的指数为最大斑块指数（LPI）、归一化平均斑块面积（NAPA）和平均斑块周长（APP），比较而言，相关性较小的景观指数表明了景观的独特性。因此，在景观的对比研究中，应该重视这些指数，解释其生态学意义。

因此，如果分析景观格局的独特性，推荐景观指数：最大斑块指数（LPI）、归一化平均斑块面积（NAP）和平均斑块周长（APP）。如果比较景观格局之间的异质性，推荐景观指数：总面积（TA）、总边界长度（TE）、斑块数（NP）和平均斑块面积变异系数（APA-CV）。

2）形状指数间的相关性

形状指数关系到斑块的周长和面积，表示构成景观的斑块形状复杂性。如果斑块形状复杂，景观结构应该复杂。形状指数关系到边缘效应以及廊道，根据形状指数可以区分廊道和一般的斑块。从研究结果看（表 7.8），只有平均形状指数（SI-MN）和平均分维数（FD-MN）之间存在显著的相关关系（*R*=0.96），它们两个之间信息重复量达到 92.54%。同样，作为平均值的平均周长面积比值（PAR-MN）与上述两个指数间不存在有意义的相关关系。可能是因为 SI-MN 与 FD-MN 对周长和面积进行了处理，然后进行计算，而 PAR-MN 则直接采用了周长和面积。

表 7.8　形状指数的相关分析

基本指数	FBD	FDL	LSI	SI-MN	SI-CV	FD-MN	FD-CV	PAR-MN	PAR-CV
FBD	1								
FDL	0.18 R-C	1							
LSI	（0.38） R-C	（0.71） R-C	1						
SI-MN	0.14 R-C	（0.74） R-C	（0.31） lnR-C	1					
SI-CV	（0.38） lnR-C	（0.62） R-C	（0.67） lnR-lnC	（0.48） R-C	1				
FD-MN	0.12 lnR-lnC	（0.72） lnR-lnC	（0.35） lnR-C	0.96 lnR-lnC	（0.35） lnR-C	1			
FD-CV	–0.06 lnR-lnC	0.13 lnR-C	–0.21 R-C	（0.61） lnR-C	0.29 lnR-C	（0.51） lnR-lnC	1		
PAR-MN	–0.26 lnR-C	（–0.37） lnR-lnC	（–0.62） lnR-lnC	0.05 lnR-lnC	–0.25 lnR-lnC	0.07 lnR-lnC	（0.69） lnR-C	1	
PAR-CV	–0.03 lnR-C	（–0.73） lnR-lnC	（–0.68） lnR-C	（–0.31） R-C	（–0.36） R-lnC	（–0.41） R-C	0.06 lnR-lnC	0.18 lnR-lnC	1

盒式分维数（FDB）与 3 个指数的平均值（FD-MN、SI-MN 和 PAR-MN）之间不存在相关关系，是因为 FDB 与完整斑块的周长和面积无关，因此，它是一个值得计算的景观形状指

数。从 FDL 的生态学意义看，如果取值越大斑块的形状越复杂，斑块应该有大的周长面积比值，但这与研究结果似乎有些矛盾，即随 FDL 的增加，PAR-MN 有减少的趋势。可能是因为 FDL 对周长和面积进行了处理，经过线性回归而得的，而 PAR-MN 则直接采用了周长和面积的缘故。

3）蔓延度指数间的相关性

蔓延度指数表明景观类型在空间上的聚集程度或类型间镶嵌程度，一般以景观类型间相邻边界为计算参数，个别的指数还需要景观类型的面积百分比、景观总面积或总边界长度。虽然这些指数表示景观的聚集程度，但是它们的计算单元和公式、参数大不相同（表 7.9）。

表 7.9　蔓延度指数间的相关分析

基本指数	AI	PLADJ	CO	ASM	IDM	IJI	DIVISION	MESH	SPLIT
AI	1								
PLADJ	0.99 lnR-lnC	1							
CO	（0.58） R-C	（0.64） R-C	1						
ASM	（0.63） R-C	（0.66） R-C	0.91 lnR-C	1					
IDM	0.9 lnR-C	0.89 lnR-lnC	（0.60） lnR-C	（0.69） R-C	1				
IJI	0.12 R-C	0.05 R-C	（–0.53） R-lnC	（–0.36） lnR-lnC	–0.08 lnR-lnC	1			
DIVISION	（–0.68） R-C	（–0.68） R-C	（–0.75） R-C	–0.86 lnR-C	（–0.61） R-C	0.05 R-C	1		
MESH	0.26 lnR-lnC	（0.36） lnR-lnC	（0.66） lnR-lnC	（0.53） lnR-lnC	0.15 lnR-lnC	（–0.46） lnR-C	（–0.54） R-C	1	
SPLIT	（–0.71） lnR-lnC	（–0.70） lnR-lnC	（–0.57） lnR-C	（–0.65） lnR-lnC	（–0.58） lnR-lnC	–0.11 R-C	0.86 lnR-C	（–0.52） lnR-C	1

注：AI（聚集度，aggregation index）；CO（蔓延度，contagion）；ASM（角秒矩，angular second moment）；IDM（反差矩，inverse difference moment）；PLADJ（类相邻百分比，percentage of like adjacencies）；IJI（分散指数，interspersion & juxtaposition index）；DIVISION（景观分离度，landscape division index）；SPLIT（分割指数，splitting index）；MESH（有效网格面积，effective mesh size）。

聚集度（AI）和相邻百分比（PLADJ）存在显著的相关关系（R=0.99），决定系数为 98.12%。表示景观类型内部像元的相邻程度越高，景观的聚集程度越高。分散指数（IJI）与其他指数间不存在显著的相关关系，只能预示相互变化趋势。CO 与 ASM 之间存在显著的相关关系。DIVISION 与 SPLIT 之间存在显著的相关关系（R=0.86），决定系数为 73.27%。如果从景观中随机采集的象元属于同一斑块的概率减少（DIVISION），则景观被切割成了多数斑块（SPLIT）。虽然 MESH 与其他两个指数没有显著的相关关系，但它能预示它们的变化趋势，即如果有效网格面积增加，其数量（SPLIT）减少，随机采集的象元属于同一斑块的概率（DIVISION）增加。

以景观类型内部的团聚程度为主的 AI 和 PLADJ 与以景观所有相邻程度为主的 IDM 间存在显著的相关关系，但这种关系被认为是一种不稳定、不可靠的关系，因为 IDM 在计算过程中采用不同类型的代码会得到截然不同的结果。此外，用景观可能包含的斑块数和其面积表示景观聚集度的 DIVISION 与以景观所有相邻程度为主的 ASM 和 CO 呈现出显著的相关关系，信息重复量分别达到 73.162%和 56.125%。

4）多样性指数间的相关性

多样性指数关系到景观类型数以及类型的面积百分比，用来量化景观结构的组成。两大多样性指数类型，Shannon's 指数和 Simpson's 指数间存在显著的相关关系（表 7.10）。多样性（SHDI 和 SIDI）与均匀度（SHEI 和 SIEI）之间存在显著的正相关关系，而与优势度（DO

表 7.10　多样性指数间的相关分析

基本指数	PR	PRD	EDE	SHDI	SIDI	MSIDI	SHEI	SIEI	MSIEI	DO	RD
PR	1										
PRD	–0.26 lnR-lnC	1									
EDE	–0.26 R-C	（0.57） R-lnC	1								
SHDI	0.28 R-C	0.23 R-lnC	（0.45） R-lnC	1							
SIDI	0.06 R-C	0.13 R-lnC	（0.33） R-lnC	0.95 lnR-lnC	1						
MSIDI	0.1 R-C	0.24 R-lnC	（0.42） R-lnC	0.96 lnR-lnC	0.99 lnR-C	1					
SHEI	–0.24 R-lnC	（0.37） R-lnC	（0.58） R-C	0.92 lnR-lnC	0.94 lnR-lnC	0.95 lnR-lnC	1				
SIEI	–0.1 R-lnC	0.17 R-lnC	（0.36） R-C	0.92 lnR-lnC	0.99 lnR-lnC	0.98 lnR-lnC	0.96 lnR-lnC	1			
MSIEI	–0.27 R-lnC	（0.33） R-lnC	（0.50） R-C	0.89 lnR-lnC	0.96 lnR-lnC	0.97 lnR-lnC	0.98 lnR-lnC	0.98 lnR-lnC	1		
DO	0.48 lnR-lnC	（–0.49） lnR-lnC	（–0.66） lnR-C	–0.75 R-C	–0.82 R-C	–0.081 R-C	–0.97 R-C	–0.88 R-C	–0.95 R-C	1	
RD	0.27 lnR-lnC	（–0.48） lnR-lnC	（–0.66） lnR-C	–0.87 R-C	–0.91 R-C	–0.91 R-C	–1 R-C	–0.94 R-C	–0.97 R-C	0.97 lnR-lnC	1

注：PR（斑块丰富度，patch richness）；PRD（类型密度，patch richness density）；SHDI（Shannon 多样性，Shannon's diversity index）；SIDI（Simpson 多样性，Simpson's diversity index）；MSIDI（修改的 Simpson 多样性，modified Simpson's diversity index）；SHEI Shannon（均匀度，Shannon's evenness index）；SIEI Simpson（均匀度，Simpson's evenness index）；MSIEI（修改的 Simpson 均匀度，modified Simpson's evenness index）；DO（优势度，dominance）；RD（相对优势度，relative dominance）；EDE（边界均匀度，edge distribution）。

和 RD）存在显著的负相关关系。如果景观类型数增加和面积百分比相近，景观的多样性增加，类型之间面积差异减少，优势类型的面积百分比减少。虽然这些指数与景观类型数有关，但与类型数（PR）不存在显著的相关关系，这表明在真实景观中影响多样性（SHDI 和 SIDI）、均匀度（SHEI 和 SIEI）和优势度（DO 和 RD）的因子主要是景观类型的面积百分比，而不是类型数。SHEI 与 RD 显现出完全负相关关系，表示的生态学意义相同，从不同的角度解释景观均匀度。这些指数中，唯有类型密度（PRD）与类型面积百分比无关，而是与类型数和总面积有关。

大部分指数表示景观类型面积百分比的分配情况，只有边界均匀度（EDE）能说明类型之间边界分配的均匀程度，与其他指数间不存在显著的相关关系。不过可以根据相关系数的预测变化趋势，如果景观类型之间相邻边界长度相近，则其面积百分比也趋于相近，优势类型的面积减少。

3. 景观指数类型间相关性

1）基本指数与形状指数间的相关性

基本指数（面积、周长、密度指数）是从景观空间属性数据库直接获取的，是形状指数的基础，也是形状指数的计算参数。在基本指数中，归一化平均斑块面积（NAPA）与形状指数 SI-MN、FDL 和 FD-MN 存在显著的负相关关系（表 7.11），NAPA 不仅表示平均斑块面积，还能表示斑块的形状。NAPA 是周长加权的指数，周长参与了其计算过程，因此 NAPA 应该是个形状指数。但是 NAPA 与 SI-MN 和 FD-MN 的相关性比 FDL 更显著，可能是它们都是平均值的缘故。

表 7.11　面积、周长、密度指数与形状指数间的相关分析

基本指数	TA	TE	NP	LPI	ED	PD	NAPA	APP	APA	APA-CV
FBD	(0.48)	(0.45)	(0.40)	0.14	0.09	(–0.37)	–0.19	(0.36)	0.2	(0.46)
	R-lnC	R-lnC	R-lnC	lnR-lnC	R-lnC	lnR-lnC	lnR-lnC	lnR-lnC	lnR-lnC	R-lnC
FDL	(0.53)	(0.66)	(0.57)	(–0.48)	(0.69)	(0.35)	–0.78	(0.46)	(–0.39)	0.18
	lnR-C	lnR-C	lnR-C	lnR-lnC	lnR-C	lnR-lnC	lnR-lnC	R-C	lnR-C	lnR-lnC
LSI	0.9	0.98	0.98	(–0.31)	(0.62)	(0.38)	(-0.50)	0.21	(-0.48)	(0.70)
	lnR-lnC	lnR-lnC	lnR-lnC	lnR-lnC	lnR-lnC	lnR-lnC	R-lnC	R-C	lnR-C	lnR-lnC
SI-MN	0.13	0.26	0.12	(–0.51)	(0.57)	0.19	–0.88	(0.57)	–0.23	(–0.3)
	R-C	lnR-C	lnR-C	lnR-lnC	lnR-C	lnR-lnC	lnR-lnC	R-C	lnR-C	lnR-C
SI-CV	(0.61)	(0.67)	(0.60)	(–0.30)	(0.47)	–0.16	(–0.32)	(0.65)	–0.25	(0.4)
	lnR-lnC	lnR-lnC	lnR-lnC	lnR-C	lnR-lnC	R-C	R-lnC	R-lnC	lnR-C	lnR-lnC
FD-MN	0.13	0.30	0.20	(–0.51)	(0.63)	(0.30)	–0.94	(0.38)	(–0.30)	–0.25
	lnR-C	lnR-C	lnR-C	lnR-lnC	lnR-C	lnR-lnC	lnR-lnC	lnR-C	lnR-lnC	lnR-C
FD-CV	–0.27	–0.23	(–0.33)	(–0.33)	0.08	–0.12	–0.21	(0.30)	0.1	(–0.46)
	lnR-C	R-C	lnR-C	lnR-C	lnR-C	R-C	lnR-C	lnR-C	R-lnC	lnR-C
PAR-MN	(–0.62)	(–0.65)	(–0.62)	–0.04	(–0.40)	–0.15	0.29	–0.24	0.26	(–0.58)
	lnR-lnC	lnR-lnC	lnR-lnC	lnR-C	R-lnC	R-lnC	R-C	lnR-lnC	R-C	lnR-lnC
PAR-CV	(–0.54)	(–0.65)	(–0.67)	(0.31)	(–0.49)	(–0.36)	(0.43)	0.04	(0.34)	(–0.33)
	lnR-C	lnR-C	lnR-C	lnR-lnC	R-C	lnR-C	lnR-lnC	lnR-lnC	lnR-lnC	R-lnC

LSI 与 TA、NP 和 TE 存在显著的正相关关系（表 7.11），如果景观总面积增加，斑块数和总边界长度明显增加，景观轮廓（landscape border）明显复杂化。由此可知，景观的固有属性与简单的景观形状指数有显著的相关关系（如 LSI，因为其参数为 TA 和 TE，与斑块周长/面积无关），而与复杂的形状指数没有显著的关系（如 FDL）。固有属性还能预测大部分形状指数的变化趋势（如 FDL）。

2）基本指数与蔓延度指数间的相关性

前面提到景观类型代码参与 IDM 的计算过程，因此本书中不考虑它与其他指数的相关性。景观固有属性 TA 与 MESH 之间存在显著的正相关关系（表 7.12），如果总面积增加，总面积加权的平均斑块面积（MESH）也明显增加。但是总面积加权的斑块数（SPLIT）与 TA 没有任何意义的相关关系，这是计算公式造成的。

表 7.12　面积、周长、密度指数与蔓延度指数间的相关分析

基本指数	TA	TE	NP	LPI	ED	PD	NAPA	APP	APA	APA-CV
AI	−0.2	(−0.44)	(−0.46)	(0.63)	−0.99	−0.88	(0.65)	0.16	0.88	0.03
	R-lnC	R-lnC	R-lnC	lnR-lnC	lnR-lnC	R-lnC	lnR-C	lnR-lnC	R-lnC	lnR-C
PLADJ	−0.09	(−0.33)	(−0.35)	(0.64)	−0.98	−0.9	(0.64)	0.2	0.9	0.12
	R-C	R-lnC	R-lnC	lnR-C	lnR-C	lnR-lnC	lnR-C	lnR-lnC	lnR-lnC	lnR-lnC
CO	(0.39)	0.27	0.22	(0.68)	(−0.66)	(−0.68)	0.26	0.27	(0.71)	(0.50)
	lnR-C	lnR-C	lnR-C	R-C	R-lnC	R-lnC	R-C	lnR-C	R-C	lnR-lnC
ASM	0.21	−0.18	−0.17	0.76	−0.76	(−0.69)	0.27	0.22	0.78	(0.39)
	lnR-C	R-lnC	R-lnC	R-C	R-lnC	R-lnC	R-C	lnR-C	R-C	lnR-C
IDM	−0.22	(−0.45)	(−0.49)	(0.53)	−0.91	−0.91	(0.47)	(0.34)	0.91	−0.11
	lnR-lnC	lnR-lnC	lnR-lnC	lnR-C	lnR-C	lnR-lnC	lnR-C	lnR-lnC	lnR-lnC	lnR-lnC
IJI	(−0.55)	(−0.53)	(−0.46)	−0.08	−0.13	(0.29)	(0.29)	(−0.66)	−0.23	(−0.43)
	R-lnC	R-lnC	R-lnC	lnR-C	R-lnC	lnR-C	lnR-lnC	lnR-C	lnR-lnC	R-lnC
DIVISION	0.11	(0.31)	(0.29)	−0.95	(0.73)	(0.61)	(−0.40)	0.07	(−0.71)	(−0.40)
	lnR-lnC	lnR-lnC	lnR-lnC	R-C	lnR-lnC	R-lnC	R-C	lnR-C	lnR-C	R-C
MESH	0.8	(0.67)	(0.66)	(0.60)	−0.24	(−0.41)	0.21	0.24	(0.35)	0.96
	lnR-lnC	lnR-lnC	lnR-lnC	R-C	lnR-C	lnR-C	R-C	lnR-lnC	lnR-lnC	lnR-lnC
SPLIT	0.19	(0.34)	(0.32)	−0.97	(0.69)	(0.55)	(−0.53)	0.05	(−0.55)	(−0.45)
	R-C	R-C	R-C	lnR-lnC	lnR-C	lnR-lnC	lnR-lnC	R-C	lnR-lnC	lnR-C

PD、ED 和 APP 与 AI、ASM 和 PLADJ 之间存在显著的相关关系（表 7.12），而与 TA 不存在有意义的相关关系，表明总面积无论怎么变，只要斑块密度减少，边界密度就明显减少，而平均斑块面积会明显增加，景观的聚集度也会增加。

CO 和 IJI 对基本指数的变化不太敏感，因为它们是最大多样性加权的指数，同样 TA、NP、TE、NAPA 和 APP 对 CO 和 IJI 也没有显著的影响。LPI 对 ASM、DIVISION 和 SPLIT 具有显著的影响，景观中的最大斑块面积越大，总面积加权的斑块数（SPLIT）减少，景观分离度明显减少，景观的聚集度增加，充分体现了 ASM 的特点。

3）基本指数与多样性指数间的相关性

在多样性指数中，PR 与基本指数之间没有显著的相关关系，而 PRD 与 TA、TE、NP 和 APA-CV 之间有显著的负相关关系（表 7.13），即景观总面积增加，不会对景观类型数带来明显的影响，但影响了单位面积上的类型数。LPI 与 Simpson's 均匀度（SIEI 和 MSIEI）存在显著的负相关关系，如果景观中的最大斑块的面积越大，它所代表的类型在景观中的优势程度提高，景观类型之间的面积差异增大，均匀度减少。Simpson's 指数与最大斑块指数间相关系数比 Shannon's 指数的大，表明 Simpson's 指数对优势类型的变化敏感。

表 7.13　面积、周长、密度指数（基本指数）与多样性指数间的相关分析

基本指数	TA	TE	NP	LPI	ED	PD	NAPA	APP	APA	APA-CV
PR	（0.41） lnR-lnC	（0.33） lnR-lnC	（0.37） lnR-lnC	0.2 lnR-C	−0.17 lnR-C	−0.12 lnR-C	0.33 lnR-lnC	−0.17 lnR-C	0.08 lnR-lnC	（0.47） lnR-lnC
PRD	−0.99 lnR-lnC	−0.96 lnR-lnC	−0.94 lnR-lnC	0.09 lnR-lnC	−0.28 lnR-lnC	0.11 lnR-C	0.27 lnR-lnC	（−0.34） lnR-lnC	0.11 lnR-C	−0.82 lnR-lnC
EDE	（−0.58） R-lnC	（−0.55） R-lnC	（−0.49） R-lnC	−0.1 lnR-C	−0.11 R-lnC	0.3 lnR-C	0.23 lnR-lnC	（−0.62） lnR-C	−0.24 lnR-lnC	（−0.47） R-lnC
SHDI	−0.26 R-C	−0.21 R-C	−0.13 R-C	（−0.58） lnR-C	（0.57） lnR-lnC	0.56 lnR-lnC	0.05 R-lnC	（−0.31） R-C	（−0.66） lnR-C	−0.28 R-C
SIDI	−0.18 R-C	0.19 lnR-lnC	0.17 lnR-lnC	（−0.73） R-C	（0.70） lnR-lnC	（0.61） R-lnC	−0.18 R-C	−0.16 R-C	（−0.73） lnR-C	（−0.36） R-C
MSIDI	−0.27 R-C	−0.18 R-C	−0.12 R-C	（−0.72） lnR-C	（0.67） lnR-lnC	（0.61） lnR-lnC	−0.16 lnR-C	−0.24 R-C	（−0.71） lnR-C	（−0.42） R-C
SHEI	（−0.42） R-C	（−0.33） R-C	−0.28 R-C	（−0.67） lnR-C	（0.63） lnR-lnC	（0.60） lnR-lnC	−0.13 lnR-C	−0.24 R-C	（−0.68） lnR-C	（−0.50） R-lnC
SIEI	−0.23 R-C	0.15 lnR-lnC	0.13 lnR-lnC	−0.76 R-C	（0.71） lnR-lnC	0.63 R-lnC	−0.22 R-C	−0.14 R-C	（−0.73） lnR-C	（−0.41） R-C
MSIEI	（−0.38） R-C	−0.26 R-C	−0.22 R-C	（−0.76） lnR-C	（0.69） lnR-lnC	（0.62） lnR-lnC	−0.24 lnR-C	−0.18 R-C	（−0.71） lnR-C	（−0.54） R-C
DO	（0.55） lnR-lnC	（0.42） lnR-C	（0.39） lnR-C	（0.64） R-C	（−0.51） R-lnC	（−0.53） R-lnC	0.21 R-C	0.22 lnR-lnC	（0.55） R-C	（0.62） lnR-lnC
RD	（0.49） lnR-lnC	（0.40） lnR-C	（0.36） lnR-C	（0.63） R-C	（−0.53） R-lnC	（−0.57） R-lnC	0.13 R-C	（0.39） lnR-lnC	（0.61） R-C	（0.57） lnR-lnC

两类多样指数对 APA、PD、ED 和 APA-CV 的变化较敏感，如果景观的平均斑块面积大，景观类型之间的面积差异趋于减少，多样性和均匀度增加，而优势度减少。

表示类型面积分配均匀程度的多样性指数与基本指数有一定的相关关系，而表示边界分配均匀程度的 EDE 与基本指数没有显著相关关系。但是它对 APP 的变化最敏感，其次为 TA、TE 和 NP。如果景观平均斑块周长增加，景观类型之间相邻边界长度的差异增加，边界均匀度减少。

4）形状指数与蔓延度指数间的相关性

如果景观在空间上聚集分布，构成景观的斑块形状趋于简单，但实际上形状指数与蔓延度指数之间不存在任何相关关系（表 7.14）。以斑块内部象元的相邻程度表示聚集度的 AI 和 PLADJ 对形状指数的变化最敏感，因为 AI 能表示景观的形状。在形状指数中，相比之下，FDL 与蔓延度指数之间的相关系数最大。

表 7.14　形状指数与蔓延度指数间的相关分析

基本指数	FBD	FDL	LSI	SI-MN	SI-CV	FD-MN	FD-CV	PAR-MN	PAR-CV
AI	0.07	(–0.69)	(–0.59)	(–0.54)	(–0.38)	(–0.62)	–0.08	0.25	(0.52)
	lnR-lnC	lnR-lnC	R-lnC	lnR-lnC	R-lnC	lnR-lnC	lnR-lnC	lnR-C	lnR-C
PLADJ	0.12	(–0.65)	(–0.49)	(–0.54)	(–0.30)	(–0.61)	–0.1	0.2	(0.46)
	lnR-lnC	R-lnC	R-lnC	lnR-lnC	lnR-lnC	lnR-lnC	lnR-lnC	R-C	lnR-lnC
CO	0.12	–0.15	0.16	–0.27	–0.05	–0.27	–0.15	–0.16	–0.1
	lnR-C	R-lnC	lnR-C	lnR-lnC	R-lnC	lnR-lnC	lnR-lnC	lnR-lnC	lnR-lnC
ASM	0.06	(–0.29)	–0.28	–0.24	–0.24	–0.22	–0.02	0.23	0.02
	lnR-lnC	R-lnC	R-lnC	R-lnC	R-lnC	lnR-lnC	lnR-lnC	R-C	R-C
IDM	–0.1	(–0.49)	(–0.58)	–0.27	–0.25	(–0.36)	0.17	(0.35)	(0.39)
	lnR-C	lnR-lnC	R-lnC	lnR-lnC	R-lnC	lnR-lnC	lnR-C	R-C	lnR-C
IJI	–0.18	(–0.52)	(–0.50)	(–0.36)	(–0.65)	–0.25	–0.06	(0.43)	(0.29)
	lnR-C	lnR-C	R-lnC	lnR-C	lnR-C	lnR-C	lnR-lnC	R-lnC	lnR-C
DIVISION	–0.07	(0.53)	(0.40)	(0.48)	(0.41)	(0.42)	0.25	–0.17	–0.25
	R-C	R-lnC	lnR-lnC	R-lnC	lnR-lnC	R-C	R-lnC	lnR-C	R-C
MESH	(0.48)	0.07	(0.55)	(–0.34)	(0.36)	(–0.31)	(–0.39)	(–0.51)	–0.21
	lnR-C	lnR-C	lnR-lnC	R-lnC	lnR-C	R-C	lnR-lnC	lnR-lnC	lnR-lnC
SPLIT	–0.1	(0.57)	(0.43)	(0.56)	(0.3)	(0.56)	0.28	–0.11	(–0.38)
	lnR-lnC	lnR-lnC	R-C	lnR-lnC	lnR-lnC	lnR-lnC	lnR-lnC	R-C	R-lnC

在形状指数中，FDB 对蔓延度指数最不敏感，只与 MESH 之间存在一定的相关关系，由于它们都用特定面积的斑块测量形状和蔓延度。在蔓延度指数中，ASM 和 CO 与形状指数没有任何意义的相关关系，因为它只考虑类型之间的相邻程度。与其他形状指数比，平均形状指数（FD-MN、SI-MN 和 PAR-MN）对 CO 比较敏感，而对经过回归得出的 FDL 和 FDB 不敏感。

5）形状指数与多样性指数间的相关性

在形状指数与多样性指数的相关分析中，PRD 与 LSI 之间存在显著的负相关关系（R= –0.91）（表 7.15），这是总面积影响的原因，因为它们的生态学意义完全不同，只有总面积参与了它们的计算过程。

两类多样性指数与形状指数之间不存在任何的相关关系，多样性、均匀度和优势度关系到景观类型的面积百分比，与斑块周长等边界属性没有任何关系，它们描述的是截然不同的格局特点。

表 7.15　形状指数与多样性指数间的相关分析

基本指数	FBD	FDL	LSI	SI-MN	SI-CV	FD-MN	FD-CV	PAR-MN	PAR-CV
PR	0.15 lnR-lnC	–0.19 lnR-C	0.27 lnR-lnC	(–0.49) lnR-lnC	0.01 lnR-lnC	(–0.48) lnR-lnC	(–0.51) lnR-lnC	(–0.41) R-lnC	–0.04 R-C
PRD	(–0.48) lnR-C	(–0.53) lnR-lnC	–0.91 lnR-lnC	–0.16 lnR-C	(–0.64) lnR-lnC	–0.15 lnR-lnC	0.18 lnR-lnC	(0.58) lnR-lnC	(0.50) lnR-lnC
EDE	–0.19 lnR-C	(–0.48) lnR-C	(–0.52) R-lnC	–0.28 lnR-C	(–0.63) lnR-C	–0.17 lnR-lnC	0.01 lnR-C	(0.46) R-lnC	0.28 lnR-C
SHDI	–0.07 R-C	–0.09 R-C	0.16 lnR-lnC	–0.09 R-C	0.11 lnR-lnC	–0.09 R-C	–0.15 R-C	–0.21 lnR-C	0.2 R-lnC
SIDI	–0.07 R-C	0.24 lnR-lnC	0.27 lnR-lnC	0.16 lnR-lnC	0.26 lnR-lnC	0.12 R-C	–0.04 lnR-C	–0.25 lnR-C	0.07 R-C
MSIDI	–0.08 R-C	0.19 lnR-lnC	0.21 lnR-lnC	0.16 lnR-lnC	0.2 lnR-lnC	0.11 R-C	–0.03 lnR-C	–0.2 lnR-C	0.11 R-lnC
SHEI	–0.14 R-C	0.1 lnR-lnC	–0.23 R-C	0.17 lnR-lnC	0.11 lnR-lnC	0.14 R-C	0.12 R-lnC	0.14 R-lnC	0.21 R-lnC
SIEI	–0.09 R-C	0.26 lnR-lnC	0.24 lnR-lnC	0.23 R-lnC	0.26 lnR-lnC	0.19 R-C	0.06 R-lnC	–0.21 R-lnC	0.07 R-C
MSIEI	–0.12 R-C	0.24 lnR-lnC	–0.15 R-C	0.28 lnR-lnC	0.19 lnR-lnC	0.26 R-C	0.18 R-lnC	0.15 R-lnC	0.12 R-lnC
DO	0.17 R-C	–0.07 R-lnC	0.36 lnR-C	–0.28 R-lnC	0.14 lnR-C	–0.26 R-lnC	–0.26 lnR-lnC	(–0.34) lnR-lnC	–0.22 lnR-lnC
RD	0.14 R-C	0.1 lnR-C	0.34 lnR-C	–0.16 R-lnC	0.15 lnR-C	–0.14 R-C	–0.15 lnR-lnC	–0.27 lnR-lnC	–0.24 lnR-lnC

景观边界的 EDE 与形状指数之间没有显著的相关关系，斑块形状的复杂程度不能显著地改变边界均匀度。因为 EDE 表示类型之间的边界分配情况，不关注斑块的周长和面积。但它们之间还是存在能指示变化趋势的能力，例如，景观边界均匀度增加，类型之间的相邻边界长度相近，斑块形状趋于简单有规则。

PR 与形状指数之间没有显著的相关关系，只与形状指数的平均值（SI-MN、FD-MN 和 PAR-MN）存在一定的相关关系。景观类型数的变化不影响斑块的形状，因为形状指数以斑块为计算单元，与景观类型没有任何关系，即使有影响也是其他基本指数的间接表现。

大多数形状指数所对应的最敏感的多样性指数为 PR 和 PRD，形状指数对用最简单的统计方法计算出来的多样性指数比较敏感，而对用复杂公式计算出来的多样性指数不敏感。换句话说，基本指数所代表的信息在最简单的指数中保留较多，而在复杂的指数中保留较少。

6）蔓延度指数与多样性指数间的相关性

两类多样性指数与 ASM 和 CO 之间存在显著的负相关关系，而与 DIVISION 之间存在显著的正相关关系（表 7.16）。ASM 用景观类型之间的相邻程度描述景观异质性，所以对多样性、均匀度和优势度的变化很敏感，如果景观类型面积百分比差异小，景观多样性高，景观聚集程度减少，景观的异质性增加，那么随机选择的像元属于同一个斑块的概率增加。相比之下，Simpson's 指数（SIDI 和 SIEI）对 AI、ASM、PLADJ、DIVISION、SPLIT 较敏感，而 Shannon's 指数（SHDI 和 SHEI）对 IJI 较敏感。

表 7.16　蔓延度指数与多样性指数间的相关分析

基本指数	AI	PLADJ	CO	ASM	IDM	IJI	DIVISION	MESH	SPLIT
PR	0.19	0.23	（0.32）	–0.05	–0.06	–0.16	–0.17	（0.46）	–0.17
	lnR-lnC	lnR-lnC	lnR-lnC	R-lnC	lnR-lnC	R-C	lnR-C	lnR-lnC	lnR-lnC
PRD	0.24	0.12	（–0.34）	–0.17	0.23	0.56	–0.14	–0.77	–0.22
	lnR-lnC	lnR-lnC	lnR-lnC	lnR-lnC	lnR-lnC	lnR-C	lnR-lnC	lnR-lnC	lnR-C
EDE	0.09	0.02	（–0.55）	（–0.35）	–0.07	0.99	0.08	（–0.51）	–0.1
	R-C	R-C	lnR-lnC	lnR-lnC	lnR-lnC	lnR-lnC	lnR-C	R-lnC	R-C
SHDI	（–0.4）	（–0.44）	–0.83	–0.93	（–0.55）	（0.48）	0.77	（–0.4）	（0.44）
	lnR-lnC	lnR-C	lnR-C	lnR-C	lnR-C	R-lnC	lnR-lnC	R-lnC	lnR-lnC
SIDI	（–0.53）	（–0.56）	–0.9	–0.99	（–0.6）	（0.33）	0.91	（–0.46）	（0.6）
	lnR-C	R-C	R-C	R-C	lnR-C	R-C	lnR-lnC	R-lnC	R-lnC
MSIDI	（–0.52）	（–0.55）	–0.88	–0.99	（–0.6）	（0.43）	0.86	（–0.53）	（0.58）
	lnR-lnC	lnR-lnC	lnR-C	lnR-C	lnR-C	R-lnC	lnR-lnC	R-lnC	lnR-lnC
SHEI	（–0.48）	（–0.53）	–0.98	–0.93	（–0.53）	（0.56）	0.82	（–0.63）	（0.51）
	lnR-lnC	lnR-lnC	R-C	lnR-C	lnR-C	R-C	lnR-lnC	R-lnC	lnR-lnC
SIEI	（–0.55）	（–0.59）	–0.94	–0.98	（–0.59）	（0.35）	0.92	（–0.53）	（0.62）
	lnR-C	R-C	R-C	R-C	lnR-C	R-C	lnR-lnC	R-lnC	R-lnC
MSIEI	（–0.56）	（–0.6）	–0.97	–0.96	（–0.57）	（0.47）	0.87	（–0.67）	（0.62）
	lnR-C	lnR-lnC	R-C	lnR-C	lnR-C	R-C	lnR-lnC	R-lnC	lnR-lnC
DO	（0.44）	（0.51）	0.97	0.81	（0.42）	（–0.62）	–0.68	（0.72）	（–0.5）
	R-C	R-C	R-C	R-lnC	R-C	lnR-C	R-C	lnR-lnC	R-lnC
RD	（0.43）	（0.5）	0.98	0.9	（0.48）	（–0.64）	–0.68	（0.67）	（–0.48）
	R-C	R-C	R-C	R-lnC	R-C	lnR-C	R-C	lnR-lnC	R-lnC

PRD 仅仅与 MESH 有显著的负相关关系，是总面积的间接体现。EDE 只与 IJI 有显著的正相关关系，它们都表示景观类型之间边界分配的均匀程度。与多样性指相同，蔓延度指数与 PR 没有显著的相关关系，其原因相同。但比较起来 MESH 对它最敏感。

AI 和 PLADJ 与多样性指数没有显著的相关关系，因为它们表示斑块内象元的聚集程度，与景观类型的面积百分比和边界百分比没有关系。

4. 景观指数类选择技术

通过上述比较分析，以下给出选择景观指数的基本原则和技术途径。

1）核心指数

基本指数与其他指数之间的关系最密切，就显著相关关系而言，它们与绝大多数指数具有显著的相关关系。因此，在景观水平上，基本指数是其他指数的基础，决定其他指数。以总面积为计算参数的指数与总面积的显著相关关系表明，总面积在计算过程中丢失的信息量较少，总面积是指数的主体，总面积直接作用于指数。

以景观总边界长度和斑块数等为参数的指数与总面积的显著相关关系表明总面积通过这些参数决定相关关系，总面积间接作用于指数。

在景观研究中首先根据研究目的确定研究区范围，计算景观指数，总面积是基本指数中的基本指数，决定其他基本指数。当然景观分类系统也很重要，同一个研究区可以有不同的分类系统、有不同的景观格局。

虽然形状指数以斑块周长、面积为计算参数，但其计算公式有很大差别，指数之间的相关性最差，即指数之间的独立性最强。

2）必选指数与必选指数判断

根据相关系数的显著性，指数的可预测性可以分为数值预测、趋势预测和不可预测 3 个等级。

数值预测是指根据一个指数的变化可以预测另一个指数的数值变化，这类指数之间存在显著相关关系，如可以根据 TA 的变化预测 TE 的变化。

趋势预测是指根据一个指数的变化可以预测另一个指数的变化趋势，无法预测其变化程度，这类指数之间的相关性较差，如根据 TE 可以预测 ED 的变化趋势。

不可预测是指根据一个指数的变化无法预测另一个指数数值变化程度和趋势，如根据 TA 的变化很难预测 PD 的变化程度和趋势。

3）组合指数的选择原则

如果两个指数之间存在显著的相关关系，而由它们两个构成的指数与它们之间没有显著的相关关系。例如，TA 和 NP 之间存在显著的相关关系（R=0.195），但是由它们两个构成的 PD 和 APA 与它们（TA 和 NP）没有显著的相关关系，TA 与 PD 和 APA 的相关系数分别为 R=−0.12 和 R=−0.09；NP 与 PD 和 APA 的相关系数分别为 R=0.29 和 R=0.12。

4）均值和变异系数可兼选

如果表示平均值的指数之间存在显著的相关关系，则它们变异系数之间不存在显著的相关关系。例如，SI-MN 和 FD-MN 之间存在显著的相关关系，但是它们的变异系数之间不存在有意义的相关关系。如果一个指数与另一个指数的变异系数有显著的相关关系，则它与其平均值之间不存在有意义的相关关系。例如，TA 和 APA-CV 之间存在显著的相关关系，但 TA 和 APA 之间不存在有意义的相关关系。如果两个指数间的变异系数存在显著的相关关系，但很难得出它们两个的平均值间不存在有意义的相关关系的结论。还有一种是两个指数的平均值与其变异系数之间都不存在显著的相关关系，如平均分维数（FD-MN）与平均周长面积比值（PAR-MN）以及它们的变异系数。不过这种关系的稳定性还需要进一步的研究。

5）斑块数量大时选择分维数

形状指数相关性差不仅表现在组内，同样表现在与其他组的指数之间。而且除了分维数（FDL 和 FDB）以外其他都是一种平均值。如果数组内数值之间的差异较少，则平均值具有统计意义；但如果它们的差异较大，则平均值的意义不大，使平均值带偏向。而且数组内数值数量多时用平均值表述景观形状显然不是最好的选择。对数分维数（FDL）和盒式分维数（FDB）是经过线性回归计算出来的，正好弥补了平均值形状指数的不足之处。因此，如果景观中的斑块过少，达不到统计学的要求，就用平均形状指数；如果斑块数量满足统计学的要求，尽量使用分维数（FDL 和 FDB）。建议在今后计算中，在景观或类型水平上用对数分维数，而在斑块水平上用周长面积比值。

6）景观类型内外部指数选择

蔓延度指数间的相关性受其代表的深层生态学意义的影响，根据此特点归纳为以下 4 个类型：

（1）用景观类型内部的团聚程度来表示景观聚集度的指数包括聚集度（AI）和相邻百分比（PLADJ），以像元为计算单元。

（2）用景观类型的相邻程度来表示景观聚集度的指数为分散指数（IJI），以景观类型为计算单元，在一定意义上表示景观边界分布的均匀程度。

（3）用景观所有相邻程度来表示景观聚集度的指数有蔓延度（CO）、角秒矩（ASM）和反差矩（IDM），以像元为计算单元。

（4）用景观可能包含的斑块数和其面积表示景观聚集度的指数有景观分离度（DIVISION）、分割指数（SPLIT）和有效网格面积（MESH），这些指数都以斑块作为计算单元。

这 4 个类型内部的指数之间相关性较大，如 AI 与 PLADJ 存在显著的相关关系（$R = 0.99$），决定系数为 98.21%，类型之间的指数间相关性较差。

7）景观单元与指数选择

除了景观类型和斑块为计算单元的蔓延度指数外，以像元为计算单元的指数对象元大小很敏感，这类指数有聚集度（AI）、相邻百分比（PLADJ）、蔓延度（CO）、角秒矩（ASM）和反差矩（IDM），如果像元面积减少，那么景观聚集度增加。在计算过程中，它们考虑的不是像元大小及单位，而是像元数量，因此受像元大小或空间分辨率的影响。

在具体案例研究，尤其景观动态变化研究中，必须保证每期数据的空间分辨率一致。应该特别注意蔓延度指数中的反差矩（IDM）指数，它在计算过程中采用类型的数字代码，如果采用不同的代码计算，结果截然不同。因此，在景观动态变化分析中，类型代码相同的情况下，可以计算 IDM，在其余情况下，慎重考虑。

8）多样性指数可独立选择

虽然多样性指数与景观类型数有关，但与类型数（PR）不存在显著的相关关系，这表明在真实景观中影响多样性（SHDI 和 SIDI）、均匀度（SHEI 和 SIEI）和优势度（DO 和 RD）的因子主要是景观类型的面积百分比，而不是类型数。但是在特殊情况下，它们与 PR 存在显著的相关关系，如固定类型面积百分比，类型数与 PR 会显现出显著的相关关系。

多样性指数与形状、相邻矩阵和空间位置没有任何关系，因此对它的争论也比较多。两类多样性指数之间具有显著的相关关系，前人研究表明，Shannon’s 指数对景观中的非优势类型的变化敏感，而 Simpson’s 指数对优势类型的变化敏感。因此只能根据它们对景观基本指数或其他指数的敏感程度来理解内涵，在研究中根据研究目的进行筛选。相比之下，Simpson’s 指数对斑块密度（PD）、边界密度（ED）、平均斑块面积（APA）和最大斑块指数（LPI）的变化较敏感。

9）景观异质性的指示指标

表示景观异质性的指数有两种，即多样性和聚集度，但是它们所采用的参数和侧重点不同。多样性指数用景观类型面积百分比表示景观异质性，聚集度则用类型之间相邻矩阵表示景观异质性。

10）景观指数选择基本判断原则

（1）景观格局本身。景观的空间格局决定了景观类型的空间分布和类型之间的空间关系。

（2）生态学意义。为了解释某个生态问题提出了景观指数和应用指数。不管指数的参数如何，生态学意义相近的指数之间相关性好，这种现象表现在指数组内和组之间，如多样性和蔓延度指数之间。

（3）指数的计算公式。如果两个指数所采用的参数相同，它们之间的相关性好，这种现象集中表现在指数组内。但计算过程中对参数的不同处理方式使得指数之间的相关系数大有不同。例如平均分维数和平斑块周长面积比值之间的相关系数为 0.071，Shannon’s 多样性（SHDI）与 Simpson’s 多样性（SIDI）之间相关系数为 0.949。如果指数的计算公式越简单，且基本指数与它的相关性较好，那么在其中保留的基本指数的信息就越大。如果指数的计算公式越复杂，且基本指数与它的相关性较差，那么在其中保留的基本指数的信息就越少。

（4）计算单元。如果两个指数的参数和单元相同，它们之间相关性好，这种现象同样表现在指数组内。例如，聚集度（AI）和相邻百分比（PLADJ）都以像元为计算单元，其相关系数为 0.991。

（5）空间分辨率。尤其是那些只考虑象元数量而不考虑其大小的指数。

（6）景观分类系统。同一个景观可以有不同的分类系统。同一个景观，在不同的分类系统下计算出的指数间相关性问题，将在 7.2.2 节介绍。

11）景观指数间存在有条件的相关性

据龚建周和夏北成（2005）的研究，从景观格局的 3 个特征方面出发，选取 3 类指数，发现大多数面积、周长、密度类景观指数间存在相关性，如 9 个指数间的 36 个指数对中的 20 对呈极显著正相关，9 对呈显著相关，7 对呈弱相关，即比例为 20∶9∶7。反映斑块形状的 9 个指数间的相关分析得到的极相关、相关、弱相关比例分别为 6∶10∶20；表征斑块分布与蔓延状态的 10 个指数间相关分析得到的 3 种比例分别为 16∶8∶21。显然，斑块形状类各指数间的独立性较好，蔓延度类指数次之，面积、周长、密度类指数之间的重叠信息最多。由此可知，景观格局指数之间的相关关系普遍存在。用景观格局指数研究景观格局特征时，应注意指数的选取，尽量避免堆砌指数和信息冗余。

由上述分析可以得出结论，景观指数的选择技术，其实就是要考虑研究问题的分身情况（景观格局本身）、指数的生态学意义及其计算公式、计算单元及空间分辨率、景观分类系统等。本章所述内容给出了具有指导性的建议，但不具备指令性。读者可以参考本章内容进行具体案例的应用。

7.2.2　景观指数选择方法与示例

1. 概述

景观格局分析越来越广泛地被应用到自然科学和社会科学领域，而景观格局分析指数超过 100 个，给使用者带来巨大的麻烦。针对如何选取景观指数问题，采用全样本解决思路，对济南市土地利用数据重采样为 50m×50m 的栅格数据，在 Fragstats 中计算 3 个尺度上的所有景观指数。由于斑块尺度上，一个研究区域范围内斑块数量大，且表达的特征为某一斑块自身的特点，因此分析景观特征选取斑块指数没有实际意义，故仅对类型尺度和景观尺度的指数进行筛选。许多景观指数之间存在不同程度的相关性，在表达景观格局特征的时候存在一定的数据冗余性，信息重叠过多，不利于清晰明了地对景观进行表达。通过主成分分析、聚类分析和相关性分析等数理统计分析方法，获取类型尺度和景观尺度上的景观分析指数。

2. 景观指数类型

本章所提及的景观指数是用 Fragstats 软件进行计算，求得斑块、斑块类型和景观尺度 3 个尺度上的景观指数，其中，斑块尺度有 75 个指数（表 7.17）、斑块类型尺度有 109 个指数（表 7.18）、景观尺度有 115 个指数（表 7.19）。

表 7.17　斑块尺度景观指数

斑块尺度	指标名称	斑块尺度	指标名称
AREA	面积	CORE	核心斑块指数
PERIM	周长	NCORE	核心斑块数量
GYRATE	回旋半径	CAI	核心斑块面积比指标
PARA	周长面积比	PROX	邻近指数
SHAPE	形状指数	SIMI	斑块相似系数
FRAC	分维数	ENN	欧氏邻近距离
CIRCLE	近圆形形状指数	ECON	边缘对比度
CONTIG	邻近指数		

表 7.17 中的 15 个指标中，各对应 4 个统计指标，类型方差（CSD）、类型百分比（CPS）、景观方差（LSD）、景观百分比（LPS），因此斑块水平共有 75 个指数。

表 7.18　斑块类型尺度景观指数

类型尺度	指标名称	类型尺度	指标名称
CA	斑块类型面积	CWED	对比加权边缘密度
PLAND	类型所占景观面积比例	TECI	总边缘对比度
NP	斑块数量	CLUMPY	丛生度
PD	斑块密度	PLADJ	相似近邻比例
LPI	最大斑块指数	IJI	散布与并列指数
TE	总边界长度	CONNECT	连接度
ED	边缘密度	COHESION	斑块内聚力
LSI	景观形状指数	DIVISION	景观分裂指数
PAFRAC	周长面积分维数	MESH	有效粒度面积
TCA	核心斑块总面积	SPLIT	分离度
CPLAND	核心斑块占景观面积比例	AI	聚合度
NDCA	独立核心斑块数量	NLSI	归一化形状指数
DCAD	独立核心斑块密度		

类型尺度的 AREA、GYRATE、SHAPE、FRAC、PARA、CIRCLE、CONTIG、CORE、DCORE、CAI、PROX、SIMI、ENN、ECON 这 14 个指标，各对应平均值（MN）、加权平

均值（AM）、中值（MD）、范围（RA）、标准差（SD）和变异系数（CV）6 个统计指标，类型尺度共 109 个指数。

表 7.19 景观尺度景观指数

景观尺度	指标名称	景观尺度	指标名称
TA	景观面积	CONNECT	连接度
NP	斑块数量	COHESION	斑块内聚力
PD	斑块密度	DIVISION	景观分裂指数
LPI	最大斑块指数	MESH	有效粒度面积
TE	总边界长度	SPILT	分离度
ED	边缘密度	PR	斑块多度（丰富度）
LSI	景观形状指数	PRD	斑块丰富度
PAFRAC	周长面积分维	RPR	相对丰富度
TCA	核心斑块总面积	SHDI	香农多样性指数
NDCA	独立核心斑块数量	SIDI	Simpson 多样性指数
DCAD	独立核心斑块密度	MSIDI	修正 Simpson 多样性指数
CWED	对比度加权边缘密度	SHEI	香农均匀度指数
TECI	总边缘对比度	SIEI	Simpson 均匀度指数
CONTAG	蔓延度	MSIEI	修正 Simpson 均匀度指数
PLADJ	相似邻近比例	AI	聚合度
IJI	散布与并列指数		

景观尺度的 AREA、GYRATE、SHAPE、FRAC、PARA、CIRCLE、CONTIG、CORE、DCORE、CAI、PROX、SIMI、ENN、ECON 这 14 个指标，各对应平均值（MN）、加权平均值（AM）、中值（MD）、范围（RA）、标准差（SD）和变异系数（CV）6 个统计指标，类型尺度共 115 个指数。

3. 景观指数选取方法

1）主成分分析

主成分分析（principal component analysis，PCA）是一种多元统计分析方法，将多个变量进行线性变换后，选择出几个重要的变量（袁志发和周静芋，2002）。主成分分析的原理是将原变量通过一定的变换，重新组合成一组不具有相关性的新综合变量，是数学上实现数据降维的一种方法。通过二维视角讨论主成分的几何意义，可以帮助理解多维空间下主成分分析的作用（图 7.6）。

假设二维空间的 n 个点具有 X_1 和 X_2 两种属性，并且在 X_1 或 X_2 方向上离散性的大小用方差来表示。如果单独考虑两个属性中的某一个，会导致原始数据的信息丢失。假设将 X_1、X_2 轴平移后逆时针旋转角度，获得两个新变量，F_1 和 F_2。

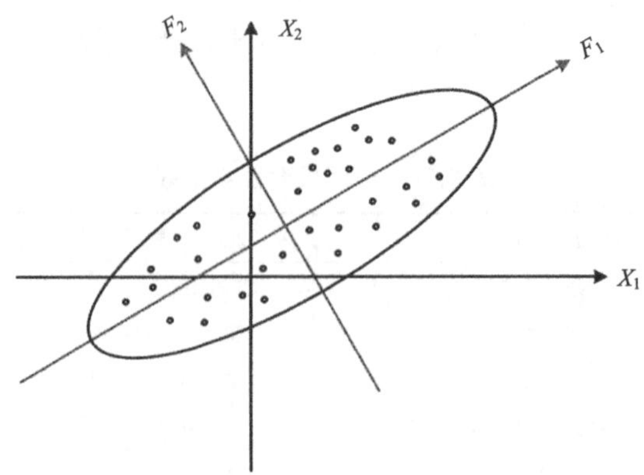

图 7.6　二维视角主成分的几何意义

$$\begin{cases} F_1 = x_1 \cos\theta + x_2 \sin\theta \\ F_2 = -x_1 \cos\theta + x_2 \cos\theta \end{cases} \tag{7.1}$$

式中：F_1 和 F_2 集中了原始数据中包含的信息，且 F_1 和 F_2 之间没有相关性，即 Cov（F_1, F_2）=0，这样在研究复杂问题的过程中，避免了信息重叠引起的误差。F_1 具有很大程度的离散性、方差大，它代表了原始数据大部分信息。在某种情况下，仅考虑变量 F_1 就可以分析问题，舍弃 F_2，对整体信息数据的丢失不大。将 F_1 称为第一主成分，F_2 称为第二主成分。

类似地，在 P 维空间中，原始变量是 $x_1, x_2, \cdots, x_P$，新变量为 $F_1, F_2, \cdots, F_m$，则有

$$\begin{cases} F_1 = l_{11}x_1 + l_{12}x_2 + \cdots + l_{1p}x_p \\ F_2 = l_{21}x_1 + l_{22}x_2 + \cdots + l_{2p}x_p \\ \qquad \vdots \\ F_m = l_{m1}x_1 + l_{m2}x_2 + \cdots + l_{mp}x_p \end{cases} \tag{7.2}$$

式中：l_{ij} 为系数。第一主成分 F_1 具有最大的方差和最大的信息量；F 简化了对原始系统内的数据表达，抓住了主要矛盾，可以根据实际需要，选择合适的主成分进行进行研究。主成分的选择基于主成分贡献率，某主成分的方差与总方差的比率称为主成分贡献率，可以度量新的主成分对于原始数据的解释能力。

通过对三个尺度上的景观指数进行主成分分析，可以筛选能反映城市发展景观变化信息的景观指标。

2）聚类分析

聚类分析是数据挖掘的重要手段。聚类过程表示非监督模式识别，是一个不具有类别标记的数据样本对象集合，根据特定标准划分成簇，并将具有相似特征的对象分类为一类。

基于层次的聚类方法是四类经典聚类方法中的一种，它是一种“自下而上”的方法，从每个数据开始，作为一个类，经反复迭代，把相邻近的数据合并成一个小组，直到所有数据分为一个分或满足某种条件为止。层次聚类突出的优势在于不需要事先对聚类的数目进行指定，可以较为灵活地控制聚类样本在不同层次上的聚类粒度，同时，聚类结果的树状图也可以清晰地表达子类之间的层次关系，适用于对变量进行聚类（王骏等，2012）。

由于斑块尺度上，斑块的数量上万，数据量庞大，并且各类景观指数的聚类粒度需要反复调整，故选择该方法对景观指标进行聚类分析，使指标可以按照特征进行分类。同时，层

次聚类法适用于对变量进行聚类的特点，也使得不同尺度上的景观指标可以按照内在规律，实现聚类过程。

4. 景观指数计算及选取

1）景观指数计算

计算景观指数的软件繁多，Fragstats 是所有软件中指数较为全面、功能更加成熟的软件，所以选择 Fragstats 计算景观指数。在研究过程中，由于数据的格式、口径、空间参考坐标系等的不一致，导致数据在使用过程中没有办法统一起来，为了保证数据的一致性，需要对各类数据进行预处理，使数据能够进行综合利用，对比分析，达到数据分析的精度与质量要求。数据处理工作主要包括对于矢量栅格数据的坐标转换问题和土地利用数据的重分类处理，以及社会经济数据口径的统一。土地利用数据的分类是基于《土地利用现状分类》（GB/T 21010—2007）文件中所规定的分类标准。结合济南市实际土地利用类型，将研究区土地利用图重分类为耕地、建设用地、林地、草地、水域和未利用地（表 7.20）。2006 年、2011 年、2016 年三期土地利用分类图如图 7.7～图 7.9 所示。重分类数据被划分为 50m×50m 的网格单元，并且在 Fragstats 中计算三个尺度上的景观指数。

表 7.20　土地利用类型分类表格

编号代码	土地利用类型	原矢量数据土地利用类型
1	耕地	水浇地、水田、旱地
2	建设用地	农村居民点、风景名胜及特殊用地、公路用地、采矿用地、建制镇、机场用地、城市、铁路用地
3	林地	林地、灌木林地、其他林地、果园、其他园地
4	水域	坑塘水面、沟渠、水工建筑用地、河流水面、内陆滩涂、湖泊水面、水库水面、沼泽地
5	草地	其他草地
6	未利用地	盐碱地、裸地

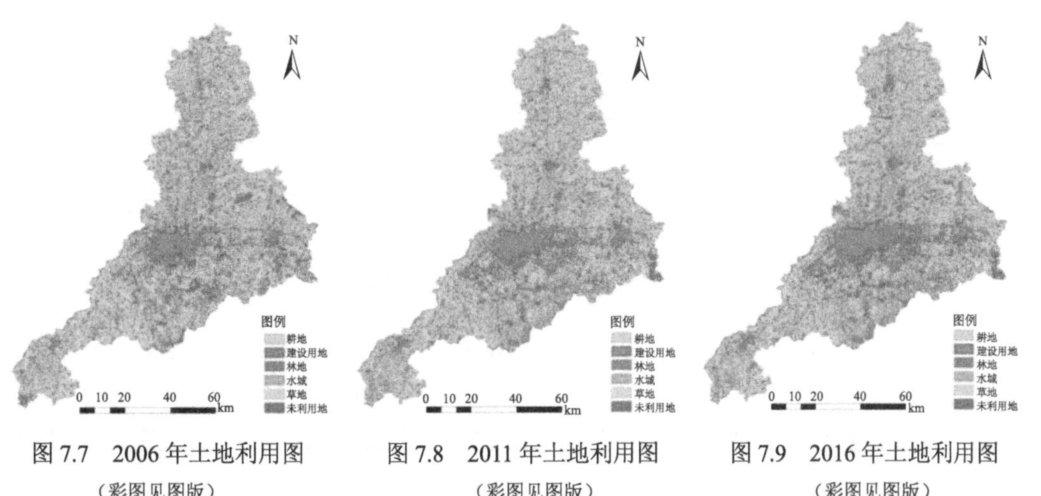

图 7.7　2006 年土地利用图（彩图见图版）

图 7.8　2011 年土地利用图（彩图见图版）

图 7.9　2016 年土地利用图（彩图见图版）

2）景观指数选取——主成分分析法

对计算出的 109 个斑块类型指标进行初步分析，剔除 5 个无效指标，对剩下的 104 个指标进行主成分分析，提取了 5 个主成分（图 7.10），其中，前 4 个主成分累积贡献率为 95.617，有效地表示了原始数据的信息量（解释的总方差见表 7.21）。第一主成分的主要指标是 LPI、AREA_AM、AREA_RA、AREA_CV、GYRATE_MN、TCA、CPLAND、CORE_MN、CORE_AM、CORE_RA、CORE_SD、DCORE_MN、DCORE_AM、DCORE_RA、DCORE_SD、CAI_AM、PROX_RA、PROX_SD 和 CWED；第二主成分主要指标是 CA、PLAND、TE、ED、AREA_MN、CONTIG_AM、NDCA、DCAD、CAI_MN、CAI_SD、PROX_MD、PLADJ 和 AI，代表了原始数据超过一半的信息；第三主成分主要指标是 GYRATE_AM、GYRATE_RA、GYRATE_SD、GYRATE_CV、FRAC_AM、FRAC_SD、FRAC_CV、PARA_MN、PARA_MD、CIRCLE_AM、SIMI_AM 和 CONNECT；第四主成分主要指标是 NP、PD、CIRCLE_RA 和 CORE_CV；第五主成分主要指标有 SHAPE_MN 和 FRAC_MN。

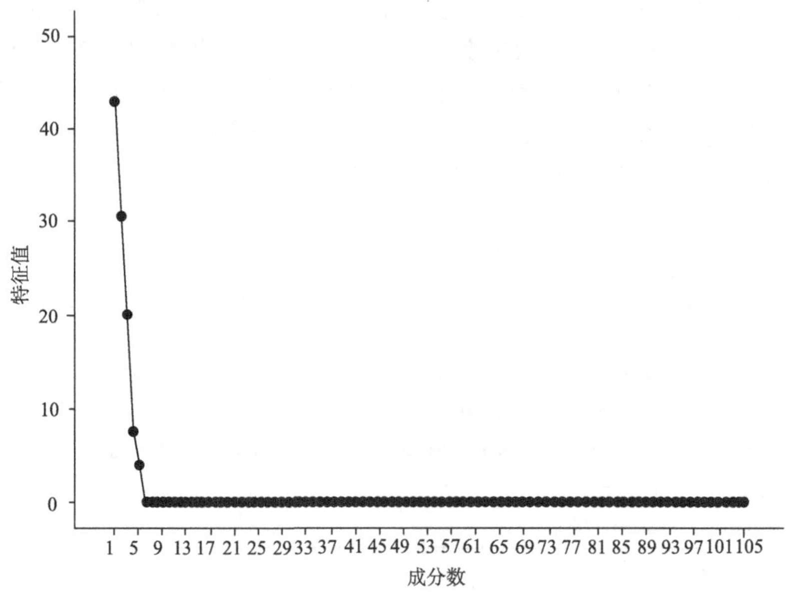

图 7.10　类型尺度主成分分析图

表 7.21　类型尺度主成分分析解释的总方差

成分	初始特征值			提取平方和载入			旋转平方和载入		
	合计	方差百分比/%	累积百分比/%	合计	方差百分比/%	累积百分比/%	合计	方差百分比/%	累积百分比/%
1	43.052	41.002	41.002	43.052	41.002	41.002	30.785	29.319	29.319
2	30.430	28.981	69.983	30.430	28.981	69.983	29.293	27.898	57.217
3	20.006	19.053	89.036	20.006	19.053	89.036	29.042	27.659	84.876
4	7.607	7.244	96.280	7.607	7.244	96.280	11.278	10.741	95.617
5	3.905	3.720	100.000	3.905	3.720	100.000	4.602	4.383	100.000

在景观尺度上，对有效的 108 个指标提取了 9 个主成分（图 7.11），其中，前 8 个主成分累积贡献率为 98.830，有效地表示了原始数据的信息量（解释的总方差见表 7.22）。第一主成分的主要指标是 PD、ED、SHAPE_AM、FRAC_AM、FRAC_SD、FRAC_CV、PARA_MN、

PARA_AMCIRCLE_SD、CONTIG_CV、CONTIG_CV、PROX_SD、SIMI_SD、CWED、CIJI 和 AI；第二主成分主要指标有 TA、TE、GYRATE_MD、GYRATE_RA、GYRATE_SD、SHAPE_MD、SHAPE_RA、SHAPE_CV、FRAC_RA、CIRCLE_MN、CIRCLE_MD、CONTIG_MD、NDCA、CAI_CV、SIMI_MN、SIMI_AM、SIMI_MD、SIMI_RA、ENN_RA、TECI、ECON_AM、DIVISION 和 SPLIT；第三主成分主要指标是 SHAPE_MN、SHAPE_MN、DCORE_MN、DCORE_AM、DCORE_SD、SIMI_CV、SHDI、MSIDI、SHEI、SIEI 和 MSIEI；第四主成分主要指标是 CIRCLE_AM、PROX_MN 和 PROX_MD；第五主成分只要指标是 AREA_AM 和 AREA_SD；第六主成分主要指标是 GYRATE_CV；第七主成分主要指标为 CORE_CV、DCORE_CV；第八主成分主要指标是 ECON_MN 和 ECON_SD；第九主成分主要指标是 CONTIG_SD。

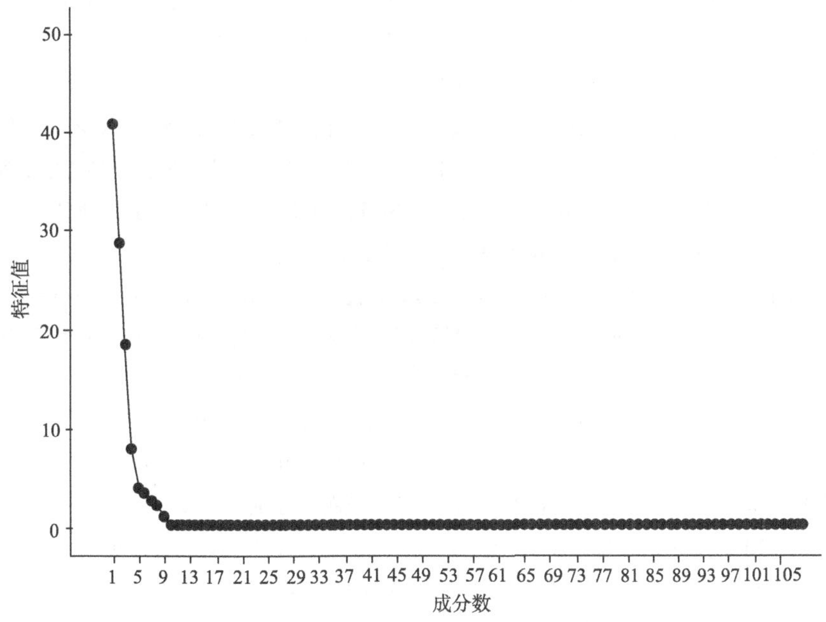

图 7.11　景观尺度主成分分析

表 7.22　景观尺度主成分分析解释的总方差

成分	初始特征值			提取平方和载入			旋转平方和载入		
	合计	方差百分比/%	累积百分比/%	合计	方差百分比/%	累积百分比/%	合计	方差百分比/%	累积百分比/%
1	40.404	37.411	37.411	40.404	37.411	37.411	32.149	29.767	29.767
2	28.524	26.411	63.822	28.524	26.411	63.822	29.962	27.743	57.510
3	18.353	16.993	80.815	18.353	16.993	80.815	20.877	19.330	76.840
4	7.700	7.130	87.945	7.700	7.130	87.945	10.956	10.145	86.985
5	3.873	3.586	91.532	3.873	3.586	91.532	3.451	3.195	90.180
6	3.363	3.114	94.645	3.363	3.114	94.645	3.440	3.185	93.365
7	2.557	2.368	97.013	2.557	2.368	97.013	3.391	3.140	96.505
8	2.170	2.009	99.023	2.170	2.009	99.023	2.511	2.325	98.830
9	1.056	0.977	100.000	1.056	0.977	100.000	1.264	1.170	100.00

3）景观指数选取—聚类分析法

利用层次聚类法进行聚类，选择 10 为阈值，将 105 个类型尺度指标分为 8 类。其中，CA、PLAND、CWED、NDCA、DCAD、AREA_MN、PROX_MD、CAI_MN、TE、ED、PLADJ、AI、CONTIG_AM、CAI_SD、PARA_SD 和 CONTIG_SD 等 16 个指标为一类；IJI 指标单独成为一类；NP、PD、LSI 和 CORE_CVD 这 4 个指标为一类；LPI、AREA_RA、AREA_AM、PROX_RA、PROX_SD、TCA、CPLAND、CORE_MN、CORE_SD、CAI_AM、DCORE_AM、DCORE_RA、CORE_RA、CORE_AM、DCORE_SD、DCORE_MN、DCORE_CV、PARA_RA、CONTIG_RA、PROX_MN、MESH、AREA_SD、SHAPE_RA、CLUMPY、PROX_AM、SHAPE_AM、DCORE_MD、AREA_CV、FRAC_RA、COHESION 和 CIRCLE_RA 等 31 个指标为一类；FRAC_SD、FRAC_CV、CIRCLE_SD、PARA_MN、CIRCLE_CV、CONNECT、CONTIG_CV、SHAPE_SD、SHAPE_CV、PARA_MD、FRAC_AM、PAFRAC、SIMI_MN、GYRATE_SD、GYRATE_AM、SIMI_AM、CIRCLE_AM 和 SIMI_RA 等 18 个指标为一类；ENN_MN、ENN_AM、SPLIT、SIMI_SD、SIMI_CV、PARA_CV、CONTIG_MN、AREA_MD、CONTIG_MD、SHAPE_MD、FRAC_MD、CIRCLE_MD、CIRCLE_MN、CAI_CV、ENN_MD 和 PROX_CV 等 16 个指标为一类；ENN_RA、ENN_CV、ENN_SD、PARA_AM、NLSI、DIVISION 和 FRAC_MN 等 7 个指标为一类；TECI、ECON_AM、ECON_MN、ECON_MD、ECON_SD、ECON_CV 和 SHAPE_MN 等 7 个指标为一类。

景观尺度的聚类分析，选择 12 为阈值将 108 个类型尺度指标分为 9 类。其中，AREA_AM、MESH、GYRATE_AM、COHESION 和 GYRATE_CV 等 5 个指标为一类；ECON_MN 指标单独成为一类；CAI_MN、CAI_SD、CORE_AM、CONNECT、PRD 和 LPI、DCAD 这 6 个指标为一类；SHAPE_MN 和 FRAC_MN 两个指标为一类；PARA_RA、CONTIG_RA、CORE_MN、CORE_SD、DCORE_AM、DCORE_SD、DCORE_MN、DCORE_RA、CORE_RA、TCA、CONTIG_AM、AI、PLADJ、AREA_SD、CONTAG、AREA_MN、ENN_AM、ENN_MN、ENN_SD、ENN_MD、GYRATE_MN、PARA_CV、CONTIG_MN、CONTIG_MD、AREA_MD、GYRATE_MD、FRAC_MD、CIRCLE_MN、CIRCLE_MD、SHAPE_MD、DCORE_MD、GYRATE_SD 等 32 个指标为一类；AREA_CV 和 PROX_CV 两个指标为一类；ED、PARA_AM、CWED、PD、SHAPE_AM、FRAC_AM、PROX_SD、SIMI_SD、CIRCLE_AM、TECI、ECON_AM、CAI_CV、SIMI_MN、SIMI_MD、PROX_RA、SIMI_AM、PROX_AM、SIMI_RA、SHAPE_RA、FRAC_RA、GYRATE_RA、NDCA、NP、TE、LSI、SPLIT、TA、AREA_RA、ENN_RA、SHAPE_CV、DIVISION、CIRCLE_RA 等 32 个指标为一类；PROX_MN、PROX_MD 和 ONTIG_SD 三个指标为一类；ECON_SD、ECON_CV、PARA_MN、PARA_MD、CIRCLE_CV、GONTIG_CV、CIRCLE_SD、PAFRAC、IJI、SHDI、SHEI、MSIDI、MSIEI、SIDI、SIEI、FRAC_SD、FRAC_CV、SIMI_CV、PARA_SD、CORE_CV、DCORE_CV 和 ENN_CV 等 22 个指标为一类。

4）景观指数最终选取

通过主成分分析、聚类分析，结合相关性分析和现有文献研究（Schindler et al.，2015；田晶等，2019），在斑块类型尺度上选取斑块数量（NP）、平均斑块面积（AREA_MN）、边缘密度（ED）、聚合度（AI）、最大斑块指数（LPI）、连接度（CONNECT）6 个指数（表 7.23），景观尺度选取散布与并列指数（IJI）、斑块内聚力（COHESION）、香农多样性指数（SHDI）、蔓延度指数（CONTAG）和周长面积分维数（PAFRAC）5 个指数（表 7.24）。

表 7.23　斑块类型尺度指数

指数名称	计算公式	含义
斑块数量（NP）	$\mathrm{NP}=n$	斑块的数量，描述景观的异质性
平均斑块面积（AREA_MN）	$\mathrm{AREA_{MN}}=\frac{A}{N}\times\frac{1}{10000}$	斑块总面积除以斑块数，反映景观格局的破碎程度
边缘密度（ED）	$\mathrm{ED}=\frac{E}{N}\times 10000$	E 是景观的总边缘长度，A 是景观总面积，揭示景观或斑块被分割的程度
聚集度（AI）	$\mathrm{AI}=\frac{g_{ii}}{\max g_{ii}}\times 100\%$	g_{ii} 是基于单倍法的斑块类型 i 像元之间的节点数，单位是%，AI 越小，破碎度越高
最大斑块指数（LPI）	$\mathrm{LPI}=\frac{\underset{j=1}{\max(a_{ij})}}{A}\times 100$	某一斑块类型中的最大斑块面积，是对优势度的简单衡量。反映人类活动的作用
连接度（CONNECT）	$\mathrm{CONNECT}=\frac{\sum_{j=k}^{n}C_{ijk}}{\frac{n_i(n_i-1)}{2}}\times 100$	C_{ijk} 是指定临界距离之内，与斑块类型 i 相关的斑块 j 与 k 的连接状况，反映某斑块类型斑块之间的连通程度

表 7.24　景观尺度指数

指数名称	计算公式	含义
周长面积分维数（PAFRAC）	$\mathrm{PAFRAC}=\frac{2\Big/\left[N\sum_{j=1}^{n}\ln p_{ij}\times\ln a_{ij}-\left(\sum_{i=1}^{m}\sum_{j=1}^{n}\ln p_{ij}\right)\left(\sum_{i=1}^{m}\sum_{j=1}^{n}\ln a_{ij}\right)\right]}{\left(N\sum_{i=1}^{m}\sum_{j=1}^{n}\ln p_{ij}^{2}\right)-\left(\sum_{i=1}^{m}\sum_{j=1}^{n}\ln p_{ij}\right)^{2}}$	n_i 是景观内斑块类型 i 包含的斑块数量。取值范围 1～2，越接近 1，形状越简单
散布与并列指数（IJI）	$\mathrm{IJI}=\frac{-\sum_{k=1}^{m}\left[\left(\frac{e_{ik}}{\sum_{k=1}^{m}e_{ik}}\right)\ln\left(\frac{e_{ik}}{\sum_{k=1}^{m}e_{ik}}\right)\right]}{\ln(m-1)}$	N 是景观内斑块数量。度量斑块的实际散布情况在受自然条件约束严重的生态格局中反映明显
斑块内聚力指数（COHESION）	$\mathrm{COHESION}=\left[1-\frac{\sum_{i=1}^{m}\sum_{j=1}^{n}p_{ij}}{\sum_{i=1}^{m}\sum_{j=1}^{n}p_{ij}\sqrt{a_{ij}}}\right]\left[1-\frac{1}{\sqrt{A}}\right]\times 100$	A 是景观中的栅格总数，表示斑块廊道之间的相交频率
蔓延度指数（CONTAG）	$\mathrm{CONTAG}=\left[1+\frac{\sum_{i=1}^{m}\sum_{k=1}^{m}\left[(p_i)\left(\frac{g_{ik}}{\sum_{k=1}^{m}g_{ik}}\right)\right]\cdot\left[\ln(p_i)\left(\frac{g_{ik}}{\sum_{k=1}^{m}g_{ik}}\right)\right]}{2\ln(m)}\right]\times 100$	g_{ik} 是基于双倍法的斑块类型 i 和斑块类型 k 之间的节点数，m 是景观中的斑块类型数，值越小表示越分散
香农多样性指数	$\mathrm{SHDI}=-\sum_{i=1}^{m}(p_i\times\ln p_i)$	p_i 随斑块类型数的增加而增大，取值≥0，对非均衡分布的状态明显

注：a_{ij} 表示斑块面积；p_{ij} 为周长；p_i 是斑块类型 i 在景观中的面积比例。

7.3　景观分类对景观指数影响的量化分析

7.3.1　研究思路与方法

景观分类对景观指数的影响已引起广泛关注，就此问题进行专题阐述。本节内容主要依据龚建周和夏北成（2005）的文章进行整理。

以广州市区为研究区，以 TM 遥感影像为数据源。遥感图像经过预处理和大气辐射校正，剔除大气辐射噪声的影响，计算校正后的归一化植被指数，建立植被指数与植被覆盖度的关系模型，再进行遥感图像的空间模型运算，形成研究区的植被覆盖度分布图。按照研究所确定的植被覆盖度等级体系，分割植被覆盖图生成一系列不同分类数的植被覆盖度等级图；然后用广州市老八区行政边界裁剪植被覆盖度等级图，形成各行政区域范围内的一系列不同分类数的植被覆盖度等级图。

在类型水平上，利用 Fragstats 计算各行政区域不同植被覆盖度等级的景观格局指数，按 Fragstats 对景观格局指数的分类，选取 13 个面积、周长和密度指数（area /perimeter /density metrics）、5 个形状指数（shape metrics）、7 个蔓延度指数（contagion metrics）、1 个连接度（connectivity metrics）指数和 2 个分离度指数（isolation /proximity metrics）等 5 类共 28 个指数，按照指数的生态学意义归并成本研究的面积、周长、密度类指数（9 个）、形状类指数（9 个）、蔓延度类指数（10 个）等 3 个类型。计算各指数值的自然对数，用 SPSS 12.0 计算各类型内部的各指数间、指数与其自然对数间和自然对数与自然对数间的相关系数。选取绝对值最大的值作为两个指数间的相关系数（R）。规定$|R|\geqslant0.75$ 为极显著相关；$0.55\leqslant|R|<0.75$ 为显著相关；检验值$\leqslant|R|<0.55$ 为弱相关；R 的正负号表示相关的方向。

参考有关文献，结合研究区大于 85%的植被覆盖度所占比例极少的实际，采用以下几种方案定义植被覆盖度分级体系：2 级表示法（0～50%、50%～100%），3 级表示法（0～30%、30%～60%、60%～100%），4 级表示法（0～25%、25%～50%、50%～75%、75%～100%），5 级表示法（0～10%、10%～30%、30%～50%、50%～70%、70%～100%），6 级表示法（0～15%、15%～30%、30%～45%、45%～60%、60%～75%、75%～100%），9 级表示法（0～10%、10%～20%、20%～30%、30%～40%、40%～50%、50%～60%、60%～70%、70%～80%、80%～100%）和 17 级表示法。17 级划分法是用内插法将 9 级分类法的前 8 个等级再均分为二级，第 9 个等级全部划为 17 级表示法的第 17 个等级。

7.3.2 景观指数间的相关关系对景观分类的敏感性

基于不同的植被覆盖度等级划分方案，计算不同分类数下各类型指数内景观格局指数两两之间的相关系数，研究相关关系对分类数变化的响应。3 大类共 28 个指数形成 116 个指数对，根据曲线变化将指数对之间的相关关系对分类数的响应分成 3 类（图 7.12～图 7.14）。

1. 简单型（不敏感型）

图 7.12 所示的 12 个指数对之间的相关性对景观分类数的响应不敏感，即随着分类数增加，相关系数的值变化较小，响应曲线微小波动。

2. 分段变化型

共 31 个指数对的相关系数呈现分段变化的趋势（图 7.13）。其中，图 7.13（a）的 4 个指数对的相关性从负相关到正相关变化，LPI-PD 指数对在小的分类数时显著负相关，随着分类数增加，相关性减弱，至分类数 5 时呈正相关，以后相关性逐渐增强；图 7.13（b）的 5 个指数对的相关性随着分类数增加均由正相关向负相关过渡，变幅较大，其中，DIVISION-CLUMPY、

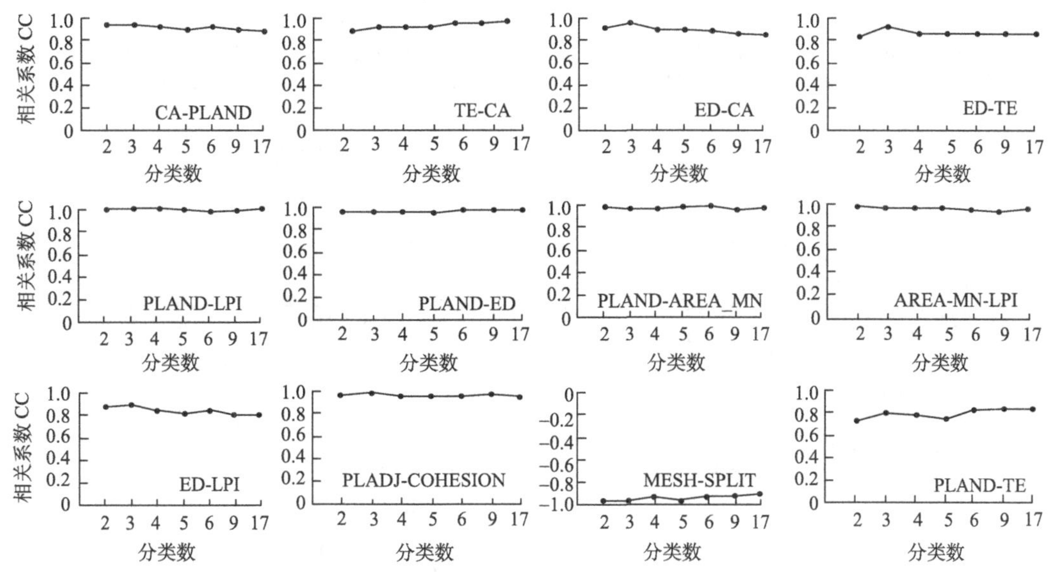

图 7.12　景观格局指数间相关系数对景观分类数变化的响应曲线（简单型）

GYRATE_MN-NLSI 由显著正相关变化到负的弱相关，而 IJI-PLADJ 呈正负正的跳跃变化；图 7.13（c）有 4 个指数对的相关系数均为负值，随着分类数增加，相关性逐渐减弱，但减弱的程度因指数对而异，只有 ED-PD 间的相关系数为正值，并单调增加；图 7.13（d）、7.13（e）、7.13（f）共 16 个指数对的相关系数均为正值，大多呈显著相关。

3. 复杂变化型

图 7.14 的 74 个指数对中，17 对指数呈正相关，9 对呈负相关[图 7.14（a）、图 7.14（d）、图 7.14（e）]，47 个指数对的相关性变化较复杂，并且对分类数很敏感，从正相关到负相关或者从负相关到正相关，随分类数变化而呈大幅度变动。图 7.14（e）中 CIRCLE_MN-PARA_MN 及 CIRCLE_MN-SHAPE_MN 两个指数对的变化均在负相关范围，前者在高分类数时呈显著负相关，而后者在小的分类数时呈显著负相关，其他 3 个指数对在分类数低时呈显著正相关，随着分类数增大，相关性减弱。

图 7.14（f）中的 3 个指数对在分类数为 2～9 时显著负相关并稳定，至分类数 17 时，跳跃至显著正相关。另外的 3 个指数对则随着分类数的增大从负相关逐步变化至呈显著正相关。

相对平稳而单调变化的有图 7.14（g）、7.14（h）的 10 个指数对。多方向变化的有图 7.14（i）、7.14（j）、7.14（k）的 13 个指数对，并且对分类数极为敏感，在分类数 2、3 和 4 时大幅振荡，相关性发生质的分异，对 5～17 各分类数也响应敏感。图 7.14（l）的 5 个指数对在分类数 2 和 3 之间发生明显的跳跃式变化，而在其他分类数情况下变化相对较平缓。图 7.14（m）中的 4 个指数对的相关关系分别在分类数 3 和 17 时分异明显，在分类数 4～7 时相关性表现一致的变化趋势。图 7.14（n）中的 4 个指数对中，有 3 对在分类数较小时从显著正相关跳跃式变为显著负相关，而 MESH-PLADJ 是在分类数 17 时出现跳跃式变化，各指数对在其他分类数时变化相对平缓。图 7.14（o）中的 4 个指数对的变化杂乱，都在正负相关之间变化着，表现出对分类数响应极为敏感。

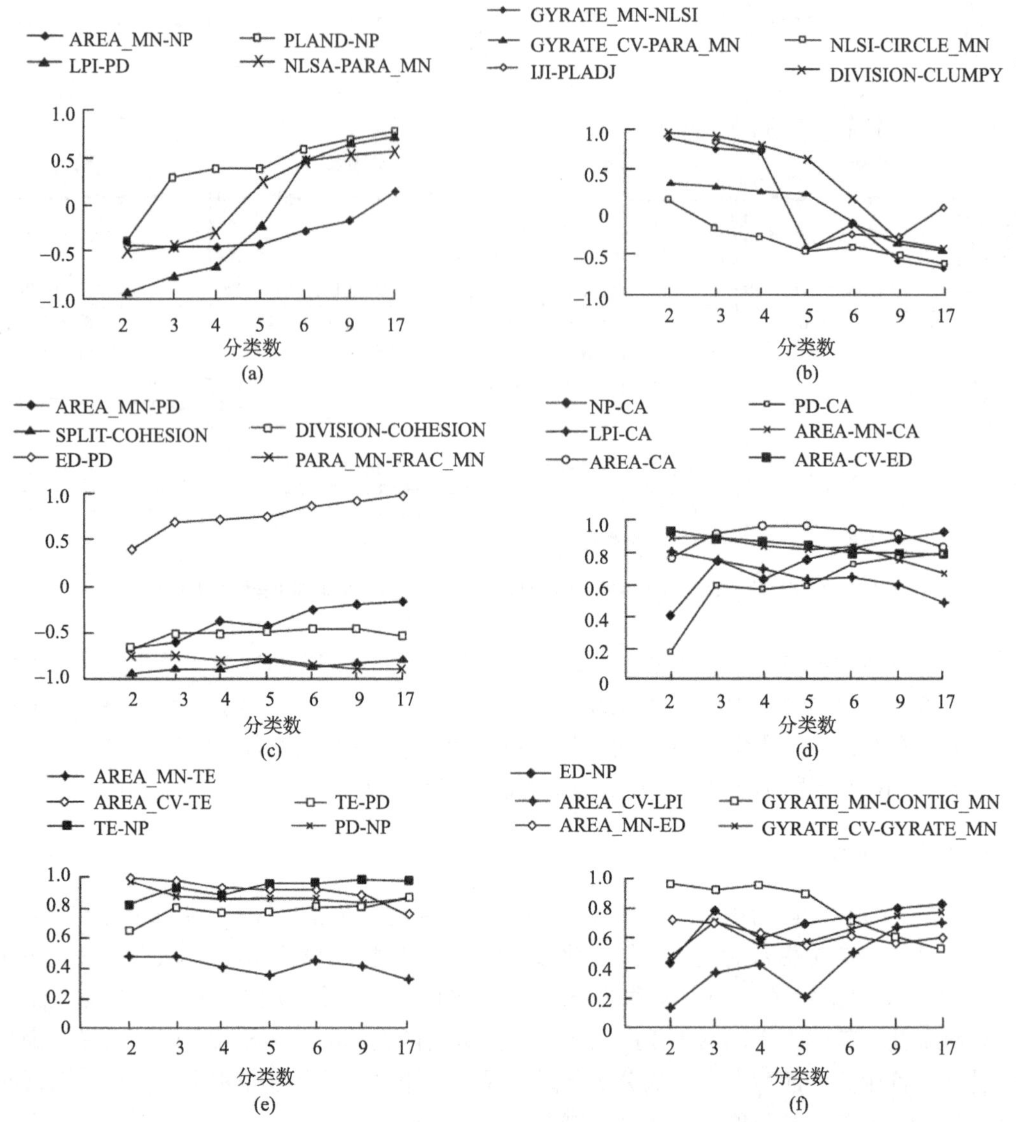

图 7.13　景观格局指数间相关系数对景观分类数变化的响应曲线（分段变化型）

综上所述，面积/周长/密度类指数间的相关性对分类数依赖性较差，图 7.12 中不敏感的 12 个指数对就有 10 个属于该类型，图 7.13 中变化较规则的 19 对指数属于该类型。按面积/周长/密度类、形状类和蔓延度类 3 类，分别计算各类型中指数对的相关系数随分类数变化的变异系数，取其绝对值求平均值，分别为 0.504、3.030、1.258，进一步证实形状类指数间的相关关系对分类数变化的响应最强，其次是蔓延度指数类，面积/周长/密度类指数的响应最弱。

7.3.3　景观指数对分类数敏感性空间分异

以常用的对分类数不敏感的 PLAND-AREA_MN 和敏感性强的 CONTIN_MN-LSI 两对指数为例，研究相对于分类数 3、4、5、17 时相关系数的空间分异。

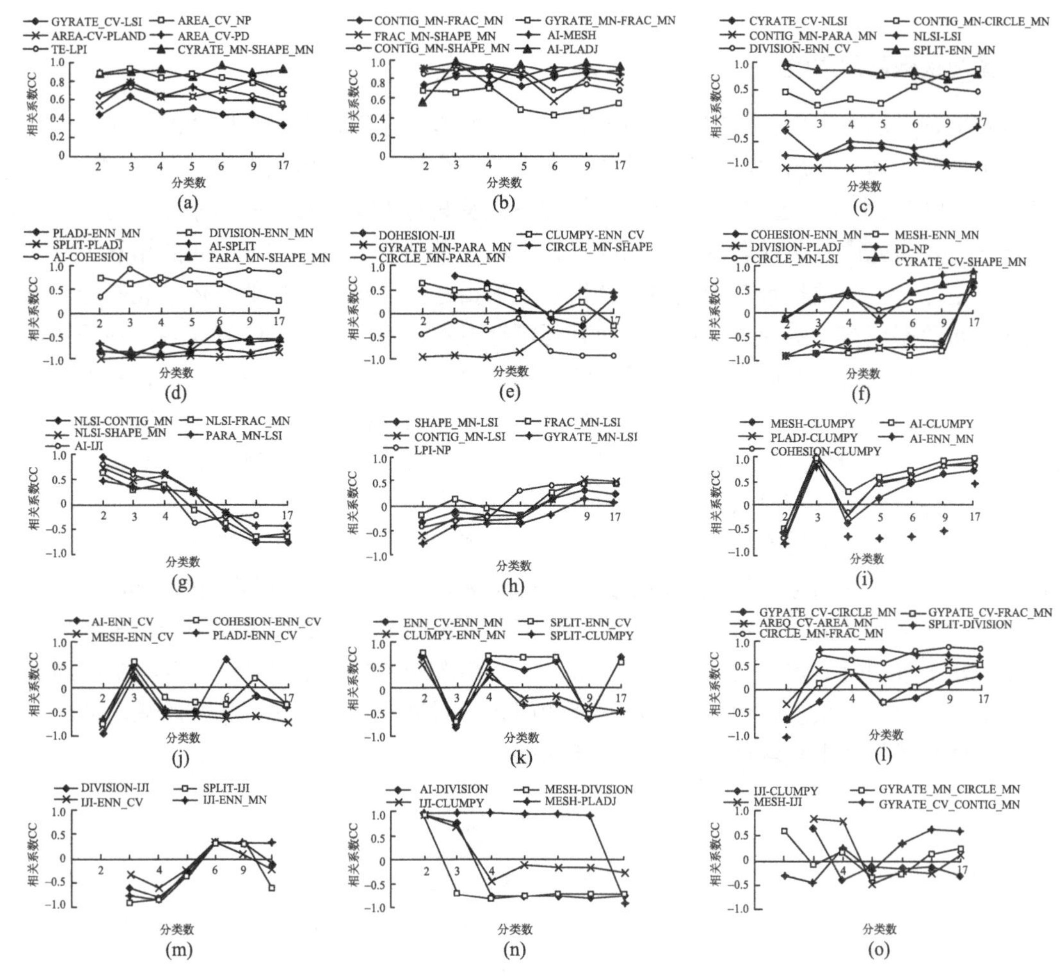

图 7.14 景观格局指数间相关系数对景观分类数变化的响应曲线（复杂变化型）

计算结果表明，变化最大的白云区主要表现在高分类数（17）时，呈下降趋势，降幅为 68.18%。越秀区和荔湾区是广州市面积最小（分别为 8.91km^2、11.8km^2）的两个中心城区，区域内植被主要以城市绿地为主，35%～40%覆盖度的城市绿地占绝对优势，等级单一，在不同分类数下，两指数之间的相关关系都相当于单一，一个等级的平均斑块面积及该等级斑块面积占总景观面积的百分比之间的相关系数为 1。白云区是研究区内面积最大的行政区（1042.7km^2），植被覆盖度等级的结构变化复杂，随分类数增大，指数间的相关关系的波动出现分异。指数对 PLAND-AREA_MN 的相关性在分类数 17 时转化为弱相关，是较大分类数时各等级植被覆盖度斑块间的平均面积差异较大所致。该结果表明细致的分类更能体现出景观结构的差异性。

形状指数 CONTIN_MN-LSI 间相关关系随分类数变化在不同行政区域内有很大的差异。在不同区域内，两指数间的相关关系呈现出正负极的不规则变化，并且这种变化也体现在不同的分类数之间。表明该指数间相关关系不仅对景观分类数极为敏感，而且也对景观本身的格局特征极为敏感，且显著相关主要集中在较小分类数范围内（小于 5）；当分类数为 17 时，ONTIN_MN-LSI 只在海珠区内表现出显著相关关系，其余各行政区内主要为相关或弱相关。

7.3.4 景观指数的局限性

景观生态学已成为现代生态学中内容最丰富、发展最迅速、影响最广泛的学科之一。景观是一个地理、功能与历史等交互相关的生态系统综合体。从整体观点研究景观的结构（空间格局）、功能（生态学过程）、变化（空间动态）及其与人类活动之间的相互作用，是景观生态学的主要研究内容。强调景观格局的形成、动态及其与生态学过程之间的相互关系，是其核心理论之一。景观指数是景观格局分析常用的指标，通过景观指数描述景观格局，不但可以使空间数据获得一定的统计性质，而且还可针对不同空间尺度上的景观格局特征进行比较与分析，定量描述和监测景观空间结构随时间的变化。然而，越来越繁杂的、基于单纯数理统计或拓扑计算公式所生成的各类景观指数经演算后的数据不能完全揭示真实景观的结构组成及其空间形态和功能特征，这正是景观生态学家所关注的重要问题。研究发现（林孟龙等，2008），景观指数仅能从几何特性解释景观在斑块与景观尺度上的空间特征，而无法解释从航片所观察到的景观结构与功能特性；通过对景观指数和研究区航片进行综合分析，可更加详细地揭示研究区的整体景观结构及其对应的景观功能，使针对景观格局的分析更加完整。基于整体性观点的评估景观结构的新方法，必将在未来的景观生态学发展中扮演重要角色。林孟龙等基于景观指数定量化分析了台湾宜兰利泽简湿地的景观格局特征，并与实际地表景观进行比较，分析了景观指数分析方法存在的问题，对进一步认识景观指数的适用性和局限性，更好地利用景观指数解释景观问题有所帮助。

参 考 文 献

布仁仓, 胡远满, 常禹, 等. 2005. 景观指数之间的相关分析. 生态学报, 25(10): 2764-2775

崔步礼, 常学礼, 左登华. 2009. 沙地景观中矢量数据栅格化方法及尺度效应. 生态学报, 29(5): 2463-2472

傅伯杰, 陈利顶, 马克明. 2001. 景观生态学原理及应用. 北京: 科学出版社

弗特普费尔. 1982. 制图综合. 江安宁译. 北京: 测绘出版社

龚建周, 夏北成. 2005. 景观格局指数间相关关系对植被覆盖度等级分类数的响应. 生态学报, 27(10): 4075-4087

郭晋平, 周志翔. 2007. 景观生态学. 北京: 中国林业出版社

韩文权, 常禹, 胡远满, 等. 2005. 景观格局优化研究进展. 生态学杂志, 24(12): 1487-1492

李团胜, 肖笃宁. 2002 . 沈阳市城市景观结构分析. 地理科学, 22(6): 717-723

林孟龙, 曹宇, 王鑫. 2008. 基于景观指数的景观格局分析方法的局限性. 应用生态学报, 19(1): 139-143

刘建国. 1992. 当代生态学博论. 北京: 中国科学技术出版社

吕志强, 吴志峰, 张景华. 2007. 基于最佳分析尺度的广州市景观格局分析. 地理与地理信息科学, 23(4): 89-93

NASA. 1992. 地球系统科学. 陈泮勤, 马振华, 王庚辰 译. 北京: 中国地震出版社

索恰瓦 B B. 1991. 地理系统学说导论. 李世玢 译. 北京: 商务印书馆

田晶, 邵世维, 黄怡敏, 等. 2019. 土地利用景观格局核心指数提取: 以中国广州市为例. 武汉大学学报(信息科学版), 44(3): 443-450

王骏, 王士同, 邓赵红. 2012. 聚类分析研究中的若干问题. 控制与决策, 27(3): 321-328

邬建国. 2000. 景观生态学——格局、过程、尺度与等级. 北京: 高等教育出版社

徐丽华, 岳文泽, 曹宇. 2007. 上海市城市土地利用景观的空间尺度效应. 应用生态学报, 18(12): 2827-2834

杨存建, 刘纪元, 张增祥, 等. 2001. 土地利用数据尺度转换的精度损失分析. 山地学报, 19(3): 258-264

杨丽, 甄霖, 谢高地, 等. 2007. 泾河流域景观指数的粒度效应分析. 资源科学, 29(2): 183-188

游丽平, 林广发, 杨陈照. 2008. 景观指数的空间尺度效应分析. 地球信息科学, 10(1): 74-79

袁志发, 周静芋. 2002. 多元统计分析. 北京: 科学出版社

张秋菊, 傅伯杰. 2003. 关于景观格局演变研究的几个问题. 地理科学, 23(3): 264-270

赵文武, 傅伯杰, 陈利顶. 2003. 景观指数的力度变化效应. 第四纪研究, 23(3): 326-333

赵羿, 李月辉. 2001. 实用景观生态学. 北京: 科学出版社

中华人民共和国国土资源部. 1999. 土地利用动态遥感监测规程. 北京: 地震出版社

周志翔. 2007. 景观生态学基础. 北京: 中国农业出版社

Delcourt H R, Delcourt P A. 1988. Quaternary landscape ecology: relevant scales in space and time. Landscape Ecology, 2(1): 23-44

Hulshoff R M. 1995. Landscape indices describing a Dutch landscape. Landscape Ecology, 10: 101-111

Mander U, Jongman R H G. 1998. Human impact on rural land-scape in central and northern Europe. Landscape and Urban Planning, 41(3): 149-153

Marceau D J. 1999. The scale issue in social and natural sciences. Canadian Journal of Remote Sensing, 25: 347-356

Schindler S, Von W H, Poirazidis K, et al. 2015. Performance of methods to select landscape metrics for modelling species richness. Ecological Modelling, 295: 107-112

Traub B, Kleinn C. 1999. Measuring fragmentation and structural diversity. Forstw Centralblatt, 118: 39-50

Wu J G. 2004. Effects of changing scale on landscape pattern analysis: Scaling relations. Landscape Ecology, 19(2): 125-138

Wu J, Jelinski D E, Luck M, et al. 2000. Multiscale analysis of landscape heterogeneity: scale variance and patternm etrics. Geographic Inform ation Sciences, 6(1): 6-19

Wu J G, Shen W, Sun W, et al. 2002. Empirical patterns of the effects of changing scale on landscape metrics. Landscape Ecology, 17(8): 761-782

Zhang L Q, Wu J P, Zhen Y, et al. 2004. A GIS-based gradient analysis of urban landscape pattern of Shanghai metropolitan area, China. Landscape and Urban Planning, 69(1): 1-16

第 8 章　景观指数阈值分析

在研究景观格局时，会借助各种指数进行测度。但是，怎样的指标值才是合理的，缺乏严格的推理论证。一般的结论是发现某个指数发生变化，但是这个指数的变化是变好，还是变坏了？缺乏判断的依据。第 7 章阐述景观指数间的相关关系，为各种景观指数的选取技术提供了思路或途径。本章主要借鉴已有成果，尝试探讨常用指标的值域分布情况。

8.1　确定景观指数阈值的必要性

随着景观格局、功能和过程研究的深入，格局优化作为景观生态学中新的研究领域被提出，但其理论和方法的研究仍然是景观生态学研究的一个难点问题。景观格局优化是在景观格局、功能和过程综合理解的基础上，通过建立优化目标和标准，对各种景观类型在空间和数量上进行优化设计，使其产生最大景观生态效益（生态、经济和社会效益）和实现生态安全。实际上，景观格局优化研究的核心除了理论和方法研究，景观格局优化标准的研究已经开始受到人们的重视。因为，在已经研究的众多景观指数计算及景观演化研究中，如何判断在什么条件下景观格局是优化的参考标准，是景观生态学研究急需解决的问题。

8.1.1　景观指数阈值是景观格局优化的基本判据

景观格局是景观异质性在空间上的综合表现，是人类活动和环境干扰促动下的结果，同时景观格局反映一定社会形态下的人类活动和经济发展的状况。景观格局的复杂程度与社会的发展阶段是紧密联系的，人口增加、社会重大变革或国家政策变化都会在景观格局上表现出来。为了维持可持续发展和区域生态安全，必须进行土地利用方式重新调整和景观格局的优化，以维持景观的多样性和稳定性。

景观格局优化是在景观生态规划、土地科学和计算机技术的基础上提出来的，同时也是景观生态学研究中的一个难点问题。进入 20 世纪 90 年代以来，我国学者开展了众多研究，已经将土地利用结构优化作为土地利用规划的核心内容之一。景观格局优化首先要假设景观格局对景观中的物质、能量和信息流的产生、变化有决定性影响，同时这些生态流对景观格局有调整和维持作用。景观格局的优化不仅要根据生态因子对景观斑块的类型进行调整，而且还要运用景观生态学的理论和方法对景观的管理方法进行优化，其目标是在合理的土地利用和管理措施下，实现区域可持续发展，维持区域生态安全。

景观格局优化目标是调整优化景观组分、斑块的数量和空间分布格局，使各组分之间达到和谐、有序，以改善受胁受损的生态功能，提高景观总体生产力和稳定性，实现区域可持续发展。由于景观格局影响景观中能量、物质的交换和流动，反过来生态流的作用又会改变现有的景观格局，使系统向更加稳定的自然状态变化，为了保持这种人工干扰格局的稳定，需要外界的能量来维持，所以达到生态、经济和社会综合效益最大的景观格局经常需要人类的干预和管理。而这种干预的程度却缺乏必要的参考标准。景观指数是分析景观格局的量化指标，因此，通过判断景观指数的阈值，可判定人们对景观格局优化调控的程度，从而为景观格局的优化和演进提供技术支持。

8.1.2　景观指数阈值是判断景观格局优化的前提

景观格局优化首先要清楚景观格局优化的目的和实现方法。景观格局优化的内容可分为三个方面（韩文权等，2005）：理论与方法的研究、标准的研究和景观管理的研究。

理论的研究需要研究景观格局的基础理论，格局与过程之间的关系，景观格局对功能的影响，各种景观类型空间分布的制约因素，方法的研究注重如何实现景观格局优化的途径。

标准的研究是指什么样的景观格局是安全的格局，判别优化景观格局的标准是什么，哪些景观格局指数可以指示景观格局优化。目前，人们在进行景观优化中，首先是进行了概念优化模型的研究。概念模型实际上是最早出现的建立在景观生态学基础理论上的景观规划方法，在生态因子调查研究的基础上，考察景观格局与功能关系的一般规律，以经验的或已有理论的模式对景观的空间分布格局进行调整，也会有一些比较通用的土地利用模式，如 Forman 和 Godron（1986）提出了以下两个景观整体模式。

（1）不可替代格局。其设计思想是：几个大型的自然植被斑块作为水源涵养所必需的自然地；有足够宽的廊道用以保护水系和满足物种空间运动的需要；而在开发区或建成区里有一些小的自然斑块和廊道，用以保证景观的异质性。这一优先格局在生态功能上有不可替代性。它应作为任何景观规划的一个基础格局。根据这一基础格局，又发展了最优景观格局。

（2）最优景观格局。“集聚间有离析”被认为是生态学意义上最优的景观格局模式，这一模式（原理）强调应将土地利用分类集聚，并在发展区和建成区内保留小的自然斑块，同时沿主要的自然边界地带分布一些人类活动的“飞地”。这一模式的景观生态学意义有：保留了生态学上具有不可替代意义的大型自然植被斑块，用以涵养水源，保护稀有生物；景观质地满足大间小的原则；风险分担；维持遗传多样性；形成边界过渡带，减少边界阻力；自然植被廊道则利于物种的空间运动，小尺度上形成的道路交通网满足人类活动的需要。

围绕景观格局优化的量化研究，提出了景观格局优化的数学模型，如多级参数平衡法（段建南和唐耀先，1989）、线性规划法（韩文权等，2005，杨晓勇和李永贵，1994）、多目标规划、灰色系统规划法（李兰海和章熙谷，1992；但承龙等，2001；康慕谊等，2001）。计算机空间模型（韩文权等，2005；秦向东和闵庆文，2007）也是景观格局优化的重要手段（图 8.1）。其中的优化参数设置，各种规则设置等也需要景观指数的阈值来辅助。

景观管理是通过人类活动，在景观水平上对生态系统管理，实现生态系统的平衡，稳定与可持续发展。

景观格局优化目标和评价标准的确定是景观格局优化设计的前提条件，所以景观格局优化设计的指导思想和评价标准是必不可少的环节（韩文权等，2005）。景观格局优化标准建立需要多学科综合、多角度分析和多实现手段的结合，这将会为景观格局优化研究提供宽广的空间，也是景观生态学的发展方向。

8.1.3　景观指数阈值是判断景观异质性的指示器

城市是被人类改造较为彻底的景观。在日益扩大的城市化进程中，现代城市市区及其近郊区已经连为一个整体。合理的景观结构及能流顺畅的城市景观是人类追求的目标。高度异

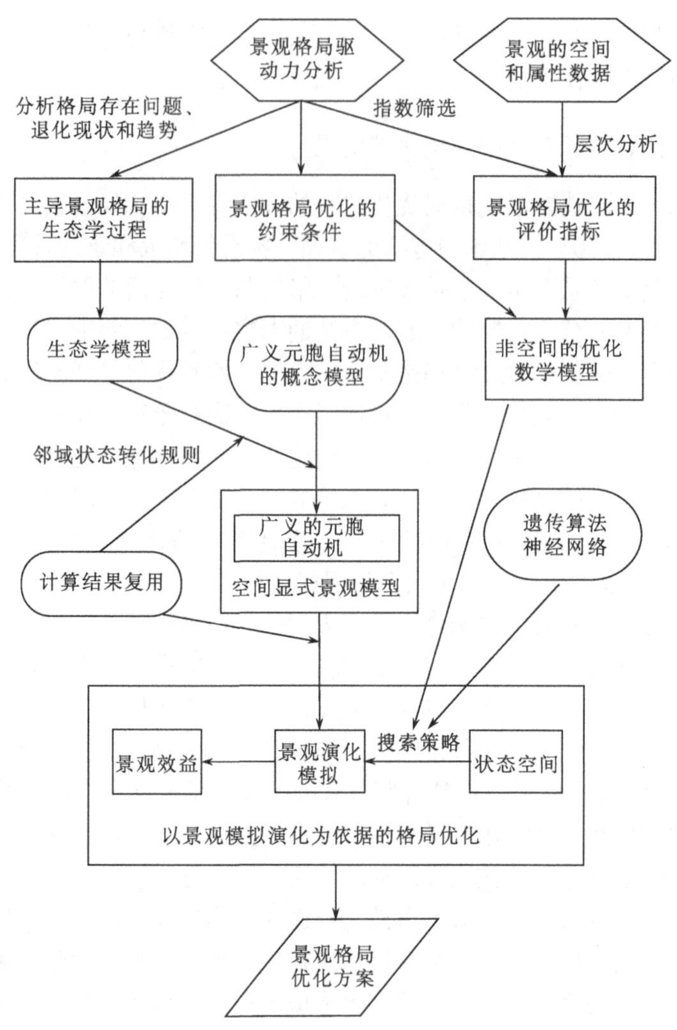

图 8.1　以空间直观模型为核心的景观格局优化模式（据秦向东和闵庆文，2007）

质性的景观是城郊良好发展的基础。从生物共生控制论角度可以提出异质共生理论。该理论认为，增加异质性、负熵和信息的负反馈，可以解释生物发展过程中的自组织原理。在自然界中生存最久的并不是最强壮的生物，而是最能与其他生物共生并与环境协同进化的生物，异质性是景观的一个根本属性，或者说景观的本质是异质的，异质是绝对的，而同质是相对的。

景观异质性首先来源于系统和系统要素的原生差异，如时间差（进化度）、空间差（进化位与生态位）、质量差、数量差、形状结构差、功能差、信息差等，统称系统差。其次，异质性也来源于现实运动的不平衡与外来干扰，特别是人类错误的生态行为干扰，干扰主要来源于三个方面：自然干扰、人类活动及植被的内源演替或种群的动态变化。

一个景观生态系统的结构、功能、性质和地位主要取决于它的异质性。就景观生态而言，异质性应从以下几方面认识：

（1）时、空异质性。通常异质性是指空间异质性，即空间分布不均匀性。事实上，时间各区段和单元彼此也是异质的。因此，有两种异质性：空间异质性和时间异质性。

（2）多维空间异质性。通常空间异质性是指二维平面异质性，另外还有垂直空间异质性及二者组成的三维立体空间异质性。

（3）时空耦合异质性。现代科学同时空耦合表示物质的时空统一运动，也可以用时空耦合异质性来表示时空两种异质性统一的四维运动。

（4）边缘效应异质性。空间异质性往往带有边缘效应性质。

在景观的层次上，空间异质性有三个组分：空间组成（即生态系统类型、数量及面积比例）；空间型（即各生态系统的空间分布、斑块大小、景观对比度以及景观连接度）；空间相关（即各生态系统的空间关联程度、空间梯度和趋势度等）。

尺度性就是尺度效应，空间尺度通常是指观察或研究的物体或过程的空间分辨度。从生态学角度来看，空间尺度指所研究的面积大小。尺度越大，表示研究面积越大。异质性与尺度是相关的，例如，一景观单元在小尺度上是异质的，而在大尺度上则可能变成均质的。选择正确的尺度是科学地研究某一景观，得出准确、客观结论的保证。由于航空、航天、遥感等技术的进步，研究尺度增大，但并非任意增大，一般将景观生态的研究范围界定在几公里到几百公里的中尺度区域。

空间异质性会导致时间异质性，属于时空耦合异质性。景观要素的空间分布不均匀即为异质性。时间异质性用动态变化来表述，异质性的表现形式为空间格局。

景观要素类型越多，异质性越大。异质性的测量指标很多，如多样性指数、优势度、均匀度、最小距离指数、连接度、斑块大小及数量、分维数、斑块伸长指数、破碎度、斑块密度、景观形状指数、分形维数指数、聚集度指数等。其中，多样性指数和均匀度指数应用于城市景观异质性研究中最多。

城郊景观的异质性导致城郊景观的复杂性与多样性，利于其稳定发展。城市景观包括中心市区，卫星城镇，以及非农业活动如工业、服务业等。人口、物质信息、生产、生活、娱乐、市政、交通和污染等集中在以人造事物为主的城镇范围内，极大地改变了自然景观生态特点的文化景观。农村景观包括农田、种植园、人工林地、农场、牧场、鱼塘，以及农业活动，是人类在自然结构的基础上建立起来的自然与人为结构相结合的景观。城郊景观是城市景观和农村景观的结合与统一。

维持景观异质性是促进城市建设和发展的关键。对城市景观来讲，首先，要保护城市景观中的环境敏感区，这类地区往往极易受人类活动影响。环境敏感区通常包括生态敏感区、文化敏感区、资源生产敏感区以及天然灾害敏感区等。其次，对现有的景观结构要进行完善。如城区改造、住宅小区建设、主要交通干线的营造等。这些是发挥城市功能的基础，只有保证景观结构的合理与完美，才能实现景观功能的高效发挥。而景观结构的合理与完美的判定则需要借助景观指数这个指示器来实现。景观指数的指示器则需要一个合理的阈值来服务景观结构。

8.2　景观指数阈值的确定方法

关于景观指数的研究已经有很多成果。这些成果不仅有几十年的演变数据，也有不同区域的景观特征表征。这些研究成果是我们进行景观指数阈值研究的宝贵资料。本节主要借助已有的研究结果或结论，探讨景观指数合理阈值的设定方法。

进行景观指数阈值设定的方法步骤如下。

（1）资料收集。研究区选择参考张镱锂等（2008）的研究方法，以“土地利用或土地覆被或土地覆盖”为篇名，在知网文献数据库中进行系统检索，自 1987 年 1 月至 2019 年 12 月土地利用研究论文中，针对典型地区作案例研究的仅有 4836 篇（占研究时段论文总量的 15.3%）。

依据相关文献的统计分析，以完整行政单元为研究区的论文，其研究区域遍布于全国 34 个省、市、自治区以及特别行政区。其中以北京市的行政单元为案例的研究成果最多，新疆维吾尔自治区、重庆市和内蒙古自治区的行政单元为案例的研究成果数量次之。过去的 40 年中，从年产出论文数量看，中国土地利用研究存在显著的区域性差异，尤其西部某些地区的研究较弱。以省、市、自治区以及特别行政区行政单元为研究区分析，发现就省级案例研究而言，土地利用研究也有较强的地域性，与社会经济发展需求有一定关系。鉴于此，我们在进行数据源选择过程中，在此框架下进行筛选。

查阅知网中的期刊文章，硕士、博士学位论文资料，按照我国区域的基本划分，分区域查找。每个区域选择 5～10 篇有代表性的文章，结果见表 8.1。

表 8.1 景观指数数据来源统计表

研究区域	研究地点	研究对象	对象研究年份	作者及文献年份
华北地区	北京	北京市域	1984、1997、2002	夏兵等，2008
		昌平和延庆两区县	1989、1996、2005	岳德鹏等，2007
		房山、通州、大兴	2001、2006、2011	彭欢等，2014
	山东	山岳风景区	1986、2004	郭泺和夏北成，2006
		烟台、威海	1990、2000、2010	曾业隆等，2015
		滨州、东营等六市	2000、2005、2010	吴莉等，2013
	内蒙古	毛乌素沙地	1950～1959、1990～1999	吴波和慈龙骏，2001
		鄂尔多斯市	1988、2000	张彦儒等，2009
		内蒙古河套灌区	1985、2000	张银辉等，2005
		呼和浩特	1990、2000、2010	张涛等，2018
华东地区	江苏	徐州市	1994、2000、2005	吕亚军和鲁建伟，2009
		江苏省省域	1980、1995、2000	沈竞等，2007
		太湖流域	2000、2010	田颖等，2015
	上海	上海市浦东新区	1994、2000	王玉洁等，2006
		青西地区	2012	史婧然和袁承程，2016
	安徽	合肥市	1997、2000	刘琳，2008
		淮北市	1987、2000	方刚，2009
		新江流域	2010	张乃夫，2014
华南地区	广东	广州市	1995、2004、1990、2000	杨鹏，2006；杨鹏等，2008
	福建	三明市生态林	2001、2007	詹国明，2009
		福建省湿地	1986、1993、2000、2004	曾从盛等，2007
		湄洲岛	1993、2005	林明太等，2010
	东南沿海	东南沿海经济发达地区	1985、1995、2000、2005	邓南荣等，2009
华中地区	江西	鄱阳湖湿地	1985、1995、2005	张学玲等，2008
		鄱阳湖区	1990、2002	陈文波等，2007
		鄱阳湖区	1995、2005、2015	任琼等，2016
	河南	河南沿黄湿地	1987、2002	丁圣彦和梁国付，2004
		新乡黄河湿地保护区	1990、2000、2014	徐文茜等，2016

续表

研究区域	研究地点	研究对象	对象研究年份	作者及文献年份
华中地区	湖北	武汉市湿地	1978、1987、1991、1996、2002、2007	郑忠明等，2009
	湖南	湘中红壤丘陵区	1986、2000	李忠武等，2006
		长沙市	2007	孙婧等，2009
东北地区	吉林	吉林省东部山区	1954、1976、2000	匡文慧等，2006
		东辽河流域	1986、1996、2000	严登华，2004
		吉林市	1980、1995、2010	张丽等，2015
	辽宁	东港市湿地	1989、1999	董婷婷和王秋兵，2006
		沿海六市	2010	吴琼，2014
	大兴安岭	大兴安岭北部林区	1995、2000	段春霞等，2004
	黑龙江	大庆地区	1978、1988、1992、1996、2001	于兵等，2010
	东北	东北区沼泽湿地	1986、1996、2000	严登华等，2006
西北地区	宁夏	宁夏盐池县	1989、1995、2000、2003	周铁军等，2006
		银川市湖泊湿地	1987、1997、2004	梁晓毅等，2009
		红寺堡	1995、2000、2005、2010、2015	王鹏等，2018
	甘肃	甘肃民勤绿洲	1987、1994、1998、2001	宋冬梅等，2003
		白龙江流域	2010	巩杰等，2014
	青海	青海贵南县	1977、1999、2007	韩海辉等，2009
		环青海湖区	1987、2006	郭丽红等，2010
	山西	黄土丘陵小流域	1995、2004	郝仕龙等，2005
	青藏高原	青藏高原湿地	1990、2000、2006	邢宇等，2009
西南地区	三峡	三峡库区	1980、2004	许其功等，2007
	贵州	贵州	2004	谭秋等，2009
		草海保护区	1990、1995、2000、2005、2010、2015	王堃等，2018
	西藏	西藏地区	1985、2000	曾加芹等，2008
		西藏天然林区	2000、2010	李妍妍和郑国强，2017
	重庆	重庆市沙坪坝区西部	2006	王成等，2007
		四面山保护区	2000、2005、2010	丁博，2013

（2）建立数据库。将查阅的不同区域、不同时间、不同研究对象的景观指数进行归类，建立便于分析的数据库。数据库主要字段包括研究区域、景观类型、主要景观指数和景观指数计算年等。

（3）计算参考阈值。将建立的数据库数据按照景观指数进行整体均值和分区域均值计算，最后得到参考阈值。

8.3　景观指数参考阈值

按照上述方法，搜集到各类文章 55 篇。将这些数据进行归类统计，最后形成如表 8.2 的结果。

这里仅仅进行了景观指数阈值的初步归纳统计，下一步需要做深入的探讨。如果读者对此感兴趣，也可以做进一步的深入研究。

表 8.2　土地利用景观指数参考阈值

地区	时间	斑块个数/个		香农多样性		斑块分维数		斑块优势度		破碎度指数		景观均匀度	
		均值	取值范围	均值	取值范围	均值	取值范围	均值	取值范围	均值	取值范围	均值	取值范围
华北地区（北京市 天津市 河北省 内蒙古自治区 山西省 山东省）	1978～1992（不含 1992 年）	15324	2059～43866	2.38	0.77～7.47	1.3	1.28～1.63	1.18	1.16～1.21	4.57	3.07～6.73	1.07	0.40～3.21
	1992～2000（不含 2000 年）	26389.33	11319～44855	3.31	0.80～7.55			1.14		6.87		1.83	0.41～3.25
	2000～	528861.27	2115～415070	1.56	0.79～2.4	1.51	1.32～1.47	1.11	1.06～1.16	5.22	3.33～7.17	0.73	0.41～0.81
华东地区（上海市 安徽省 浙江省 江苏省 ）	1978～1992（不含 1992 年）	40543	1020～118669	1.78	1.11～2.284					0.02			
	1992～2000（不含 2000 年）	61771	2054～121488	1.39	0.47～2.30			0.87		0.02			
	2000～	41310.78	1877～103253	1.39	0.75～2.30	1.29	1.08～1.9	0.86		2.02	0.02～4.02	0.51	
华南地区（广东省 福建省 海南省 广西壮族自治区）	1978～1992（不含 1992 年）	2340	444～4236	1.15	0.67～1.63	1.08				0.59		0.3	
	1992～2000（不含 2000 年）	1215.5	462～1969	1.16	0.74～1.59			0.24				0.59	0.34～0.82
	2000～	2059.18	420～4658	0.99	0.35～1.73	1.06		1.68	0.27～1.93	0.2	0.004～0.6	0.43	0.23～0.79
华中地区（湖北省 河南省 湖南省 江西省）	1978～1992（不含 1992 年）	11984	618～16671	1.4	1.15～1.87	1.56	1.24～2.11	0.94	0.43～1.46	0.22	0.00878～0.65	0.54	0.44～0.63
	1992～2000（不含 2000 年）	181293	890～361696	1.66	1.46～1.86	1.35	1.04～1.53	0.44		0.34	0.33～0.35		
	2000～	74295	63～352513	1.72	0.79～1.88	1.41	1.04～1.50	0.8	0.42～1.37	0.5	0.0015～1.18	0.67	0.38～0.76
东北地区（辽宁省 黑龙江省 吉林省）	1978～1992（不含 1992 年）	5232.03	497～13866	0.99	0.66～1.19	1.25	1.05～1.63	1.116	0.24～2.18	34.59	0.23～68.91	0.54	0.30～0.73
	1992～2000（不含 2000 年）	5227.56	430～12653	0.88	0.47～1.17	1.023	1.05～1.07	2.63	1.31～2.12	21.24	0.01～63.34	7.15	0.31～27.19
	2000～	6299.8	427～20254	0.88	0.50～1.22	1.33	1.05～1.60	1.77	1.29～2.25	33.4	0.01～66.79	14.06	0.30～27.81

续表

地区	时间	斑块个数/个		香农多样性		斑块分维数		斑块优势度		破碎度指数		景观均匀度	
		均值	取值范围	均值	取值范围	均值	取值范围	均值	取值范围	均值	取值范围	均值	取值范围
西北地区（陕西省 新疆维吾尔自治区 甘肃省 宁夏回族自治区 青海省）	1978～1992（不含 1992 年）	7557.5	353～14762	1.31	0.84～1.77	1.1	1.09～1.11	0.4	0.19～0.55	0.15	0.01～0.24	0.76	0.68～0.88
	1992～2000（不含 2000 年）	2795	336～7338	1.29	0.87～1.70	0.93	0.82～1.04	0.42	0.21～0.61	0.1		12.9	0.66～73.68
	2000～	4521.64	385～15855	0.93	0.86～1.63	1.03	1～1.07	1.35	0.23～2.26	0.31	0.01～0.55	11.98	0.68～68.29
西南地区（重庆市 四川省 云南省 贵州省 西藏自治区）	1978～1992（不含 1992 年）	42777	255～123454	1.05	0.85～1.93	1.23	0.90～1.56	0.97	0.88～1.06	0.91		34.51	0.49～68.53
	1992～2000（不含 2000 年）	260		1.37							0.87		
	2000～	15638.08	287～126229	1.36	1.07～1.93	1.09	0.77～1.61	0.92	0.88～0.97	1.24	0.91～1.54	7.53	0.48～68.69

参考文献

陈文波, 郑蕉. 2007. 鄱阳湖区土地利用景观格局特征研究. 农业工程学报, 23(4): 79-83

但承龙, 雍新琴, 厉伟. 2001. 土地利用结构优化模型及决策方法——江苏启东市的实证分析. 华南热带农业大学学报, 7(3): 38-40

段春霞, 胡远满, 李月辉, 等. 2004. 大兴安岭北部林区景观格局变化及其影响分析. 生态学杂志, 23(2): 133-135

段建南, 唐耀先. 1989. 建立土地利用结构模型的研究——以辽西喀左县后坟树为例. 自然资源, (1): 61-69

邓南荣, 张金前, 冯秋扬, 等. 2009. 东南沿海经济发达地区农村居民点景观格局变化研究. 生态环境学报, 18(3): 984-989

丁博. 2013. 重庆市自然保护区景观格局变化研究. 西南大学硕士学位论文

丁圣彦, 梁国付. 2004. 近20年来河南沿海黄湿地景观格局演化. 地理学报, 59(5): 653-661

董婷婷, 王秋兵. 2006. 东港市湿地的景观格局变化及驱动力分析. 中国农学通报, 22(2): 257-261

方刚. 2009. 淮北市土地利用景观格局变化分析. 资源开发与市场, 25(6): 499-501

巩杰, 赵彩霞, 谢余初, 等. 2014. 基于景观格局的甘肃白龙江流域生态风险评价与管理. 应用生态学报, 25(7): 2041-2048

郭丽红, 沙占江, 马燕飞, 等. 2010. 环青海湖区20年来沙漠化土地景观格局空间变化分析. 中国人口·资源与环境, 20(S1): 119-123

郭泺, 夏北成. 2006. 山岳风景区景观格局时空变化的比较分析. 国土与自然资源研究, (1): 65-66

韩海辉, 杨太保, 王艺霖. 2009. 近30年青海贵南县土地利用与景观格局变化. 地理科学进展, 28(2): 207-214

韩文权, 常禹, 胡远满, 等. 2005. 景观格局优化研究进展. 生态学杂志, 24(12): 1487-1492

郝仕龙, 陈南祥, 柯俊. 2005. 黄土丘陵小流域土地利用景观空间格局动态分析. 农业工程学报, 21(6): 50-53

康慕谊, 姚华荣, 刘硕. 1999. 陕西关中地区土地资源的优化配置. 自然资源学报, 14(4): 363-367

匡文慧, 张树文, 张养贞, 等. 2006. 吉林省东部山区近50年森林景观变化及驱动机制研究. 北京林业大学学报, 28(3): 38-45

李兰海, 章熙谷. 1992. 资源配置的灰色控制模型设计及应用. 自然资源学报, 7(4): 372-378

李妍妍, 郑国强. 2017. 西藏天然林保护区景观格局分析. 山东建筑大学学报, 32(5): 455-460, 506

李忠武, 曾光明, 朱华. 2006. 湘中红壤丘陵区景观格局变化研究. 生态学杂志, 25(4): 359-363

梁晓毅, 刘小鹏, 邵宁平. 2009. 银川市湖泊湿地景观空间格局动态演化分析. 干旱区研究, 26(3): 333-338

林明太, 孙虎, 郭斌. 2010. 福建旅游型海岛景观格局变化——以妈祖圣地湄洲岛为例. 生态学杂志, 29(7): 1414-1419

刘琳. 2008. 合肥市土地利用及景观格局变化研究. 资源与产业, 10(1): 60-62

吕亚军, 鲁建伟. 2009. 基于Fragstats的徐州市景观格局变化分析. 北京工业职业技术学院学报, 8(2): 1-4

彭欢, 曹睿, 史明昌, 等. 2014. 北京城市发展新区土地利用景观格局分析. 城市环境与城市生态, 27(01): 24-27

秦向东, 闵庆文. 2007. 元胞自动机在景观格局优化中的应用. 资源科学, 29(4): 85-92

任琼, 佟光臣, 张金池. 2016. 鄱阳湖区域景观格局动态变化研究. 南京林业大学学报(自然科学版), 40(3): 94-100

沈竞, 宋丁全, 岳天翔. 2007. 江苏省1980～2000(三期)景观格局变化分析. 金陵科技学院学报, 23(1): 91-94

史婧然, 袁承程. 2016. 建设用地减量化对都市郊区景观格局和功能影响研究——以上海青西地区为例. 上

海国土资源, 37(03): 19- 22+27
宋冬梅, 肖笃宁, 张志城, 等. 2003. 甘肃民勤绿洲的景观格局变化及驱动力分析. 应用生态学, 14(4): 535-539
孙婧, 张志强, 谢宝元, 等. 2009. 基于景观格局分析的湖南长沙城市林业建设对策. 中国城市林业, 7(2): 22-24
谭秋, 周梦维, 王华, 等. 2009. 贵州连续性白云岩小流域的石漠化景观格局. 生态学杂志, 28(8): 1613-1618
田颖, 李冰, 王水. 2015. 江苏太湖流域建设用地扩展及景观格局分析. 环境科学与技术, 38(S1): 485-490
王成, 魏朝富, 袁敏, 等. 2007. 不同地貌类型下景观格局对土地利用方式的响应. 农业工程学报, 23(9): 64-71
王堃, 梁萍萍, 郝新朝, 等. 2018. 1990-2015 年贵州草海湿地国家级自然保护区景观格局演变分析. 贵州科学, 36(6): 80-87
王鹏, 王亚娟, 刘小鹏, 等. 2018. 干旱区生态移民土地利用景观格局变化分析——以宁夏红寺堡区为例. 干旱区资源与环境, 32(12): 69
王玉洁, 李俊祥, 吴健平, 等. 2006. 上海浦东新区城市化过程景观格局变化分析. 应用生态学报, 17(1): 36-40
吴波, 慈龙骏. 2001. 毛乌素沙地景观格局变化研究. 生态学报. 21(2): 191-196
吴莉, 侯西勇, 徐新良, 等. 2013. 山东沿海地区土地利用和景观格局变化. 农业工程学报, 29(5): 207-216, 293
吴琼. 2014. 基于景观格局的辽宁海岸带生态脆弱性评价. 辽宁师范大学硕士学位论文
夏兵, 余新晓, 宁金魁, 等. 2008. 近 20 年北京地区景观格局演变研究. 北京林业大学学报, 30(2): 60-66
邢宇, 姜琦刚, 李文庆, 等. 2009. 青藏高原湿地景观空间格局的变化. 生态环境学报, 18(3): 1010-1015
徐文茜, 汤茜, 丁圣彦. 2016. 河南新乡黄河湿地鸟类国家级自然保护区景观格局动态分析. 湿地科学, 14(2): 235-241
许其功, 刘鸿亮, 席北斗, 等. 2007. 三峡库区土地利用与景观格局变化研究. 地理科学与技术, 30(12): 83-87
严登华. 2004. 东辽河流域景观格局及其动态变化研究. 资源科学, 26(1): 31-37
严登华, 王浩, 何岩. 2006. 中国东北地区沼泽湿地景观的动态变化. 生态学杂志, 25(3): 249-254
杨鹏. 2006. 广州市城市化进程中景观格局变化与驱动力分析. 华南农业大学博士学位论文
杨鹏, 陆宏芳, 陈飞鹏, 等. 2008. 1995～2004 年广州土地利用格局变化与驱动分析. 生态环境, 17(3): 1262-1267
杨晓勇, 李永贵. 1994. 混合整数线性规划方法在小流域规划中的应用. 海河水利, 5: 32-35
于兵, 邸雪颖, 臧淑英. 2010. 黑龙江省大庆地区景观格局变化及其生态影响研究. 森林工程, 26(3): 1-6
岳德鹏, 王计平, 刘永兵, 等. 2007. GIS 与 RS 技术支持下的北京西北地区景观格局优化. 地理学报, 62(11): 1223-1230
曾从盛, 郑彩红, 陈渠, 等. 2007. 基于 3S 技术的福建省湿地景观格局特征分析. 亚热带资源与环境学报, 2(4): 24-32
曾加芹, 欧阳华, 牛树奎, 等. 2008. 1985—2000 年西藏地区景观格局变化及影响因子分析. 干旱区资源与环境, 22(1): 137-143
曾业隆, 李国庆, 陈奇, 等. 2015. 山东半岛东部湿地景观格局变化及驱动力分析. 人民黄河, 37(8): 78-82
詹国明. 2009. 三明市生态林景观格局变化及驱动因子分析. 林业资源管理, (3): 106-109
张丽, 赵丹丹, 刘吉平, 等. 2015. 近 30 年吉林市景观格局变化及气候效应. 吉林大学学报(地球科学版), 45(1): 265-272
张乃夫. 2014. 安徽新安江流域景观格局特征及土壤侵蚀评价. 山东农业大学硕士学位论文
张涛, 张颖, 杨力鹏, 等. 2018. 内蒙古自治区呼和浩特市 1990-2010 年景观格局变化及其驱动力. 水土保持通报, 38(2): 217-222
张学玲, 蔡海生, 丁思统. 2008. 鄱阳湖湿地景观格局变化及其驱动力分析. 安徽农业科学. 36(36):

16066-16070, 16078
张彦儒, 蒙吉军, 周婷. 2009. 鄂尔多斯 1988～2000 年景观结构和功能动态分析. 干旱区资源与环境, 23(5): 49-55
张镱锂, 聂勇, 吕晓芳. 2008. 中国土地利用文献分析及研究进展. 地理科学进展, 27(6): 1-11
张银辉, 罗毅, 刘纪远, 等. 2005. 内蒙古河套灌区土地利用与景观格局变化研究. 农业工程学报, 21(1): 61-65
郑忠明, 李华, 周志翔. 2009. 城市化背景下近 30 年武汉市湿地的景观变化. 生态学杂志, 28(8): 1619-1623
周铁军, 赵廷宁, 孙保平, 等. 2006. 宁夏盐池县土地利用与景观格局变化研究. 水土保持学, 20(1): 135-138
Foran R T T, Godron M. 1986. Landscape Ecology. New York: John Wiley & Sons

第 9 章　城市景观格局变化研究

城市景观由城市各个异质的景观单元所组成，每个景观单元具有相对的独立性，并且能完成一定的功能。这些单元在城市内的镶嵌组合及内在相互作用关系之中，构成城市景观的空间结构。城市景观是一种人工景观。在区域尺度上，城市景观往往只被当作斑块来研究，其镶嵌、分布格局具有一定的重复性和规律性。主要特点在于自然景观的破坏和人工景观要素的扩大。城市景观的质量问题比较突出，如何治理城市环境，提高景观生态质量，对城市的持续发展具有重要意义（郑新奇，2004）。

本研究利用 Fragstats 景观结构分析软件以及 GIS，通过对济南城区土地的景观指标计算，定量分析城市土地的景观结构特征。在进行景观结构分析时，指标选择（刘湘南等，2002）的问题极为重要，所以本章在给定尺度和指标选择的基础上，探讨利用景观结构分析软件的一些方法及其指导意义。

9.1　研究方法的选取

济南市位于山东省中部，地理位置介于 36°01′N～37°32′N，116°11′E～117°44′E，面积 8177km^2。济南市是副省级城市，是中国东部沿海经济大省——山东省的省会，是山东省的政治、经济和科技、教育、文化中心，经济发展速度较快，城市用地变化显著。

使用景观指标定量分析方法分析景观结构特征和变化的理论、方法和应用研究是景观生态学研究的核心，由此也产生了很多的景观指标。本章从城市土地利用景观结构方面，选取景观破碎度、景观多样性、景观分维度等指标，在 GIS 和 Fragstats 3.3 的支持下进行分析计算。并在软件 Excel 中进行统计分析，运用景观空间格局分析软件 Fragstats 进行景观指数的计算。

9.2　数据的选取和处理

9.2.1　数据的来源

选用的原始资料主要为济南市近年的遥感图像，在有关地貌、土壤、制备、综合治理等图件资料作为参考佐证的基础上，采用地形图作为基础底图，以保证有关土地景观系列解译图件的精度，使制图更为规范化。

根据研究目的，并考虑研究区尺度特点和资料的可获取性，将济南市景观构成要素分为商业用地、居住用地、工业用地、设施用地、绿地、水域以及其他用地等七种景观类型，各景观要素面积构成见图 9.1。

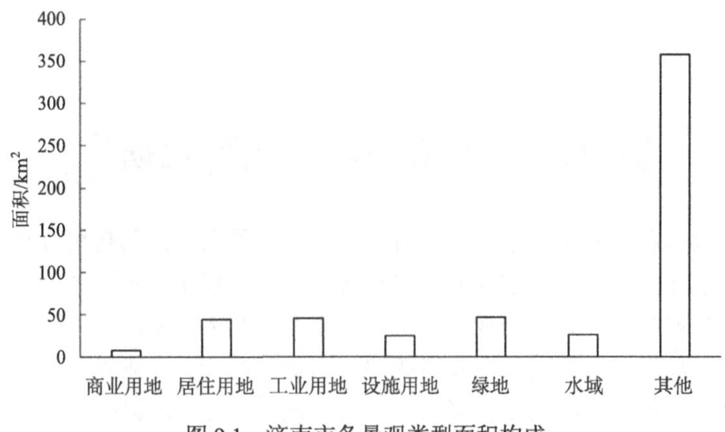

图 9.1 济南市各景观类型面积构成

设施用地主要是指医疗卫生、文化娱乐、教育科研、市政设施与行政办公等公共设施、基础设施用地；绿地包括城区人工绿化的草地和山地野生的草地、林地等；其他用地主要有对外交通用地、特殊用地以及未利用地等。

9.2.2 景观参数选取与设置

受自然条件的限制，以及规划和历史的影响，济南市人口分布与土地利用方式表现出明显的圈带性分层结构（图 9.2），即呈现出中心城区、周边城区向郊区逐渐过渡的 3 个圈层。引入景观生态学的理论、方法，选取景观破碎度指数（fragmentation index，F_i）、Shannon's 多样性指数（Shannon's diversity index，HT）、分维数（mean patch fractal dimension，MPFD）、景观优势度指数（landscape dominance index）四个常用的景观指数，研究全市分范围内各景观类型的空间分布格局，并探讨这 3 个圈带的景观结构与人类活动的关系。

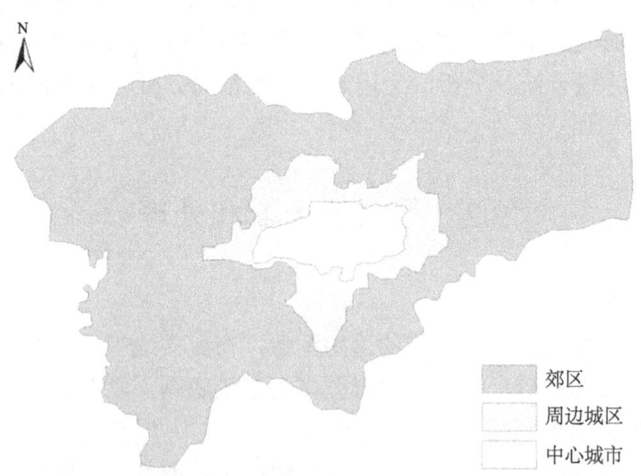

图 9.2 济南土地利用环状圈带

参数运行设置见第 6 章 6.3 节，各指数设置如下。

破碎度指数（fragmentation index，F_i）：破碎度是指景观被分割的破碎程度。其计算公式为：

$$F_i = \frac{P_i}{Q} \tag{9.1}$$

式中：F_i为景观类型 i 的破碎度指数；P_i为景观类型 i 的斑块数；Q 为研究区所有景观类型的平均面积。景观破碎度指数 F_i越大代表景观越破碎。在进行指数设置时，以景观尺度为例，选取面积/密度/边缘中的斑块总面积和斑块数量两项设置，如图 9.3 所示。

图 9.3　破碎度指数设置

多样性指数：多样性指数是指景观要素或生成系统在结构、功能及随时间变化的多样性，反映景观的复杂性。多样性指数采用信息论的 Shannon's 多样性指数来表示。其公式为：

$$\mathrm{HT} = -\sum\nolimits_{i=1}^{m} (P_i \cdot \log_2 P_i) \tag{9.2}$$

式中：HT 为异质性指数；P_i为景观类型 i 所占面积的比例；m 为景观类型的数量。

景观多样性指标通过引入异质性指标的最大值，将其进行标准化，可看作是对异质性指数的一种修正：

$$D_m = \ln(n) - \mathrm{HT} \tag{9.3}$$

式中：n 为景观单元的类型数；$\ln(n)$为 HT 的最大值。根据奥尼尔等（1988）的研究，当景观单元的类型数为 7 时，该指标的取值范围为 0.0～1.94。

景观优势度指数优势度指数表示景观多样性对最大多样性的偏离程度，或描述景观由少数几个主要的景观类型的控制程度。其值越大，表明偏离程度越大，即某一种或少数景观类型占优势；其值为 0 时，表明景观完全均质，即由一种景观类型组成。其计算公式为：

$$D = H_{\max} + \sum_{i=1}^{m} P_i \cdot \log_2 P_i \tag{9.4}$$

式中：P_i为景观类型 i 所占景观比例（%）；m 为景观类型总数；$H_{\max} = \log_2 m$，为各类型景观所占比例相等时，景观拥有的最大多样性。

多样性指数和景观优势度指数同属于多样性指数，它们的设置见图 9.4。

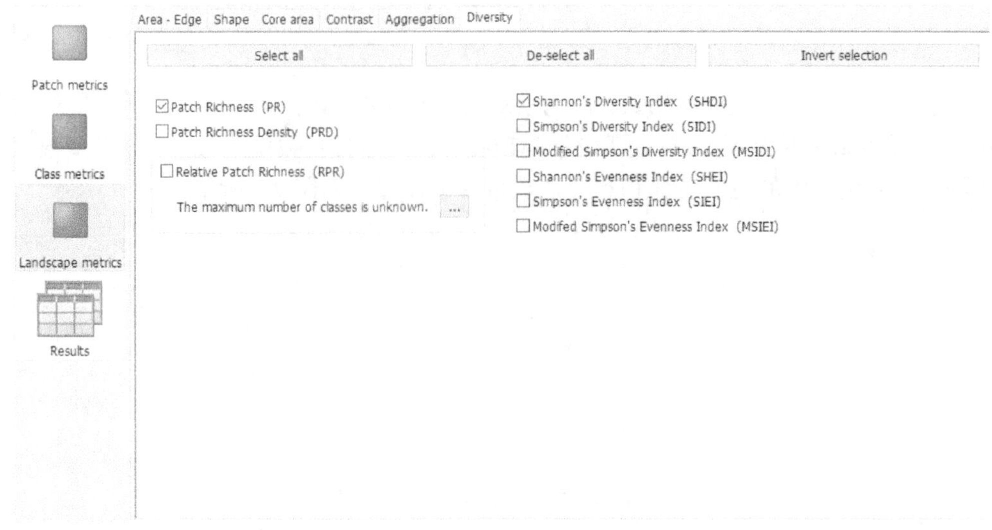

图 9.4　多样性指数、优势度指数设置

但异质性指数和多样性指数只是对景观中不同类型单元按其占总面积的比例进行的统计，各类型面积比例一定时它们不能区分，不同分布格局所造成的异质性，因此还需要其他定量指标来描述景观要素的不同分布格局。这里选取分维数来定量描述。

分维数：用来测定斑块形状影响内部斑块的过程，如物质交流。本研究采用式（9.5）来度量斑块形状的复杂程度。MPFD 的值为 1～2，MPFD 越靠近 1，斑块形状越简单；相反，MPFD 越靠近 2，斑块形状越复杂。

$$\mathrm{MPFD}=\left\{\sum_{i=1}^{m}\sum_{j=1}^{n}2\ln(0.25P_{ij}/\ln a_{ij})\right\}/N \tag{9.5}$$

式中：MPFD 为平均斑块分维数；P_{ij} 为斑块 ij 的周长（m）；a_{ij} 为斑块 ij 的面积（m^2）；N 为景观中斑块的数量；m 为景观类型数量；n 为某类景观类型的斑块数。操作见图 9.5。

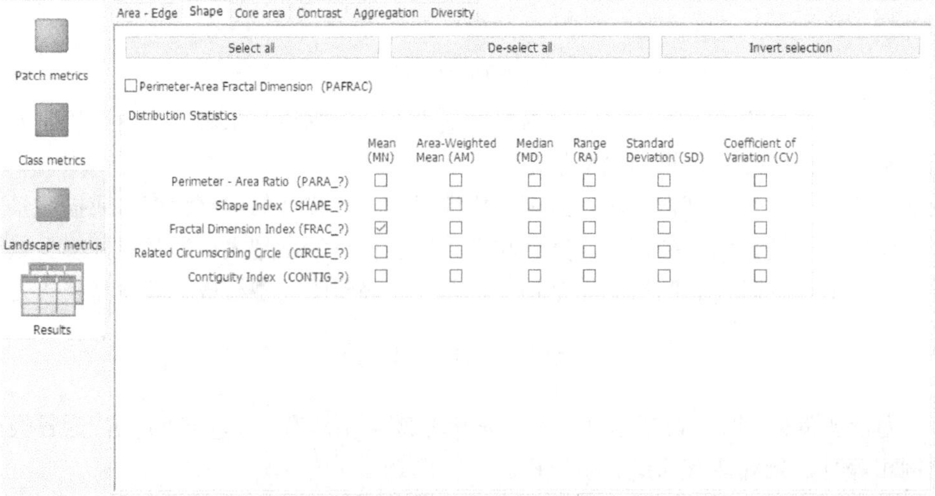

图 9.5　平均分维数设置

9.3　景观格局变化结果分析

设置完成后，点击主菜单中的“Run”，在弹出的窗口中点击“Proceed”，执行完成后得到运行结果，点击主菜单中的“ ”查看运算结果，点击“Save run as”将计算结果保存到指定位置。具体操作见图 9.6～图 9.8。

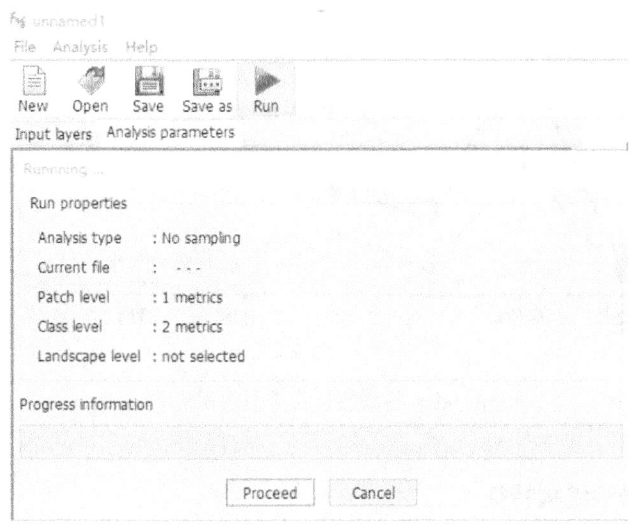

图 9.6　执行运算命令

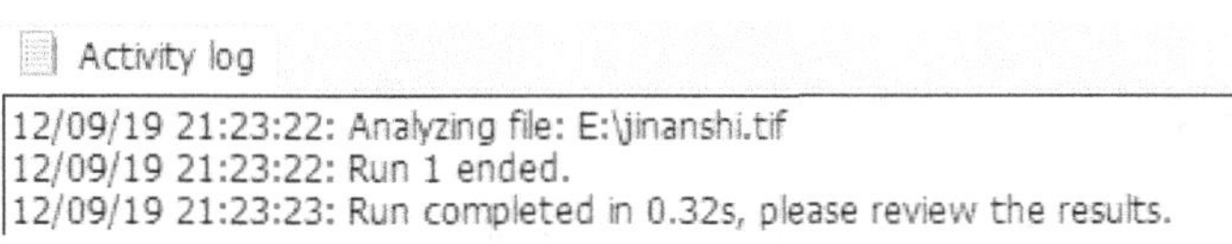

图 9.7　执行运算完成

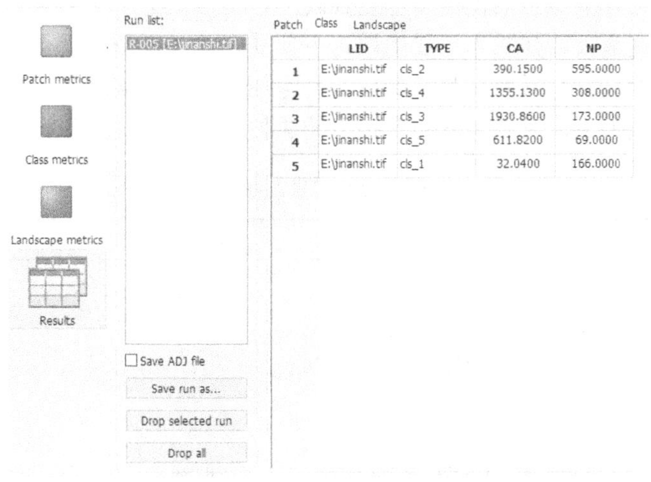

	LID	TYPE	CA	NP
1	E:\jinanshi.tif	cls_2	390.1500	595.0000
2	E:\jinanshi.tif	cls_4	1355.1300	308.0000
3	E:\jinanshi.tif	cls_3	1930.8600	173.0000
4	E:\jinanshi.tif	cls_5	611.8200	69.0000
5	E:\jinanshi.tif	cls_1	32.0400	166.0000

图 9.8　查看运算结果

计算济南市各景观指数，并据此定量化地分析济南市景观要素的空间分布情况。

9.3.1 景观要素的空间分布特征

济南市共有38909个斑块，分布于7种类型中，在各景观类型中，设施用地的斑块数最少，占总数的2.53%；居住用地斑块数最多，共11837个，占总数的30.42%，表明该地区人口分布较分散；水域与绿地的斑块数分别占总数的10.04%、11.07%，面积占总数的4.11%和8.36%。图9.9给出了各圈层景观类型的面积构成。

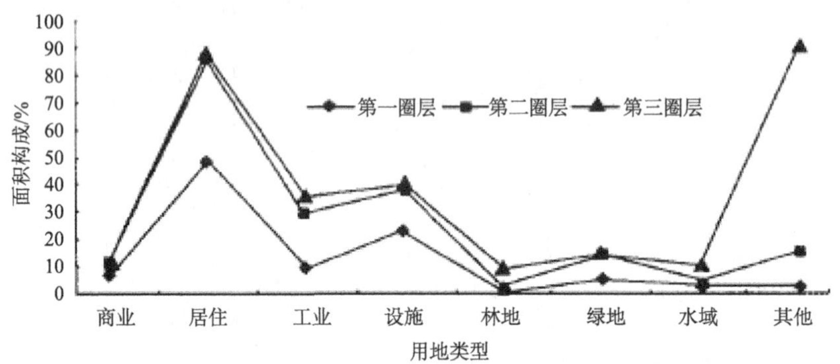

图9.9 各圈层景观类型面积构成

9.3.2 三大圈层的景观结构特征

在GIS技术支持下，借助数理统计软件及Fragstats软件计算出济南市三大圈层每一圈层的各类景观指数。

1. 景观破碎度分析

经计算三大圈层景观破碎度差异很大，表9.1列出了经标准化处理后的破碎度值。可以看出，第一圈层居住用地的破碎度最大，设施用地次之，再次为商业用地，从一个方面反映出中心城区的设施完善度、生活便捷度都是较高的，是最适宜人类居住的；第二圈层仍是居住用地的景观破碎度最大，其次为工业用地，主要受工业外迁规划思想的指导，许多工业从中心城区迁到这一圈层，且该圈层具有价格低、空间大等第一圈层所不具备的优势；第三圈层以未利用地、荒地为主，只零星分布有很少的居住用地，相关设施、商业用地也不多。

表9.1 大圈层景观破碎度

用地类型	第一圈层	第二圈层	第三圈层
商业	0.0484	0.003	0
居住	1	1	0.0238
工业	0.0393	0.3655	0.0605
设施	0.1304	0.1433	0.0055
绿地	0.0148	0	0.0284
水域	0.0029	0.024	0.0202
其他	0	0.1106	1

2. 景观优势度分析

大圈层景观优势度结果见表 9.2。济南市人口主要集中在中心区和周边邻近地区，较远的外围很少有人居住，这与商业用地、设施用地的分布趋势相一致，与实际情况相符。其他用地中未利用地占主体，第一、第二圈层中，它的景观优势度分别为 2.2002、13.2208，表明城区土地利用已经达到相当高的水平，净地非常有限，今后需走集约利用的道路；第三圈层其他用地的景观优势度较大，有很大的开发潜力，为以后的投资、建设提供了必要的土地资源。

表 9.2　大圈层景观优势度

用地类型	第一圈层	第二圈层	第三圈层
商业	7.4056	4.3664	0.3637
居住	49.153	37.2132	3.6697
工业	8.7142	20.2146	6.9585
设施	23.889	14.1853	1.8102
绿地	5.6469	8.7605	8.4519
水域	2.9913	2.0393	1.4088
其他	2.2002	13.2208	75.3023

3. 景观异质性分析

三大圈层的景观异质性指数分别为 15.3043、13.5998、16.1046，第一、第三圈层景观异质性较大，整体呈马鞍状曲线分布。表明第一、第三圈层土地利用分布较均匀，第二圈层的结构较复杂，异质性明显。第一圈层中心城区多为人工景观或人为景观，分布较单一；第三圈层多山区未开发利用地以及一些不适宜布局在城市中的污染重的工业，受人类活动影响较小，较为均质；第二圈层属过渡区域，二元结构明显，构成相对复杂。

4. 景观分维数分析

表 9.3 给出三大圈层各类用地景观分维数的具体值，可以看出各类用地的分维数为 1.1800～1.3600，各斑块的复杂程度比较接近。

表 9.3　大圈层景观分维数

用地类型	第一圈层	第二圈层	第三圈层
商业	1.3165	1.3332	1.3547
居住	1.3172	1.3179	1.3073
工业	1.3298	1.3286	1.3101
设施	1.3313	1.3316	1.3371
绿地	1.2897	1.2565	1.19
水域	1.265	1.2653	1.1877
其他	1.3081	1.2724	1.2879

5. 分析结论与建议

研究认为“集聚间有离析”（aggregate-with-outliers）是生态学意义上最优的景观格局（Forman，1995）。这一模式强调将土地利用分类集聚，并在发展区和建成区内保留小的自然斑块，同时沿主要的自然边界地带分布一些人类活动的用地（全志杰等，1997）。依据“集聚间有离析”的景观格局模式，参照《济南市城市总体规划》《济南市土地利用总体规划》，从景观生态学角度分析济南市景观要素空间结构，并提出操作性强的对策建议（李宁和郑新奇，2004）。

首先，济南市某些景观类型分布过散，不利于景观功能的整体发挥。主要是工业用地分布过散，特别是把生产上有联系的企业分开布局，不利于企业间的合作，并人为增加了交通负担和产品成本，同时使城市内运输压力增大。根据“集聚”原则，工业用地可以规划在城市最外层，以免二次搬迁。一些服务设施布局较为集中，如高校科研单位之间可以优势互补，济南建设长清大学城在这方面具有积极意义。

其次，绿地面积还可以继续增加，最好是在大范围的基础上，发挥“离析”原则，在居民区附近零星开辟出一些小面积的休闲用绿地，人们可以日常晨练、散步等，提高居民生活质量。

最后，商业用地有待进一步提高，尤其是第二圈层，属于城乡过渡带，居住、工业用地是主体，但随着城市化进程的加快，商业也需要有适当发展。

参 考 文 献

李宁, 郑新奇. 2004. 济南市人均耕地警戒线探讨. 山东师范大学学报(自然科学版), 19(1): 59-62

刘湘南, 许红梅, 黄芳. 2002. 土地利用空间格局及其变化的图形信息特征分析. 地理科学, 22(1): 79-84

全志杰, 黄林, 毛晓利等. 1997. 基于 GIS 支持下土地景观空间格局动态遥感研究. 干地区农业研究, (12): 93-98

郑新奇. 2004. 城市土地优化配置与集约利用评价——理论、方法、技术、实证. 北京: 科学出版社

Forman R T T. 1995. Land Mosaics: the Ecology of Landscape and Region. Cambridge: Cambridge University Press

第 10 章　土地利用景观格局动态变化研究

土地利用/土地覆被变化（LUCC）会对全球气候变化、全球陆海生态系统产生重要的影响（Verburg et al.，2006），是地球系统科学研究领域的重要分支之一（Pielke，2005）。以景观几何特征为基础的景观格局分析可以有效地反映 LUCC 的空间格局（Hu et al.，2011），因此将土地利用变化研究与土地景观格局研究相结合，建立土地利用景观格局与土地生态系统功能之间的相互关系有利于把握土地利用系统时空变化特征和生态效应演变机理，促进土地合理利用和优化配置。LUCC 及景观格局变化研究已成为当前景观研究的热点和焦点，从研究内容来看，主要集中在景观格局动态演变（胡玉福等，2011）、格局优化（何丹等，2011）、驱动机制，对景观格局与生态过程耦合及生态效应研究较少（刘颂等，2010）；从研究范围来看，主要集中在大尺度流域层次（胡乔利等，2011），小尺度湿地景观（顾丽等，2010），山地景观、农业景观（俞晓莹等，2009）、乡村等，中尺度城市景观研究主要在特大城市如广州、上海等（俞龙生等，2011），而对于城镇化快速发展期的大城市研究较少。

本章借鉴景观生态理论，利用遥感图像处理和地理信息系统的信息提取和空间分析功能，获取山东济南 2000 年、2005 年、2010 年 3 期土地利用景观数据。基于 Fragstats 软件，选取斑块个数、斑块面积、平均斑块面积、Shannon’s 多样性、Shannon’s 均匀度、分离度、蔓延度、优势度等指数从斑块和景观层次研究济南土地利用景观格局动态变化特征。

10.1　数据获取与研究方法

10.1.1　研究区域与数据的获取

1. 研究区概况

济南市是山东省省会，位于山东省中部，地处 116°110′E～117°44′E，36°02′N～37°31′N，泰山穹隆北麓，北临黄河，东邻淄博、滨州，南接泰安、莱芜，北连德州，西与聊城隔河相望。南北长 166km，东西宽 138km，总面积为 7998.51km^2，市区面积为 3257km^2。

济南市是著名的历史文化名城，因泉水被誉为“泉城”。市辖历下区、市中区、槐荫区、天桥区、历城区、长清区、章丘市、平阴县、济阳县、商河县，6 区、1 市、3 县。2010 年全市生产总值 4406.29 亿元，总人口 604 万人，其中市辖区人口 348 万人。

2. 景观指数的选取和处理

本章选取美国陆地卫星系列多光谱数据作为数据源，主要选用 2000 年、2005 年、2010 年 Landsat5 TM 3 期遥感影像数据。非遥感影像数据采用 1∶10 万土地利用现状图（2005 年）和济南市统计年鉴（2001～2011 年）。以 2005 年土地利用现状图为基准，将 3 期影像分别导入 Erdas Imagine 9 中，首先进行影像质检、投影转换，然后采用多项式运算模型，选取合适的控制点进行几何纠正，并对纠正影像进行质量检查，确保相对误差小于 30m，即 1 个像元；

接下来利用 RGB432 波段组合，采用目视解译和计算机自动分类的方法对影像进行解译；以行政区为单元对遥感影像进行切割拼接，得到研究范围矢量图，最后经过野外核查、室内更正，进一步提高解译精度，精度达到 86%以上，能够满足研究需要。根据研究区特点和研究目的，本章将土地利用类型分为耕地、林地、草地、水域及湿地、城镇用地、农村居民点、交通水利及工矿用地和未利用地共 8 类，数据以 ArcGIS 的 COVERAGE 格式存储（图 10.1）。

图 10.1　济南市 2000 年、2005 年、2010 年景观格局图（彩图见图版）

1.耕地；2.林地；3.草地；4.水域及湿地；5.城镇用地；6.农村居民点；7.交通水利及工矿；8.未利用地

10.1.2　研究方法与原理

利用 ArcGIS 空间分析模块中的转移矩阵，分析三期 LUCC 变化；采用景观生态学的景观格局分析法，利用 Fragstats 4.2（栅格版），从景观和类型两个层次上计算景观格局指数，分析济南市土地利用景观格局变化特征；利用生态服务功能价值核算法，计算不同时期不同景观要素的生态服务功能价值变化，反映济南市土地利用景观格局变化引起的生态服务功能价值变化，探讨土地利用景观格局变化的生态效应。

1. 土地利用景观要素空间转移矩阵

不同时期，各景观要素因受自然和人为因素的影响，导致各景观类型面积、分布、相互间转化及转化概率都不同，而且单纯分析各景观类型面积的增减不能反映各类型间的空间转换关系，景观类型空间转移矩阵能够弥补上述缺陷。因此，本章基于 ArcGIS 空间分析功能，通过对 2000 年、2005 年、2010 年 3 期遥感解译图进行叠加分析，得到不同时期各景观类型间的转移矩阵及转移概率。计算公式为：

$$p_{ij} = \frac{a_{ij}}{\mathrm{pa}_i} \times 100\% \tag{10.1}$$

式中：p_{ij} 为研究期内景观类型 i 转换为 j 的转移概率；a_{ij} 为景观类型 i 转移为 j 的面积；pa_i 为景观类型 i 在研究期内转移总面积。

2. 景观格局指数

由于定量描述景观特征的指数很多，并且大部分指数所指示的格局特征往往不全面，具有局限性且存在冗余。本章主要从景观和类型两个层次研究济南市土地利用景观格局动态变化趋势，因此选用斑块个数、斑块面积、斑块平均面积、Shannon's 多样性指数、Shannon's 均匀度指数、优势度、蔓延度、分离度指数，探寻格局变化引起的生态效应，见表 10.1。景观格局指数计算采用 Fragstats 4.2（栅格版），栅格单元大小为 100m×100m。

表 10.1　景观格局指标及生态意义

指标	表达式	生态意义
斑块个数（NP）	$NP=n_i$	各类型斑块的个数
斑块面积（PA）	$PA=a_i$	斑块面积是景观格局最基本的空间特征，可反映景观要素内部物种、能量和养分等信息流的差异，斑块大小可影响到景观中物种组成和多样性，是反映景观异质性的关键指标
平均斑块面积（MPS）	$MPS=a_i/n_i$	
Shannon's 多样性（SDI）	$SDI=-\sum^{n}(p_i\ln p_i)$	描述斑块类型的多少及各类型在空间上分布的均匀程度
Shannon's 均匀度（SEI）	$SEI=SDI/\ln m$	表示不同景观类型在其数目或面积方面的均匀程度
优势度（DI）	$DI=\ln m-SDI$	表示一种或几种斑块在一个景观中的优势化程度
蔓延度（CON）	$CON=1+\dfrac{\sum_{i=1}^{m}\sum_{k=1}^{m}\left[\left((p_i)\cdot\dfrac{g_{ik}}{\sum_{k=1}^{m}g_{ik}}\right)\left(\ln(p_i)\cdot\dfrac{g_{ik}}{\sum_{k=1}^{m}g_{ik}}\right)\right]}{2\ln m}$	反映景观不同斑块类型的聚集和延展程度，高蔓延度表明景观中连通性较好的某种优势斑块类型，反之则表明景观由连接性较差的多种斑块类型组成，景观破碎化
分离度（S）	$S=B/A, A=PA_i/TA, B=0.5\sqrt{n_i/TA}$	描述斑块在空间上的分散程度，值越大表明该类型分布越分散

注：n_i 为 i 类景观类型的斑块个数；a_i 为 i 类景观类型的斑块总面积；p_i 为各景观类型在总景观中所占的比例；m，k 为景观类型数；g_{ik} 为景观类型 i 和 k 之间相邻的格网单元数；TA 为景观类型的总面积。

10.2　2000～2010 年土地利用景观格局变化与分析

10.2.1　土地利用景观要素时空转移变化

1. 景观要素时间转移矩阵

基于 ArcGIS 对济南市三期土地利用遥感解译矢量图进行空间统计分析，得到 2000～2010 年的土地利用类型面积转移及转移概率矩阵（表 10.2）。2000～2010 年，耕地变化活跃，主要流向农村居民点、城镇用地、交通水利及工矿用地，转移面积分别为 16042.14hm^2、13161.77hm^2、13155.84hm^2，转换的面积比例达到 3.08%、2.52%、2.52%；同时，部分未利用地、农村居民点、草地转化为耕地。林地是整个研究时段内转移面积最小的景观类型，主要流向耕地、草地，转移面积分别为 2570.1hm^2、1095.83hm^2，转换的面积比例达到 2.77%、

1.18%；同时部分草地和耕地转化为林地。草地主要流向林地、耕地，转换的面积比例达到8.78%、7.32%；同时增加的来源主要是耕地和林地。水域主要转化为耕地和林地，转换的面积比例达到 16.88%、1.72%；同时部分耕地转化为水域。城镇主要流向农村居民点、交通水利及工矿用地、耕地，转换的面积比例达到 2.71%、2.50%、2.43%；同时部分农村居民点、工矿用地、耕地转化为城镇用地，景观类型间相互转换明显，属于“热区”。农村居民点主要转移方向为耕地、城镇用地，转换的面积比例达到 19.39%、3.27%；同时部分耕地和城镇用地转化为农村居民点。交通水利及工矿用地，主要流向城镇用地、耕地，转换的面积比例达到 30.77%、8.23%；同时部分耕地和农村居民点转化为交通水利及工矿用地。未利用地是所有土地类型中变化幅度最大的，转移方向主要是耕地、农村居民点、林地，转换面积比例分别是 67.75%、7.05%、2.52%。综上分析，无论是转出分析还是转入分析，耕地是转换频率最高的景观类型；林地、草地在农用地内部和未利用地间转换；城镇用地、农村居民点、交通水利及工矿用地三者内部间转换明显且与耕地频繁转换；未利用地主要流向耕地。

表 10.2　济南市 2000～2010 年土地利用类型面积转移及转移概率矩阵　（单位：hm^2、%）

类型		1	2	3	4	5	6	7	8	2000 年
1	A	460660.03	6044.34	6519.62	5716.28	13161.77	16042.14	13155.84	263.83	521563.86
	B	88.32	1.16	1.25	1.10	2.52	3.08	2.52	0.05	65.21
2	A	2570.10	87332.1	1095.83	448.61	597.81	226.28	472.32	47.43	92790.49
	B	2.77	94.12	1.18	0.48	0.64	0.24	0.51	0.05	11.60
3	A	4663.93	5593.75	51510.7	298.41	605.72	384.38	251.97	412.05	63720.96
	B	7.32	8.78	80.84	0.47	0.95	0.60	0.40	0.65	7.97
4	A	3462.38	353.75	241.10	15939.38	262.84	51.38	120.55	83.99	20515.37
	B	16.88	1.72	1.18	77.69	1.28	0.25	0.59	0.41	2.56
5	A	647.22	171.93	33.60	95.85	24268.25	720.34	665.99	0.00	26603.18
	B	2.43	0.65	0.13	0.36	91.22	2.71	2.50	0.00	3.33
6	A	12198.35	319.16	494.06	134.38	2058.26	46484.18	1132.39	88.93	62909.71
	B	19.39	0.51	0.79	0.21	3.27	73.89	1.80	0.14	7.87
7	A	199.60	26.68	42.49	171.93	746.03	48.42	1179.82	9.88	2424.85
	B	8.23	1.10	1.75	7.09	30.77	2.00	48.66	0.41	0.30
8	A	6316.07	235.17	197.62	93.87	0.00	657.10	126.48	1696.60	9322.92
	B	67.75	2.52	2.12	1.01	0.00	7.05	1.36	18.20	1.17
2010 年		490717.69	100076.9	60135.1	22898.72	41700.68	64614.22	17105.36	2602.71	799851.34

注：A 代表初期土地利用类型转化为末期土地利用类型面积；B 代表初期土地利用类型 i 转换为末期土地利用类型 j 的比例。

2. 景观要素空间转移分析

为从空间上反映景观要素间的相互转化，基于 ArcGIS 的空间相交分析功能，分别统计2000～2005 年、2005～2010 年、2000～2010 年景观要素变化图（图 10.2）。本书重点分析耕地、建设用地、生态用地（林地、草地、水域及湿地）三种景观要素 2000～2010 年的空间变化特征。

分析结果表明，景观要素变化主要集中在中部中心城区和南北部平原地区。究其原因，中部中心城区人口密集、交通便利，随着城镇化快速发展和全国运动会的召开，基础设施建设、公共设施配套、产业结构调整以及城市发展战略实施等人类活动，土地利用景观要素发生了显著变化；南北部平原地区是济南市粮食主产区，景观要素变化亦明显，主要表现为耕地与草地、农村居民点之间的转换，这些地区受农业内部结构调整、退耕还林还草提高耕地质量、整理农村居民点补充耕地等人类活动干扰，变化明显；而中北部黄河沿岸、南部山区等区域景观要素变化不明显，此区域是济南生态保护区，受人类干扰较小，保护力度较大，景观要素变化不明显。从各景观要素变化来看，耕地转移主要分布在中心城区以及南北部驻地镇周边，与建设用地增加空间分布图有较强一致性；耕地增加空间分布图覆盖整个研究区，主要集中在南北部平原地区，与建设用地转移空间分布图有较强的相关性；生态用地转移主要分布在南部区域，增加主要体现在沿黄滩区和几个省级自然保护区等区域。

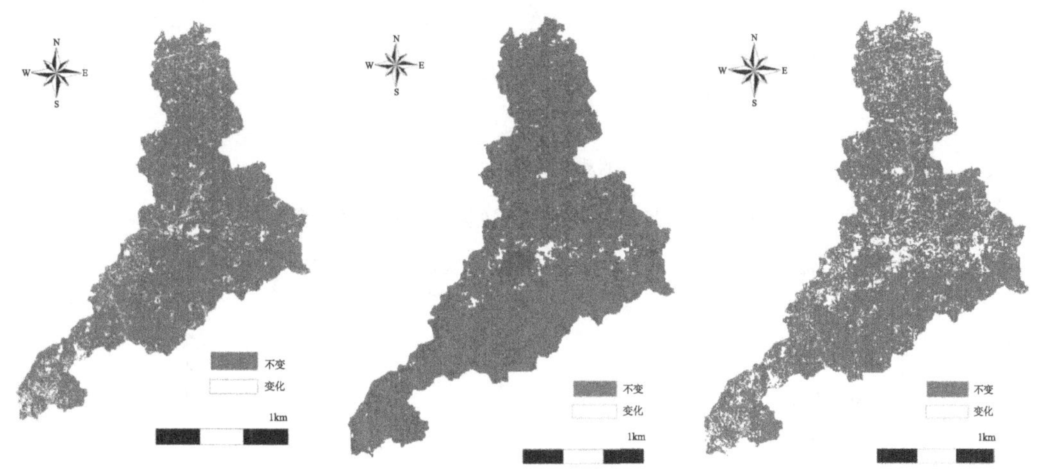

图 10.2　2000～2005 年、2005～2010 年、2000～2010 年景观要素变化图

10.2.2　土地利用景观格局变化分析

1. 景观结构及特征分析

就全市景观层次而言，总斑块数从 2000 年的 4573 个增加到 2010 年的 5099 个[图 10.3（a）]，其中，耕地、城镇和农村居民点的斑块数量和面积占绝对优势。景观斑块平均大小由 2000 年的 $1.77km^2$ 降低到 2010 年的 $1.51km^2$[图 10.3（b）]，景观破碎程度表现为持续增加的趋势。

从各种景观类型斑块数和斑块平均面积来看（图 10.4），耕地、林地景观类型的斑块数在研究期间呈增加的趋势，林地与耕地的斑块数变化较为剧烈，变化幅度在 15%以上。2000～2010 年，林地和城乡居民点在景观面积增长的同时平均斑块面积也逐渐增大，表现为空间集中化趋势；未利用地在景观面积减少的同时斑块数增加，使得平均斑块面积逐渐减小。

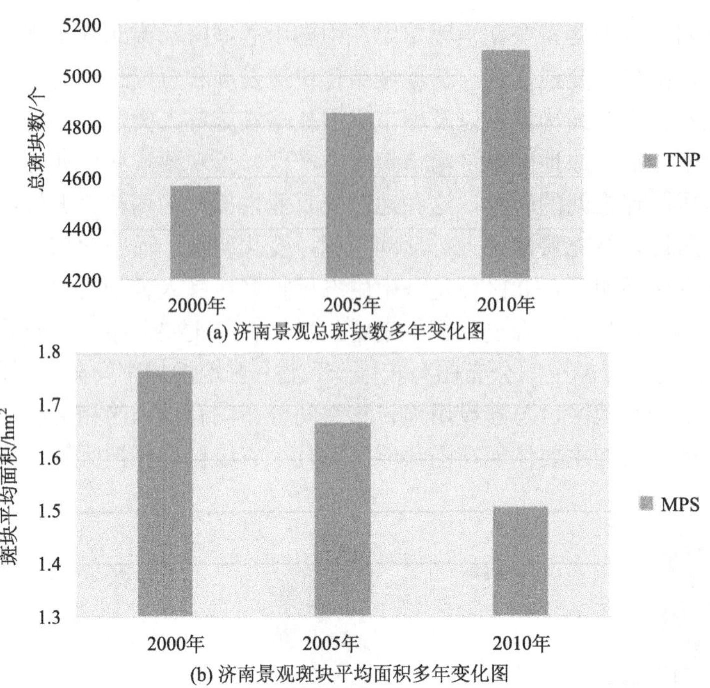

(a) 济南景观总斑块数多年变化图

(b) 济南景观斑块平均面积多年变化图

图 10.3　济南景观总斑块数和斑块平均面积多年变化图

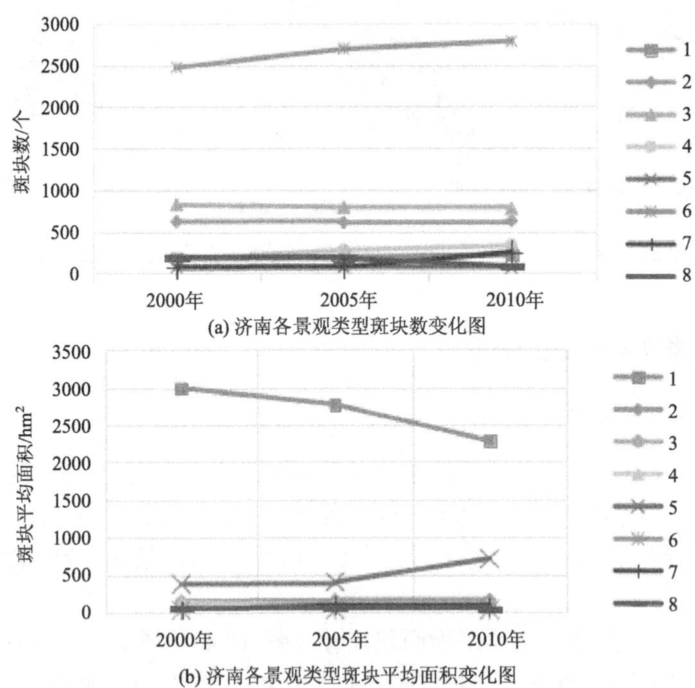

(a) 济南各景观类型斑块数变化图

(b) 济南各景观类型斑块平均面积变化图

图 10.4　济南各景观类型斑块数和斑块平均面积变化图

1.耕地；2.林地；3.草地；4.水域及湿地；5.城镇用地；6.农村居民点；7.交通水利及工矿；8.未利用地

2. 景观多样性分析

研究区 2000～2010 年景观尺度上的格局变化（图 10.5），多样性指数和均匀度指数有所增加，优势度也由 0.87 降低为 0.7，表明景观优势组分对景观整体的控制作用有所减弱，景观异质性程度在逐渐提高，土地利用向着多样化和均匀化方向发展，蔓延度指数的下降也验证了优势斑块类型连通性降低和斑块破碎化程度增大的趋势。

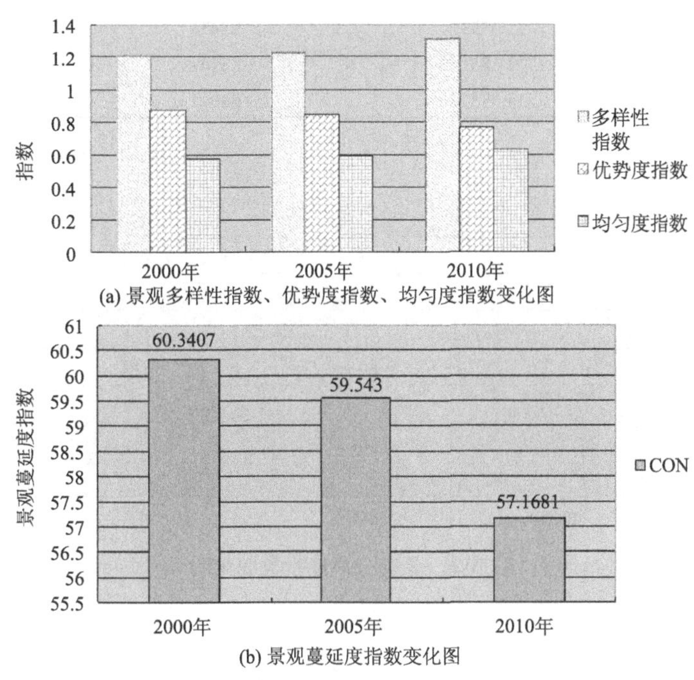

图 10.5　研究区 2000～2010 年景观尺度上的格局变化

3. 景观异质性变化分析

表 10.3 为济南市 2000～2010 年各种土地利用类型的分维变化。分维数描述景观中斑块形状的复杂程度，它对研究景观功能和景观中物种的扩散、能量的流动和物质的迁移等过程有重要意义。可以看出，在整个研究时段内，研究区各景观类型的分维数变化不大，只有水域、交通水利及工矿、未利用地变化的幅度较大，表明这些地类在研究期内斑块形状发生较大变化。耕地的分维数变化较小，林地呈缓慢下降趋势，表明该景观斑块形状较为简单，并且趋向于进一步简单化。草地、水域、交通水利及工矿、未利用地的分维数随时间略微升高，表明这些地类受人类活动干扰程度加大。农村居民点、城镇分维数呈上升趋势，说明这些景观类型受人类活动影响加大。

图 10.6 是济南市景观分离度变化图，整个研究期内，分离度指数由 2000 年的 7.3564 上升到 2010 年的 8.1611，呈上升趋势，说明区域景观趋向于分散，集中连片减弱。究其原因，主要受到人类活动的强烈干扰使得自然状态被改变，导致其斑块空间不断分散和破碎化，相应的分离度指标都有所增加。

表 10.3　济南市各景观类型分维数表

景观类型	2000 年	2005 年	2010 年
耕地	1.4619	1.4633	1.4573
林地	1.4977	1.495	1.488
草地	1.5195	1.5094	1.5028
水域	1.4928	1.4815	1.4799
城镇	1.3363	1.3313	1.371
农村居民点	1.3553	1.3433	1.3602
交通水利及工矿	1.3851	1.3169	1.4114
未利用地	1.4777	1.4044	1.336

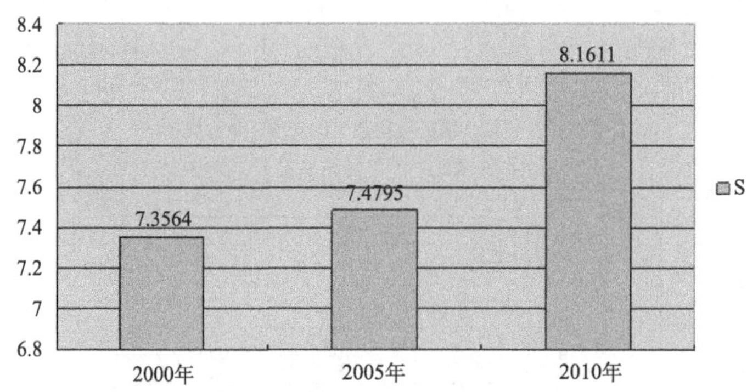

图 10.6　景观分离度指数变化图

10.3　结论与讨论

（1）2000～2010 年是济南市城镇化快速发展期，土地利用景观要素变化明显，主要表现为耕地面积减少，建设用地增加，生态用地略微增加；耕地主要转为建设用地和林地、草地，建设用地主要流向耕地且城镇、农村居民点、交通水利及工矿用地内部转换明显。景观要素变化明显区域集中在人口密集、产业集中的中心城区和南北部平原地区，南部山区和沿黄滩区景观要素变化不明显。

（2）从景观结构及格局指数变化来看，2000～2010 年由于林地和耕地两种优势景观类型比例的降低，对景观的控制作用减弱，导致多样性指数和均匀度上升，景观异质性程度也随之增大，土地利用向着多样化和均匀化方向发展。蔓延度指数的变化则进一步反映了景观中连通性较好的优势斑块类型控制作用减弱和破碎化程度加大的趋势。由于人类活动干扰程度的加强，分离度呈上升趋势。水域、交通水利及工矿和未利用地分维数呈上升趋势，表明这三种景观类型分散程度较大且易受人类活动等因素干扰而破碎化。耕地、林地和草地分维数降低，说明景观类型趋向于集中连片分布。

（3）从景观生态学角度来讲，林地和草地景观类型有空间集聚的发展趋势，城镇、农村居民点先分散后集聚，有利于生态环境的改善。但是耕地景观类型作为区域基质、主导景观类型，此类型的面积减少而斑块数量增加，导致平均斑块面积减小，不利于生态效应的发挥，在今后规划实施过程中应尽量避免占用分割耕地，以期充分发挥区域土地生态效应，提高区域生态环境。

参考文献

顾丽, 王新杰, 龚直文, 等. 2010. 基于 RS 与 GIS 的北京近 30 年湿地景观格局变化分析. 北京林业大学学报, 32(4): 65-71

何丹, 金凤君, 周璟. 2011. 基于 Logistic-CA-Markov 的土地利用景观格局变化——以京津冀都市圈为例. 地理科学, 31(8): 902-910

胡乔利, 齐永青, 胡引翠. 2011. 京津冀地区土地利用/覆被与景观格局变化及驱动力分析. 中国生态农业学报, 19(5): 1182-1189

胡玉福, 邓良基, 张世熔, 等. 2011. 基于 RS 和 GIS 的西昌市土地利用及景观格局变化. 农业工程学报, 27(10): 322-327

刘颂, 郭菲菲, 李倩. 2010. 我国景观格局研究进展及发展趋势. 东北农业大学学报, 41(6): 144-151

俞龙生, 符以福, 喻怀义, 等. 2011. 快速城市化地区景观格局梯度动态及其城乡融合区特征——以广州市番禺区为例. 应用生态学报, 22(1): 171-180

俞晓莹, 罗艳菊, 蓝万炼. 2009. 基于 GIS 的土地利用景观格局分析——以湖南省保靖县为例. 湖南农业大学学报(自然科学版), 35(5): 580-582

Hu Y F, Deng L J, Zhang S R, et al. 2011. Changes of land use and landscape pattern in Xichang city based on RS and GIS. Transactions of the CSAE, 27(10): 322-327

Pielke Sr R A. 2005. Land use and climate change. Science, 310: 1625-1626

Verburg P H, Overmars K P, Huigen M G A, et al. 2006. Analysis of the effects of land use change on protected areas in Phillippines. Applied Geography, 26: 153-173

第 11 章　城市三维景观指数体系构建及应用

在 3S 技术的支持下，利用多种景观指数模型进行研究，在此基础上融入时间维度，是目前景观格局的常用方法之一。目前的研究多利用遥感影像结合景观指数分析城市功能结构变化（Herold et al.，2002），结合人工神经网络法、马尔可夫链和元胞自动机模型、空间自相关分析等探索城市用地景观的特征和预测城市用地发展趋势（杨振山等，2010；Yang et al.，2014）。然而城市发展的速度非常快，平面土地利用类型的转化已经远远不能满足城市景观的研究（Fan and Myint，2014）。因此，利用建筑高度数据对建筑三维景观在城市改造过程中对建筑景观特征和影响因素进行分析（张培峰等，2012）成为当前的研究热点之一。

11.1　数据处理及景观指数选取

11.1.1　研究区域与方法的选取

研究区域为山东省济南市。

1. 数据的选取和处理

实验基础数据为 2001 年和 2011 年两期济南市中心城区地籍数据，原始格式为 CAD 格式，比例尺为 1∶500，使用高斯-克吕格投影，西安 1980 坐标系，以中央经线 108°为准。以 2001 年和 2011 年遥感影像作为参照，对土地利用分类结果进行对比纠正。其他资料还有《土地利用现状分类》（GB/T 21010—2017）、《民用建筑设计统一标准》（GB 50352—2019）。采用 CAD 地籍数据，转化成 Shapefile 格式进行景观分类。并采用 ArcGIS 软件进行图斑数据的分析和处理。最后采用 Fragstats 软件进行景观指数的计算。在以上计算结果的基础上，挑选、对比验证、分析二维景观指数和三维景观指数的异同和不同景观要素的结构特征。在挑选指数时用到分析软件 SPSS、Excel 等软件。

2. 土地利用（楼层高度）转移矩阵

参照已有关于土地利用转移矩阵的研究（鲁春阳等，2007），以及转移矩阵的含义，本章提出楼层高度转移矩阵，原理同土地利用类型转移矩阵，反映在不同时间段内同一区域楼层高度类型相互转换的关系。

本章将土地利用分类和楼层分类后的济南市两期地籍数据在 ArcGIS 软件中进行叠加处理，利用 Arc Toolbox 中的 Spatial Analyst Tools/Zonal/Tabulate Area 功能分别计算土地利用类型和楼层高度的转移矩阵，将所得转移矩阵结果导入 Excel 中计算建筑土地类型（楼层高度）转入、转出贡献率与保留率，进行结构特征分析。

景观类型转入贡献率反映某种类型景观面积的增加量占景观变化总量的程度，表明代替其他景观的能力（式 11.1）。

$$I_i = \sum_{j=1}^{n} S_{ji} / S_0 \tag{11.1}$$

式中：I_i 为景观类型转入贡献率；S_{ji} 为第 j 种景观类型向第 i 种景观类型转移的面积；S_0 为景观类型发生转移的总面积；n 为景观类型的数量。

景观类型转出贡献率反映某种类型景观面积的减少量占景观变化总量的程度，表明被其他景观替换的潜力（式 11.2）。

$$O_i = \sum_{j=1}^{n} S_{ij} / S_0 \tag{11.2}$$

式中：O_i 为景观类型转出贡献率；S_{ij} 为第 i 种景观类型向第 j 种景观类型转移的面积；S_0 为景观类型发生转移的总面积；n 为景观类型的数量。

3. 景观格局空间分析法

景观格局分析法就是从某种尺度景观角度，用景观生态学中的空间格局分析法来分析和认识区域内景观的基本格局特点和变化过程的规律，景观格局指数是量化描述景观结构组成和空间配置的指标（谢花林等，2006）。景观指数类型很多，Fragstats 软件可以计算 100 多个指标，它能为整个景观、斑块类型甚至每个斑块计算一系列指标。在斑块类型和景观尺度上，有些用来度量景观的组成，有些指标用来度量景观的空间布局。有些指标是从相似或相同的角度对景观构型进行度量，所以在本章研究中需要对指标进行主成分分析，剔除不重要的指数。

4. 主成分分析方法

主成分分析（PCA）是研究将多个指标转换为几个互不相关的指标的一种数学统计方法，最终转换成几个互不相关的指标，即综合指标因素。该方法是将高维空间问题转化到低维空间，消除量纲的干扰，也去除了指标的相关性引起的信息重复和干扰，将指标进行简化。主成分分析是多元统计方法中的一种（何晓群，2012），在社会经济、综合测量评价等方面得到了进一步的应用。

主成分分析方法是一种常见的关系变换方法，借助了正交关系的变化，将密切相关的随机变量转换成互关相干的新变量因素。可以从代数角度和几何角度分别解释，分别是对角矩阵及正交系统的转化和降维处理。总的来说，主成分分析是一种最小均方误差的提取方法。对应的主成分分析步骤的计算方式见图 11.1。

利用 SPSS 软件进行主成分分析，利用命令分析—降维分析—因子分析，将标准化的数据进行主成分分析，根据要求选择相关参数和输出结果，进行操作。根据主成分计算载荷矩阵，确保前几个主成分中占载荷较多的因素，使其贡献率大于 85%，并根据与其他几个载荷较大的因子都呈极显著的正相关或负相关性这一条件，挑选能够代表主成分的因素。

11.1.2 数据处理

将 CAD 格式的数据转换成 Shapefile 格式，导入 ArcGIS 软件，投影坐标系设为 Xian_1980_3_Degree_GK_Zone_39，投影设置为 Gauss_Kruger。本章以 2001 年中心城区的数据为基准范围，裁剪 2011 年数据，得到范围相同的两年中心城区的数据，方便进一步处理。

横向二维数据处理：根据研究目的，将建筑用途种类依据横向平面空间维度景观类型，参考《土地利用现状分类》(GB/T 21010—2017）将建筑横向景观类型分为耕地、园地、林地、草地、商业用地、工业用地（即工矿仓储用地）、住宅用地、公共用地、教育用地、特殊用地、交通用地和其他用地等十二类。

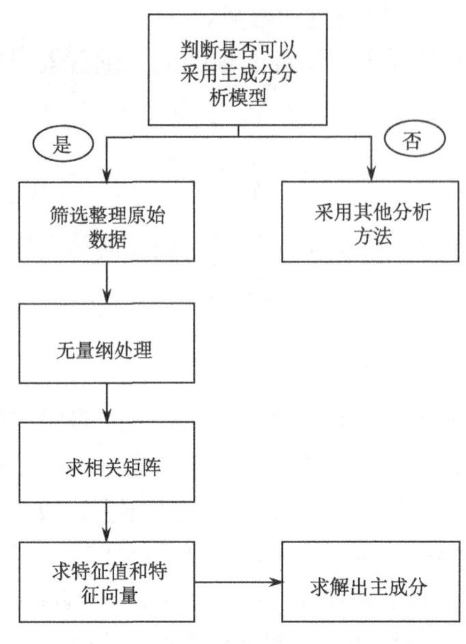

图 11.1 主成分分析基本流程图

根据属性表格中的土地利用类型分类，对 2001 年和 2011 年中心城区的数据分析整理，得到济南市中心城区 2001 年和 2011 年土地利用情况。

将土地利用类型进行编码分类，结果为：1 耕地、2 园地、3 林地、4 草地、5 商业用地、6 工业用地（即工矿仓储用地）、7 住宅用地、8 公共用地、9 教育用地、10 特殊用地、11 交通用地和 12 其他用地。结果如图 11.2 所示。

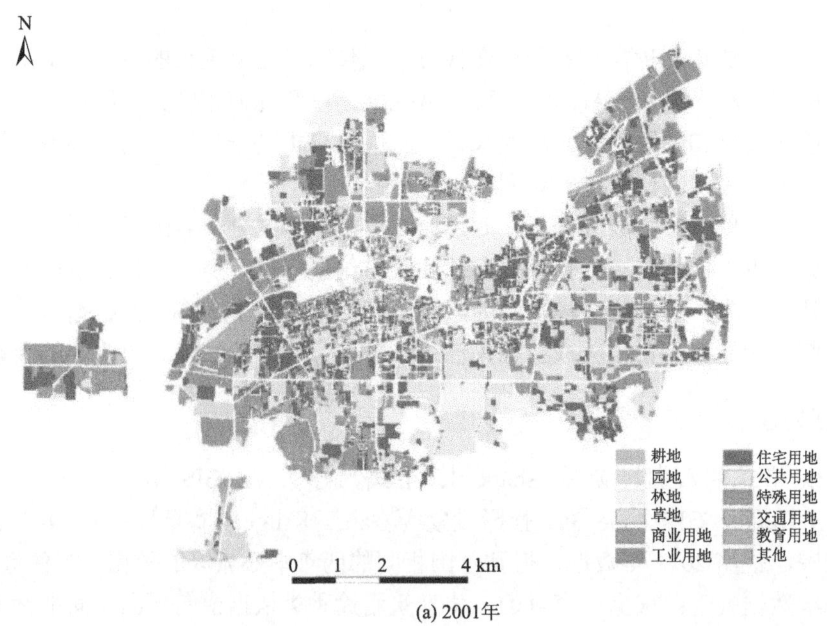

(a) 2001年

(b) 2011年

图 11.2　济南市中心城区土地利用类型图（彩图见图版）

纵向楼层高度数据的处理：将楼层高度数据进行分类，根据建筑楼层种类作为纵向空间维度类型，参考《民用建筑设计通则》(GB 50352—2019)，按照建筑物楼层将建筑纵向景观类型划分为低层、多层、中高层、高层和超高层五类。将城市建筑横向和纵向景观类型分别进行编码分类，结果为：1 低层、2 多层、3 中高层、4 高层。济南市中心城区在研究时间段内没有超高层建筑。结果如图 11.3 所示。

(a) 2001年

(b) 2011年

图 11.3　济南市中心城区楼层高度分类图（彩图见图版）

从济南市中心城区2001年土地利用类型以及2011年土地利用类型之间的变化可以看出，济南市中心城区土地利用的变化较大，主要向住宅类型转换。从济南市中心城区2001年楼层高度分类以及2011年楼层高度分类之间的变化可以看出，济南市中心城区楼层高度变化较大，从低层转换成多层和中高层。

11.1.3　景观指数计算

将矢量类型数据转换成栅格类型数据，并将结果存入Fragstats软件中，计算景观指数。计算景观指数过程中需要提交属性文件。属性文件包括类属性文件、边缘深度文件、对比系数文件和隔离/相关指数文件。

类属性文件中每条记录包含数值型的斑块类型、斑块类型的字母型、状态指示信息和背景指示。类属性文件根据需要，在记事本中手动编写，保存成.fcd格式。非限制性的文件包含类ID、类名、状态、背景。

边缘深度文件必须是一个矩阵，有相同的标题，将ID码作为行标题和列标题，还包括一个关于输入经过中独有的相似斑块结合的记录。此外，所有数值用逗号隔开。这种表可以在任何一个程序中产生，它们被保存为分界ASCII文件，该矩阵可以是不对称的。一行代表一个中心类，一行代表与它相邻的类。矩阵对角线是典型的零值，也可以是非零值。

对比系数文件：如果在斑块、类、景观水平上选择了相似指数，须制定一个非限制性ASCII文件，这个文件为每个相同斑块类型的结合提供边缘相关系数。文件中每条记录包括一个斑块的数值型、斑块类性质和每个边缘相对系数。该文件矩阵表示为

表：　　　　　第一类ID　　第二类ID

第一类ID码，相关性1～1，相关性1～2

第二类ID码，相关性2～1，相关性2～2

表要在第一个单元指明。第一类 ID、第二类 ID 是对应与类值的数值化，对比系数是一个位于 0～1 的小数，代表了相关联的类之间的对比系数。该文件是个矩阵，要有相同的行和列，同类 ID 码作为行列标题，包括在输入景观中每个独立的斑块类型组合的记录。所有数据用逗号隔开。这种表可以在任一个程序中产生，它们被保存为分界 ASCII 文件，该矩阵可以是不对称的。行代表中心类，列代表其他类的组合，相似系数表示中心类与其他类的相关程度。核心类与同类斑块有最大相似性。当景观边界存在，同类中一个斑块对另一个斑块的影响沿着景观边界时，对角线上的值非零。大多数情况下为零，当图像中有背景值，需要在运行参数对话框中的边缘深度文件中设定背景值，否则所有背景边缘值为零。

隔离/相关指数文件：如果在斑块、类、景观等水平尺度上选择了相邻指数，必须制定搜索半径。若设定其为零，必须在关闭对话框前输入一个非零距离值，否则将得到错误信息。此外，在任何水平下选择的相关指数，都要指定一个为相似斑块集合提供各自的相关权重的 ASCII 文件，选择适合文件，文件中每条记录包含一个数值型的斑块类型值来表示相关系数。文件矩阵为

表：　　　　　第一类 ID　　第二类 ID

第一类 ID 码，相似度 1～1，相似度 1～2

第二类 ID 码，相似度 2～1，相似度 2～2

表在第一个单元指明。第一类 ID 是对应于类值的数值化，相似系数是一个位于 0～1 的小数，代表了相关联的类之间的相关系数，该文件是个矩阵，要有相同的行和列，同类 ID 码作为行列标题，包括在输入景观中每个独立的斑块类型组合的记录，所有数据用逗号隔开。

输入属性文件之后，添加数据，操作分析，进而计算出实验的结果，进行下一步分析。

1. 土地利用类型（二维景观指数）属性文件

1）类属性文件

将土地利用类型编码分类为：1 耕地、2 园地、3 林地、4 草地、5 商业用地、6 工业用地（即工矿仓储用地）、7 住宅用地、8 公共用地、9 特殊用地、10 交通用地、11 水域用地和 12 其他用地。用英文代表，属性文件如下：

```
ID, Name, Enabled, IsBackground
1, farmland, true, false
2, scope, true, false
3, woodland, true, false
4, grass, true, false
5, commercial, true, false
6, industrial, true, false
7, residential, true, false
8, public, true, false
9, spatial, true, false
10, trans, true, false
11, water, true, false
12, others, true, false
```

2）边缘深度文件

根据耕地、园地、林地、草地、商业用地、工业用地、住宅用地、公共用地、特殊用地、交通用地、水域用地和其他用地之间的关系编写边缘深度文件，栅格的大小是 25。根据 12 个土地类型之间边缘深度的值编写属性文件。

```
FSQ_TABLE
CLASS_LIST_LITERAL
( farmland,scope,woodland,grass,commercial,industrial,residential,p
ublic,spatial,trans,water,others)
CLASS_LIST_NUMERIC (1, 2, 3, 4, 5, 6,7,8,9,10,11,12)
0, 40, 25, 30, 25, 50, 25, 70, 25, 40, 25, 50
25, 0, 25, 50, 30, 25, 50, 25, 70, 25, 40, 25
30, 25, 0, 50, 25, 25, 30, 25, 50, 25, 70, 25
25, 30, 25, 0, 25, 25, 70, 25, 40, 25, 30, 25
30, 25, 25, 50, 0, 25, 50, 25, 25, 70, 25, 40
25, 40, 25, 30, 25, 0, 25, 50, 25, 25, 70, 25
40, 70, 25, 40, 25, 25, 0, 80, 70, 25, 40, 25
25, 50, 25, 70, 25, 40, 50, 0, 25, 70, 25, 40
25, 25, 40, 25, 30, 25, 25, 25, 0, 50, 25, 70
25, 25, 40, 50, 40, 25, 30, 50, 25, 0, 30, 25
70, 30, 40, 50, 25, 40, 25, 30, 25, 25, 0, 25
25, 70, 25, 40, 25, 25, 25, 40, 25, 30, 25, 0
```

3）对比系数文件

根据耕地、园地、林地、草地、商业用地、工业用地、住宅用地、公共用地、特殊用地、交通用地、水域用地和其他用地之间的关系编写对比系数文件。

```
FSQ_TABLE
CLASS_LIST_LITERAL
( farmland,scope,woodland,grass,commercial,industrial,residential,p
ublic,spatial,trans,water,others)
CLASS_LIST_NUMERIC (1,2,3,4,5,6,7,8,9,10,11,12)
0,0.8,0.5,0.2,0.3,0.4,0.1,0.2,0.3,0.2,0.1,0.5
0.2,0,0.3,0.4,0.7,0.2,0.5,0.8,0.1,0.3,0.4,0.2
0.1,0.5,0,0.3,0.4,0.7,0.2,0.1,0.1,0.3,0.4,0.7
0.5,0.8,0.2,0,0.2,0.3,0.4,0.1,0.2,0.2,0.1,0.5
0.2,0.3,0.4,0.1,0,0.2,0.7,0.2,0.2,0.2,0.2,0.2
0.1,0.1,0.2,0.5,0.8,0,0.2,0.7,0.2,0.4,0.1,0.2
0.3,0.4,0.1,0.2,0.2,0.2,0,0.2,0.1,0.5,0.2,0.2
0.5,0.8,0.2,0.7,0.2,0.2,0.2,0,0.7,0.2,0.7,0.2
0.2,0.7,0.2,0.3,0.4,0.1,0.2,0.2,0,0.2,0.1,0.5
0.2,0.3,0.4,0.1,0.2,0.2,0.2,0.2,0.2,0,0.2,0.2
```

```
0.1,0.5,0.2,0.2,0.3,0.4,0.1,0.3,0.4,0.7,0,0.2
0.2,0.2,0.2,0.1,0.5,0.2,0.3,0.4,0.1,0.1,0.5,0
```

4）隔离/相关指数文件

根据耕地、园地、林地、草地、商业用地、工业用地、住宅用地、公共用地、特殊用地、交通用地、水域用地和其他用地之间的关系编写隔离/相关指数文件。

```
FSQ_TABLE  CLASS_LIST_LITERAL （ farmland,scope,woodland,grass,commercial,industrial,residential,public,spatial,trans,water,others）
CLASS_LIST_NUMERIC（1, 2, 3, 4, 5, 6,7,8,9,10,11,12）
1,0.2,0.8,0.5,0.2,0.9,0.4,0.7,0.2,0.8,0.5,0.2
0.2,1,0.2,0.2,0.4,0.7,0.8,0.5,0.2,0.8,0.5,0.9
0.4,0.7,1,0.2,0.2,0.2,0.3,0.4,0.7,0.2,0.8,0.5
0.8,0.5,0.2,1,0.8,0.5,0.2,0.3,0.4,0.7,0.5,0.5
0.2,0.5,0.2,0.5,1,0.5,0.2,0.5,0.2,0.8,0.5,0.2
0.2,0.9,0.2,0.4,0.7,1,0.2,0.3,0.4,0.7,0.8,0.5
0.2,0.8,0.5,0.2,0.4,0.7,1,0.2,0.2,0.2,0.2,0.2
0.2,0.2,0.3,0.4,0.7,0.2,0.2,1,0.2,0.9,0.5,0.9
0.8,0.5,0.2,0.3,0.4,0.7,0.4,0.7,1,0.5,0.2,0.6
0.4,0.7,0.8,0.5,0.2,0.2,0.2,0.2,0.2,1,0.2,0.9
0.4,0.7,0.5,0.2,0.3,0.4,0.7,0.2,0.9,0.2,1,0.2
0.2,0.3,0.4,0.7,0.8,0.5,0.5,0.3,0.4,0.7,0.2,1
```

2. 纵向楼层高度景观指数属性文件

1）类属性文件

将楼层高度数据分类编码为：1 低层、2 多层、3 中高层、4 高层。用字母表示。

```
ID, Name, Enabled, IsBackground
1, di, true, false
2, duo, true, false
3, zhonggao, true, false
4, gao, true, false
```

2）边缘深度文件

将楼层高度数据分类编码为：1 低层、2 多层、3 中高层、4 高层。

```
FSQ_TABLE
CLASS_LIST_LITERAL（ di, duo, zhonggao, gao）
CLASS_LIST_NUMERIC（1, 2, 3, 4）
0,0,0,0
0,0,0,0
100,50,50,0
0,0,0,0
```

3）对比系数文件

将楼层高度数据分类编码为：1 低层、2 多层、3 中高层、4 高层。

```
FSQ_TABLE
CLASS_LIST_LITERAL（di, duo, zhonggao, gao）
CLASS_LIST_NUMERIC（1, 2, 3, 4）
0,0.75,0.5,0.75
0.75,0,1,0.5
0.5,1,0,1
0.75,0.5,1,0
```

4）隔离/相关指数文件

将楼层高度数据分类编码为：1 低层、2 多层、3 中高层、4 高层。

```
FSQ_TABLE
CLASS_LIST_LITERAL（ di, duo, zhonggao, gao）
CLASS_LIST_NUMERIC（1, 2, 3, 4）
1,0,0.5,0
0,1,0,0
0,0,1,0
0,0.2,0,1
```

在输入属性文件后，通过 Fragstats 软件，在其中选 38 个指数进行计算，其计算结果为.class，.land，.patch，.adj 四个格式，使用 Excel 打开结果，转入 SPSS 软件中进行计算分析。

11.1.4　景观指数的选取

1. 二维景观指数选取

济南市中心城区数据根据土地利用类型进行了分类，所以选取指标时对斑块类型尺度水平的 38 个指标进行筛选，距离阈值设为 1500，半径设为 25，与栅格大小相同。下文将土地利用类型的景观指数称为二维景观指数。

首先对 2001 年土地利用类型数据进行分析。

经过主成分分析，前 5 个主成分的贡献率分别为 43.473%、30.897%、8.923%、6.586%、2.995%，累计贡献率为 92.875%（表 11.1）。第一主成分中斑块类型面积（CA）、斑块类型所占景观面积的比例（PLAND）、总边缘长度（TE）、边缘密度（ED）、间断分布的核心面积数量（NDCA）、间断分布的核心面积密度（DCAD）、景观形状指数（LSI）、斑块数量（NP）、斑块密度（PD）的载荷较大，分别为 0.984、0.984、0.983、0.983、0.974、0.974、0.946、0.945、0.945，根据与其他在载荷矩阵中计算结果较大的因子分布呈极显著的正相关或负相关性，确定地认为第一主成分代表的是边缘密度（ED）；第二主成分中聚合度（AI）、相似邻近比例度（PLADJ）、邻近指标（CONTIG_MN）、从聚指数（CLUMPY）的载荷较大，分别为 0.971、0.967、0.933、0.922，根据与其他在载荷矩阵中计算结果较大的因子分布呈极显著的正相关或负相关性，确定地认为第二主成分代表的是聚合度（AI）；第三主成分中平均边缘对比度（ECON_MN）、总边缘对比度（TECI）、面积加权平均相似指标（SIMI_AM）、平均相似指标

（SIMI_MN）的载荷较大，分别为 0.972、0.943、0.567、0.464，根据与其他在载荷矩阵中计算结果较大的因子分布呈极显著的正相关或负相关性，确定地认为第三主成分代表的是平均边缘对比度（ECON_MN）；第四主成分中分维数（FRAC_MN）、平均形状指标（SHAPE_MN）、周长面积分维数（PAFRAC）、平均边缘对比度（ECON_MN）的载荷较大，分别为 0.687、0.671、0.560、0.550，根据与其他在载荷矩阵中计算结果较大的因子分布呈极显著的正相关或负相关性，确定地认为第四主成分代表的是分维数（FRAC_MN）；第五主成分中连接度（CONNECT）、散布与并列指标（IJI）、面积加权平均相似指标（SIMI_AM）、相关外接圆指标（CIRCLE_MN）的载荷较大，分别为 0.542、0.461、0.344、0.308，根据与其他在载荷矩阵中计算结果较大的因子分布呈极显著的正相关或负相关性，确定地认为第五主成分代表的是连接度（CONNECT）。

表 11.1　2001 年济南二维景观指数主成分载荷矩阵

指标	1	2	3	4	5
CA	0.984	0.038	–0.054	–0.105	–0.008
PLAND	0.984	0.038	–0.054	–0.105	–0.008
NP	0.945	–0.248	0.039	0.017	–0.002
PD	0.945	–0.248	0.039	0.017	–0.002
LPI	0.704	0.519	–0.057	–0.336	0.163
TE	0.983	–0.145	–0.014	0.015	–0.027
ED	0.983	–0.145	–0.014	0.015	–0.027
LSI	0.946	–0.251	0.052	0.104	0.004
SHAPE_MN	0.559	0.394	–0.267	0.671	0.057
FRAC_MN	0.629	0.264	–0.094	0.687	0.167
PARA_MN	0.098	–0.933	0.12	–0.102	0.145
CIRCLE_MN	0.331	0.608	–0.011	0.453	0.308
CONTIG_MN	–0.11	0.933	–0.108	0.118	–0.158
TCA	0.93	0.193	–0.003	–0.228	–0.013
CPLAND	0.93	0.193	–0.003	–0.228	–0.013
NDCA	0.974	–0.181	–0.003	0.05	–0.035
DCAD	0.974	–0.181	–0.003	0.05	–0.035
CORE_MN	–0.142	0.88	–0.151	–0.103	0.147
DCORE_MN	–0.118	0.857	–0.09	–0.173	0.22
CAI_MN	–0.33	0.821	–0.255	0.189	–0.279
SIMI_MN	–0.269	0.647	0.464	0.381	0.136
SIMI_AM	0.24	0.591	0.567	0.163	0.344
ENN_MN	–0.847	0.192	–0.31	0.045	–0.165
CWED	0.904	–0.142	0.291	0.02	–0.096
TECI	0.023	–0.193	0.943	–0.025	–0.167
ECON_MN	–0.019	–0.1	0.972	0.055	–0.134
CLUMPY	–0.318	0.922	0.084	–0.15	–0.039
PLADJ	0.1	0.967	0.093	–0.14	–0.009

续表

指标	1	2	3	4	5
IJI	–0.65	–0.318	0.377	0.047	0.461
CONNECT	–0.412	–0.485	–0.355	–0.269	0.542
COHESION	0.398	0.882	0.003	0.022	–0.046
DIVISION	–0.843	–0.24	0.115	0.362	–0.086
MESH	0.81	0.254	–0.149	–0.409	0.091
SPLIT	–0.468	–0.578	–0.279	0.036	–0.08
AI	–0.021	0.971	0.058	–0.149	–0.046
NLSI	0.021	–0.971	–0.058	0.149	0.046

根据 2001 年数据计算筛选二维景观指数分别为：边缘密度（ED）、聚合度（AI）、平均边缘对比度（ECON_MN）、分维数（FRAC_MN）、连接度（CONNECT）。

其次，对 2011 年数据进行分析。

经过主成分分析，前 6 个主成分的贡献率分别为 44.946%、16.377%、9.85%、9.311%、7.862%、5.447%，累计贡献率为 93.792%（表 11.2）。第一主成分中总边缘长度（TE）、边缘密度（ED）、间断分布的核心面积数量（NDCA）、间断分布的核心面积密度（DCAD）、景观形状指数（LSI）、斑块类型面积（CA）、斑块类型所占景观面积的比例（PLAND）的载荷较大，分别为 0.989、0.989、0.984、0.984、0.982、0.975、0.975，根据与其他在载荷矩阵中计算结果较大的因子分布呈极显著的正相关或负相关性，确定地认为第一主成分代表的是边缘密度（ED）；第二主成分中平均非连续性核心面积（DCORE_MN）、相似邻接比例度（PLADJ）、斑块内聚力指数（COHESION）、聚合度（AI）、平均核心面积（CORE_MN）、从聚指数（CLUMPY）的载荷较大，分别为 0.905、0.833、0.809、0.806、0.599，根据与其他在载荷矩阵中计算结果较大的因子分布呈极显著的正相关或负相关性，确定地认为第二主成分代表的是聚合度（AI）；第三主成分中相关外接圆指标（CIRCLE_MN）、平均分维数（FRAC_MN）、平均形状指标（SHAPE_MN）、分散指数（SPLIT）的载荷较大，分别为 0.626、0.551、0.507、0.479，根据与其他在载荷矩阵中计算结果较大的因子分布呈极显著的正相关或负相关性，确定地认为第三主成分代表的是平均分维数（FRAC_MN）；第四主成分中邻近指标（CONTIG_MN）、平均核心面积（CAI_MN）、散布与并列指标（IJI）的载荷较大，分别为 0.225、0.211、0.126，根据与其他在载荷矩阵中计算结果较大的因子分布呈极显著的正相关或负相关性，确定地认为第四主成分代表的是平均核心面积（CAI_MN）；第五主成分中平均相似指标（SIMI_MN）、面积加权平均相似指标（SIMI_AM）、散布与并列指标（IJI）、标准化景观形状指数（NLSI）、相关外接圆指标（CIRCLE_MN）的载荷较大，分别为 0.237、0.226、0.206、0.158、0.140，根据与其他在载荷矩阵中计算结果较大的因子分布呈极显著的正相关或负相关性，确定地认为第五主成分代表的是面积加权平均相似指标（SIMI_AM）；第六主成分中连接度（CONNECT）、边缘对比度（TECI）、平均边缘对比度（ECON_MN）、邻近指标（CONTIG_MN）的载荷较大，分别为 0.347、0.255、0.240、0.209，根据与其他在载荷矩阵中计算结果较大的因子分布呈极显著的正相关或负相关性，确定地认为第六主成分代表的是平均边缘对比度（ECON_MN）。

表 11.2　2011 年济南二维景观指数主成分载荷矩阵

指标	1	2	3	4	5	6
CA	0.06	–0.005	0.042	0.02	–0.039	0.015
PLAND	0.06	–0.005	0.042	0.02	–0.039	0.015
NP	0.058	–0.03	–0.057	0.012	–0.048	–0.016
PD	0.058	–0.03	–0.057	0.012	–0.048	–0.016
LPI	0.052	0.048	–0.035	–0.054	0.056	–0.07
TE	0.061	–0.013	0.01	0.013	–0.037	0.003
ED	0.061	–0.013	0.01	0.013	–0.037	0.003
LSI	0.061	–0.019	–0.03	0.01	0.012	0.016
SHAPE_MN	0.03	0.016	0.143	–0.141	0.133	0.13
FRAC_MN	0.015	0.009	0.155	–0.19	0.104	0.172
PARA_MN	0.002	0.043	–0.1	–0.222	–0.094	–0.193
CIRCLE_MN	–0.006	0.017	0.177	–0.075	0.14	0.155
CONTIG_MN	–0.004	–0.035	0.099	0.225	0.086	0.209
TCA	0.06	0.003	0.035	0.03	–0.036	0.015
CPLAND	0.06	0.003	0.035	0.03	–0.036	0.015
NDCA	0.061	–0.019	–0.004	0.019	–0.029	0.009
DCAD	0.061	–0.019	–0.004	0.019	–0.029	0.009
CORE_MN	0.014	0.137	0.047	0.085	0.108	0.038
DCORE_MN	0.004	0.154	–0.021	0	–0.071	–0.057
CAI_MN	–0.019	–0.037	0.084	0.211	0.105	–0.043
SIMI_MN	–0.001	0.068	–0.092	0.02	0.237	–0.136
SIMI_AM	0.005	0.073	–0.02	–0.159	0.226	–0.12
ENN_MN	–0.041	–0.005	0.083	0.083	–0.073	–0.167
CWED	0.057	–0.031	–0.077	0.013	–0.004	0.011
TECI	–0.005	–0.012	–0.231	0.01	0.067	0.255
ECON_MN	–0.007	–0.017	–0.234	0.006	0.056	0.24
CLUMPY	–0.045	0.102	–0.006	0.02	–0.09	0.038
PLADJ	0.013	0.153	–0.019	0.069	–0.066	0.099
IJI	0.023	0.067	–0.006	0.126	0.206	–0.063
CONNECT	–0.026	–0.026	0.025	–0.13	–0.101	0.347
COHESION	0.029	0.141	0.004	–0.031	0.036	0.01
DIVISION	–0.059	–0.009	–0.066	0.004	0.042	0.009
MESH	0.059	0.008	0.061	–0.003	–0.047	–0.007
SPLIT	–0.031	–0.091	0.135	–0.059	–0.049	–0.122
AI	–0.015	0.137	0.048	0.035	–0.158	0.075
NLSI	0.015	–0.137	–0.048	–0.035	0.158	–0.075

根据 2011 年数据计算筛选二维景观指数分别为：边缘密度（ED）、聚合度（AI）、分维数（FRAC_MN）、平均核心面积（CAI_MN）、面积加权平均相似指标（SIMI_AM）、平均边

缘对比度（ECON_MN）。

比较 2001 年和 2011 年土地利用类型计算的二维景观指数，为使得分析结果更加全面，采取指数取并集的方式，综合得到最终选取的 7 个二维景观指数，分别为边缘密度（ED）、聚合度（AI）、分维数（FRAC_MN）、平均核心面积（CAI_MN）、面积加权平均相似指标（SIMI_AM）、平均边缘对比度（ECON_MN）、连接度（CONNECT）。

2. 纵向楼层高度景观指数选取

由于对济南市中心城区楼层高度进行了分类，选取指标将斑块类型尺度水平的 38 个指标进行筛选。

首先对 2001 年纵向楼层高度类型数据进行分析。

经过主成分分析，前 3 个主成分的贡献率分别为 68.25%、21.25%、10.501%，累计贡献率为 100%（表 11.3）。第一主成分中相似邻接比例度（PLADJ）、聚合度（AI）、平均形状指标（SHAPE_MN）、平均回旋半径（GYRATE_MN）、斑块类型面积（CA）、斑块类型所占景观面积的比例（PLAND）、总核心面积（TCA）、斑块类型所占景观面积的比例（CPLAND）的载荷较大，分别为 0.991、0.988、0.973、0.967、0.964、0.964、0.964、0.964，根据与其他在载荷矩阵中计算结果较大的因子分布呈极显著的正相关或负相关性，确定地认为第一主成分代表的是平均回旋半径（GYRATE_MN）；第二主成分中连通性（CONNECT）、相关外接圆指标（CIRCLE_MN）、散布与并列指标（IJI）、分离度（SPILT）的载荷较大，分别为 0.784、0.77、0.686、0.573，根据与其他在载荷矩阵中计算结果较大的因子分布呈极显著的正相关或负相关性，确定地认为第二主成分代表的是相关外接圆指标（CIRCLE_MN）；第三主成分中平均核心面积指数（CAI_MN）、分散指数（SPLIT）、相关外接圆指标（CIRCLE_MN）的载荷较大，分别为 0.888、0.663、0.603，根据与其他在载荷矩阵中计算结果较大的因子分布呈极显著的正相关或负相关性，确定地认为第三主成分代表的是分散指数（SPLIT）。根据 2001 年数据筛选纵向楼层高度景观指数分别为平均回旋半径（GYRATE_MN）、相关外接圆指标（CIRCLE_MN）、分散指数（SPLIT）。

表 11.3　2001 年济南纵向楼层高度景观指数主成分载荷矩阵

指标	1	2	3
CA	0.964	0.258	–0.065
PLAND	0.964	0.258	–0.065
NP	0.668	–0.739	0.092
PD	0.668	–0.739	0.092
LPI	0.965	0.255	–0.066
TE	0.812	–0.573	0.112
ED	0.812	–0.573	0.112
LSI	0.956	–0.281	–0.087
AREA_MN	0.96	0.273	–0.068
GYRATE_MN	0.967	0.248	–0.059
SHAPE_MN	0.973	0.202	–0.115
FRAC_MN	0.953	0.282	–0.11

续表

指标	1	2	3
PARA_MN	−0.746	−0.555	−0.368
CIRCLE_MN	0.21	0.77	0.603
CONTIG_MN	0.815	0.514	0.269
TCA	0.964	0.257	−0.063
CPLAND	0.964	0.257	−0.063
NDCA	0.682	−0.701	0.209
DCAD	0.682	−0.701	0.209
CORE_MN	0.961	0.271	−0.056
DCORE_MN	0.96	0.272	−0.062
CAI_MN	0.446	−0.111	0.888
SIMI_MN	−0.445	0.112	−0.888
ENN_MN	−0.568	0.554	0.609
CWED	0.799	−0.588	0.128
TECI	−0.768	−0.547	0.334
CLUMPY	−0.943	−0.316	0.109
PLADJ	0.991	−0.119	−0.063
IJI	−0.457	0.686	−0.567
CONNECT	−0.567	0.784	0.252
COHESION	0.958	−0.274	−0.081
DIVISION	−0.957	−0.282	0.07
MESH	0.957	0.282	−0.07
SPLIT	−0.481	0.573	0.663
AI	0.988	0.077	0.134
NLSI	0.862	0.444	−0.244

其次对 2011 年纵向楼层高度类型数据进行分析。经过主成分分析，前 3 个主成分的贡献率分别为 82.074%、9.437%、8.489%，累计贡献率为 100%（表 11.4）。

表 11.4　2011 年济南纵向楼层高度景观指数载荷矩阵

指标	1	2	3
CA	0.978	0.203	0.043
PLAND	0.978	0.203	0.043
NP	0.932	−0.35	−0.098
PD	0.932	−0.35	−0.098
LPI	0.873	0.479	0.09
TE	0.981	−0.188	−0.049
ED	0.981	−0.188	−0.049
LSI	0.969	−0.241	−0.055
AREA_MN	0.923	0.382	0.049
GYRATE_MN	0.987	0.151	0.057

续表

指标	1	2	3
SHAPE_MN	0.985	−0.152	0.086
FRAC_MN	0.919	−0.386	0.082
PARA_MN	−0.986	0.153	0.063
CIRCLE_MN	0.806	−0.591	−0.043
CONTIG_MN	0.99	−0.14	0.016
TCA	0.979	0.184	0.082
CPLAND	0.979	0.184	0.082
NDCA	0.927	−0.365	0.091
DCAD	0.927	−0.365	0.091
CORE_MN	0.936	0.292	0.197
DCORE_MN	0.887	0.453	−0.087
CAI_MN	0.534	−0.274	0.8
SIMI_MN	−0.529	0.281	−0.801
ENN_MN	−0.972	0.218	−0.085
CWED	0.974	−0.22	−0.058
TECI	−0.917	−0.258	−0.306
CLUMPY	−0.883	−0.296	−0.365
PLADJ	0.936	0.246	−0.25
IJI	−0.91	0.41	0.054
CONNECT	−0.659	0.139	0.74
COHESION	0.959	0.147	−0.241
DIVISION	−0.83	−0.544	−0.12
MESH	0.829	0.547	0.117
SPLIT	−0.745	0.056	0.665
AI	0.925	0.283	−0.253
NLSI	−0.898	−0.041	0.438

第一主成分中邻近指标（CONTIG_MN）、平均回旋半径（GYRATE_MN）、平均形状指标（SHAPE_MN）、总边缘长度（TE）、边缘密度（ED）、斑块类型总面积（CA）、类型斑块所占景观面积比例（PLAND）的载荷较大，分别为 0.99、0.987、0.985、0.981、0.981、0.978、0.978。根据与其他载荷矩阵中计算结果较大的因子分布呈极显著的正相关或负相关性，确定地认为第一主成分代表的是平均回旋半径（GYRATE_MN）；第二主成分中有效网格大小（MESH）、最大斑块面积指数（LPI）、非连续性核心面积（DCORE_MN）、散布于并列指数（IJI）的载荷较大，分别为 0.547、0.479、0.453、0.41。根据与其他在载荷矩阵中计算结果较大的因子分布呈极显著的正相关或负相关性，确定地认为第二主成分代表的是最大斑块面积指数(LPI)；第三主成分中平均核心面积(CAI_MN)、连通性(CONNECT)、分散指数(SPLIT)、标准化景观形状指数（NLSI）的载荷较大，分别为 0.8、0.74、0.665、0.438。根据与其他在载荷矩阵中计算结果较大的因子分布呈极显著的正相关或负相关性，确定地认为第三主成分代表的是分散指数（SPLIT）。

根据 2011 年数据筛选纵向楼层高度景观指数分别为平均回旋半径（GYRATE_MN）、最大斑块面积指数（LPI）、分散指数（SPLIT）。

综合两年数据，为使得分析结果更加全面，采取指数取并集的方式，得到纵向楼层高度指数 4 个，分别为平均回旋半径（GYRATE_MN）、相关外接圆指标（CIRCLE_MN）、分散指数（SPLIT）、最大斑块面积指数（LPI）。

11.2　构建三维景观指数体系

综合 11.1 节挑选的二维景观指数以及楼层高度类型景观指数，合并得到三维景观指数体系，该体系涵盖了面积/密度/边缘指标度量、主要形状指标度量、核心面积指标度量、独立/邻近指标度量、主要对比度指标度量、蔓延度与离散度指度量标、连通性指标度量等七类指标，除多样性指标外，每种度量内容中均筛选了至少一个指标代表，可以全面剖析城市景观格局，覆盖面广，并且每个指数的挑选均有两年数据相互验证，确保了指数体系的合理性。

根据二维景观指数边缘密度（ED）、聚合度（AI）、分维数（FRAC_MN）、平均核心面积指数（CAI_MN）、面积加权平均相似指标（SIMI_AM）、平均边缘对比度（ECON_MN）、连通性（CONNECT）和楼层高度类型景观指数平均回旋半径（GYRATE_MN）、相关外接圆指标（CIRCLE_MN）、分散指数（SPLIT）、最大斑块面积指数（LPI）可以看出，二维景观指数与楼层高度指数指数是完全不一样的，说明传统的二维景观指数不可以反映三维景观的情况，各自的指标有各自特有的含义。

二维景观指数主要从边缘密度、主要延伸度、主要形状指标、邻近指标度量、主要对比度指标以及连通性六个方面对景观进行指数分析，楼层高度景观指数主要从边缘指标、主要形状指标、离散度指标和面积指标四个方面对城市景观进行计算分析，补充了斑块的离散情况，对二维景观指数有较好的补充，二维景观指数更注重平面的延展度，增加楼层高度数据的同时，加深了斑块离散程度的研究。

在此基础上增加一个占地比例（AR）的指数，可深入研究城市景观转移的情况，三维景观指数体系及其适用范围见表 11.5。

表 11.5　三维景观指数体系及适用范围

序号	简称	含义	主要适用范围
1	ED	边缘密度	横向土地利用类型
2	AI	聚合度	横向土地利用类型
3	FRAC_MN	平均分维数	横向土地利用类型
4	CAI_MN	核心面积指数	横向土地利用类型
5	SIMI_AM	面积加权平均相似指数	横向土地利用类型
6	ECON_MN	平均边缘对比度	横向土地利用类型
7	CONNECT	连通性	横向土地利用类型
8	GYRATE_MN	平均回旋半径	纵向楼层高度类型
9	CIRCLE_MN	平均相关外接圆	纵向楼层高度类型
10	SPLIT	分散指数	纵向楼层高度类型
11	LPI	最大斑块面积	纵向楼层高度类型
12	AR	占地比例	建筑面积转换

11.3　济南市中心城区景观转换特征分析

11.3.1　横向土地利用类型转化特征

整理建筑横向景观土地利用转移矩阵计算结果表明，2001～2011 年建筑横向景观类型发生转化的土地共有 46575 m^2，发生转化的景观分布如表 11.6 所示，城区中心区域建筑横向景观变化主要体现在工业工地、住宅用地、耕地、园地、林地、草地等。

从表 11.6 和图 11.4 可以看出，住宅用地转入贡献率最大，为 42.26%，转入比转出多 814.37hm^2，说明在城市扩张过程中趋于向住宅用地改造，工业用地的转入转出比较可以看出济南市中心城区工业用地有所减少，向郊区搬移。

表 11.6　横向土地利用类型面积转移统计表

项目	耕地	园地	林地	草地	商业	工业
转入面积/hm^2	3.56	5.94	1.81	11.31	539.19	568.94
转入贡献率/%	0.08	1.27	0.04	0.24	11.58	12.22
转出面积/hm^2	40.94	198.06	238.19	135.56	618.44	742.13
转出贡献率/%	0.88	4.25	5.11	2.91	13.28	15.93
项目	住宅	公共	教育	特殊	交通	其他
转入面积/hm^2	1968.06	1287.56	167.88	32.88	9.44	7.44
转入贡献率/%	42.26	27.64	3.6	0.71	0.2	0.16
转出面积/hm^2	1153.69	1169	210.06	104.13	17.94	29.38
转出贡献率/%	24.77	25.1	4.51	2.24	0.39	0.63

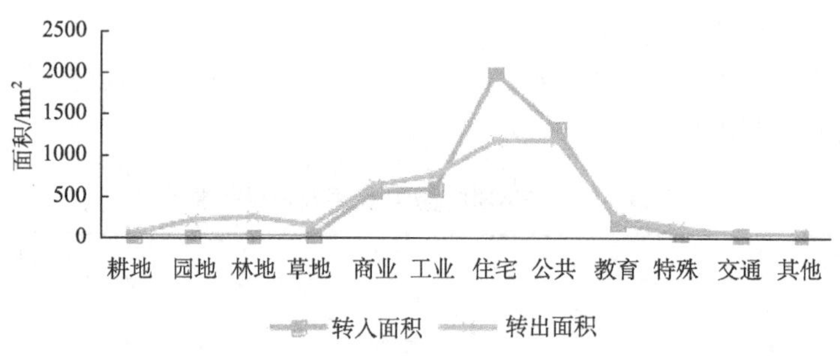

图 11.4　横向土地利用类型面积转移情况

耕地园地林地草地的转出面积大于转入面积，可以看出济南市中心城区 10 年来对绿化重视度不高，使得城市的绿地有所减少。公共用地转出贡献率与转入贡献率接近，济南市中心城区在 2001～2011 年的城市中心城区公共用地变化不大，说明济南市中心城区注重配套设施的布置。教育用地景观类型相对稳定，由于教育用地功能的特殊性，城市演变过程中很少对教育用地进行改造。

旧城区内工业用地转出面积比转入面积大 173.19hm^2，面积变化率为–3.71%，这是因为根据济南市中心城区规划，将工业用地迁到旧城区外围。

11.3.2　纵向楼层高度类型转化特征

整理楼层高度转移矩阵计算结果，如表 11.7 所示，建筑纵向角度景观类型发生转化的土地共有 67.03km^2，发生转化的空间分布如图 11.5 所示，纵向景观角度空间格局变化明显。

表 11.7　纵向楼层高度类型面积转移统计表

项目	低层	多层	中高层	高层
转入面积/hm^2	2833.75	1544.94	167.4	111.44
转入贡献率/%	60.84	33.17	3.59	2.39
转出面积/hm^2	4514.81	131.13	10.38	1.19
转出贡献率/%	96.94	2.82	0.22	0.03

其中，多层和低层转入贡献率较大，分别为 33.17%和 60.84%，而低层转出贡献率最大，高达 96.94%，说明低层建筑的变化最大，向多层和中高层转换。随着济南市中心城区“棚户区改造”相关政策的实施，旧城区内部低矮破旧建筑景观被拆除重建，纵向景观向垂直空间发展。

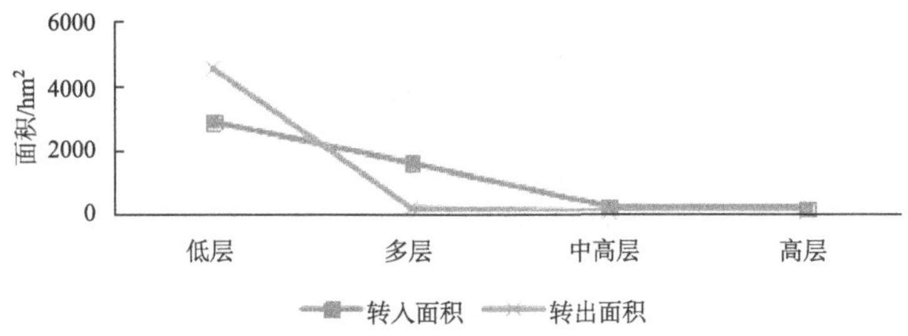

图 11.5　纵向楼层高度类型面积转移情况

11.4　济南市中心城区三维景观格局分析

11.4.1　二维景观格局分析

最终选取土地利用类型（二维）景观指数分别为边缘密度（ED）、聚合度（AI）、平均分维数（FRAC_MN）、核心面积指数（CAI_MN）、面积加权平均相似指数（SIMI_AM）、平均边缘对比度（ECON_MN）和连通性（CONNECT）分别对 2001 年和 2011 年的济南市中心城区进行分析，分析结果如表 11.8 所示。

表 11.8　横向土地利用类型景观指数表

年份	ED	FRAC_MN	CAI_MN	SIMI_AM	ECON_MN	CONNECT	AI
2001	71.3224	1.0471	24.4702	70.2740	17.297	11.3685	82.2282
2011	71.7977	1.0510	23.2975	96.1621	16.656	9.5534	81.9580

根据对景观格局指数的介绍，以及 11.3 节中对指数的筛选，分别对 2001 年和 2011 年的二维景观进行分析（图 11.6）。

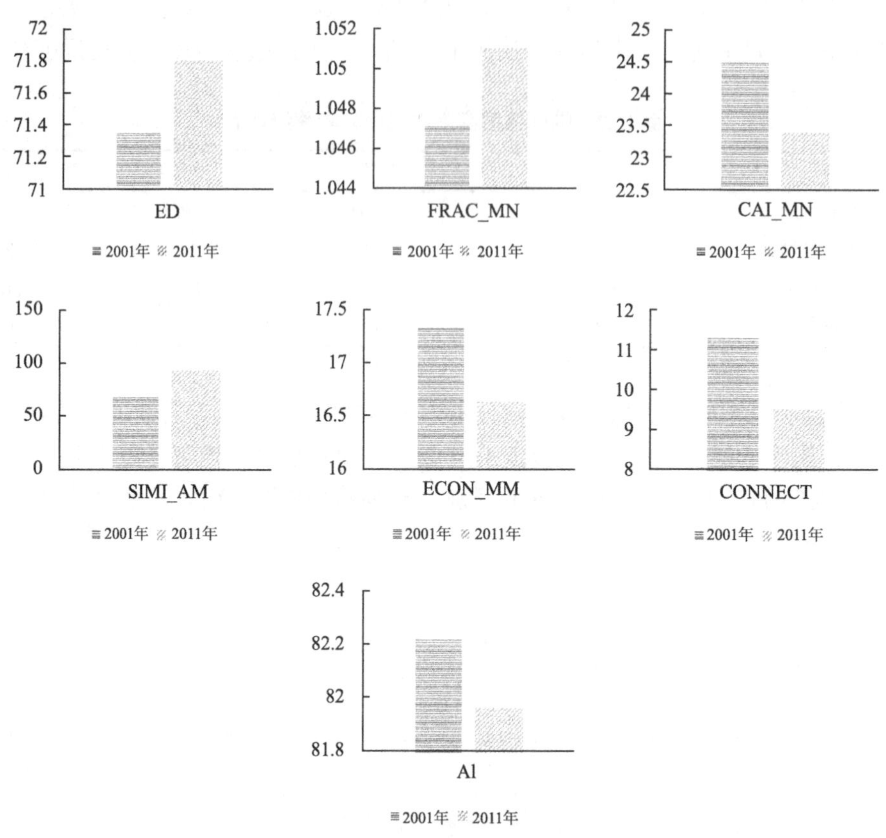

图 11.6　横向土地利用类型景观指数对比图

2011 年的边缘密度（ED）比 2001 年的边缘密度要大。分维数（FRAC）介于 1～2，符合取值范围，2011 年的较大，说明斑块的周长越迂回取值，几何图形越不简单。核心面积（CAI）为 1～100，符合取值范围，2001 年比 2011 年的核心面积大，说明中心城区的范围有扩散的趋势。相似指数（SIMI）2011 年的数值比 2001 年大，说明斑块之间的相似性更大一些，与城市的合理规划息息相关。边缘对比度（ECON）取值范围为 0～100，用来衡量斑块与其邻居之间对比反差程度，2001 年的数据比 2011 年的数据大，说明其斑块与其周围反差较大，以此来反映 2011 年的土地利用类型规划程度较高；连接度指数（CONNECT）的取值范围为 0～100，相比于 2011 年，2001 年较高，说明 2001 年同类斑块的分散度较高，2011 年的同类斑块聚集度较高。聚合度（AI）取值范围为 0～100，用来表示不同斑块类型相邻出现在景观图上的概率。2011 年和 2001 年的聚合度相差不多，2001 年较高一些，说明 2011 年的济南城市景观不同类型的斑块邻近程度较高，2011 年通过 10 年的规划整改，城市的整体性有了一定的提高，聚合度降低。

对三维景观指数体系的分析说明，2011 年的济南市中心城区景观的整体性更好，同类土地利用类型的分布更加规整。10 年间，济南市中心城区有所扩张，斑块整体呈现更加复杂的趋势，邻近同类斑块的相似度有所增加，说明相同土地利用类型的土地邻近度有所增加，城市规划程度有所提高。

从建筑占地比例的角度来看，2001 年和 2011 年的住宅用地比例都较高，并且在 2011 年还有大幅度的增加，说明济南市中心城区发展速度较快，人口增长较快。公共用地的占地面积基本保持，没有大幅度的变化，说明政府对于公共用地的重视程度很高。工业用地有所减少，说明城市中心城区的工业用地有所外移和调整。耕地、园地、林地、草地等土地利用类型都有所减少，说明在城市扩张过程中，忽略了农业的发展（图 11.7 和表 11.9）。

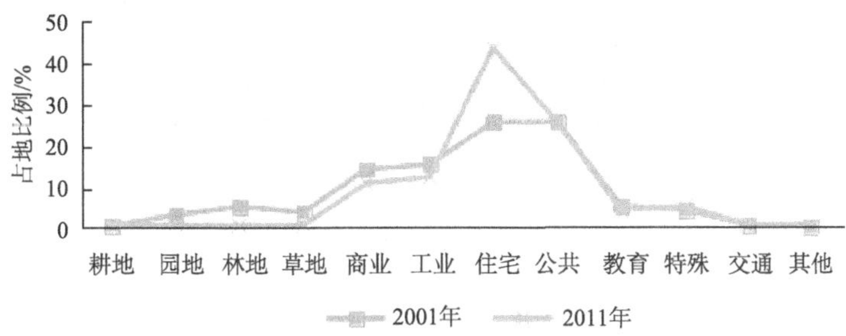

图 11.7　横向土地利用类型占地比例对比图

表 11.9　横向土地利用类型占地比例统计表　（单位：%）

AR	耕地	园地	林地	草地	商业	工业
2001 年	0.93	3.82	5.57	2.64	14	15.57
2011 年	0.09	1.04	0.21	0.23	10.74	12.04
差	–0.84	–2.78	–5.36	–2.42	–3.26	–3.53
AR	住宅	公共	教育	特殊	交通	其他
2001 年	24.97	25.03	4.59	1.96	0.37	0.54
2011 年	44.64	24.23	3.35	2.84	0.25	0.35
差	19.67	–0.81	–1.24	0.88	–0.12	–0.19

11.4.2　纵向景观格局分析

最终选取楼层高度类型景观指数为平均回旋半径（GYRATE_MN）、平均相关外接圆（CIRCLE_MN）、分散指数（SPLIT）、最大斑块面积（LPI）4 个，分别对 2001 年和 2011 年的济南市中心城区进行分析（表 11.10）。

最大斑块指数（LPI）取值范围为 0～100，度量多大比例的景观面积是由最大斑块组成的。2001 年的数值比 2011 年大，说明 2001 的楼层中低楼层的比例较大；回旋半径（GYRATE）用来度量斑块幅度的指标，受斑块大小和紧实程度的影响，即斑块越不紧实，其回旋半径也就越大。2011 年的回旋半径比 2001 年的回旋半径小，说明斑块越紧实，用地的集约率较高。相关外接圆（CIRCLE）取值范围为 0～1，2011 年的数据比 2001 年的数据大，说明 2011 年楼层高度的类型集聚呈现长条线状斑块。分散指数（SPLIT）2001 年比 2011 年小，说明城市分散程度增大了，城市的建设程度提高，由大面积的斑块，分散为更多小面积的斑块（图 11.8）。

表 11.10　纵向楼层高度类型景观指数表

年份	LPI	GYRATE_MN	CIRCLE_MN	SPLIT
2001	7.567	66.5441	0.4367	35.5107
2011	6.0837	46.7562	0.4912	114.6367

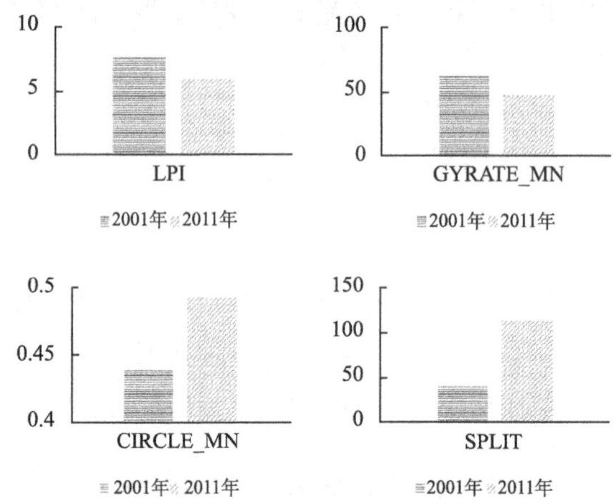

图 11.8　纵向楼层高度类型景观指数对比

从建筑纵向楼层高度类型转移统计表（表 11.11 和图 11.9）看出，低层建筑不断减少，向多层、中高层、高层转换，尤其是多层。2001 年低层建筑占地比重高达 97.07%，高层仅占 0.02%，2011 年低层建筑占地比例为 62.43%，多层建筑增长了 28.5%，增长最为显著。说明城市演变过程中建筑纵向景观趋于垂直向上空间发展，城市土地向利用向集约化发展。

2011 年楼层高度数据斑块类型更加紧实，低层建筑向中高层建筑转换，楼层变化明显，纵向景观变化大，济南市中心城区整体向集约化发展转变。

表 11.11　纵向楼层高度类型占地比例统计表　（单位：%）

项目	低层	多层	中高层	高层
2001 年	97.07	2.66	0.26	0.02
2011 年	62.43	31.15	4.08	2.33
2011 年与 2001 年的差	−34.63	28.5	3.83	2.31

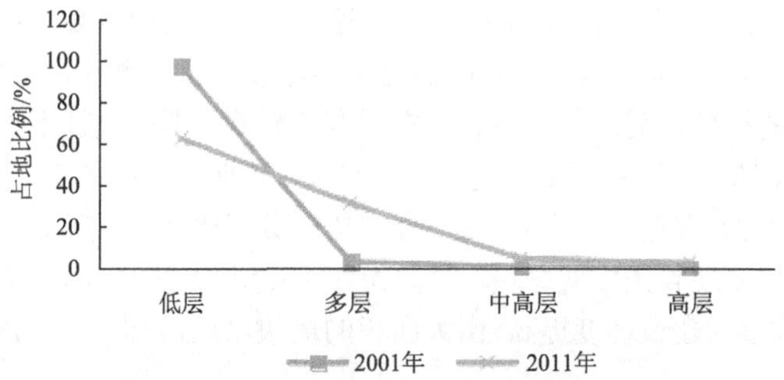

图 11.9　纵向楼层高度类型占地比例对比图

11.5 结　　论

11.5.1 初步构建了三维景观指数体系

通过对 2001 年和 2011 年土地利用类型水平（二维）和楼层高度类型两个角度进行斑块类型水平尺度的景观指数进行筛选，在 38 个常用的斑块类型水平尺度的景观指数中利用主成分分析方法进行指数选择。根据 2001 年和 2011 年两年的二维景观指数的计算，综合得到二维类型景观 7 个指数，分别为边缘密度（ED）、聚合度（AI）、平均分维数（FRAC_MN）、核心面积指数（CAI_MN）、面积加权平均相似指数（SIMI_AM）、平均边缘对比度（ECON_MN）、连通性（CONNECT）7 个。根据 2001 年和 2011 年两年的三维景观指数的计算，综合得到三维景观指数 4 个，分别为平均回旋半径（GYRATE_MN）、平均相关外接圆（CIRCLE_MN）、分散指数（SPLIT）、最大斑块面积（LPI）。在此基础上增加了一个占地比例（AR）的指数。

经过两年数据的对比验证，本着更全面分析景观的原则，采用取并的方式。构建城市三维景观体系常用指数有 12 个，即：边缘密度（ED）、聚合度（AI）、平均分维数（FRAC_MN）、核心面积指数（CAI_MN）、面积加权平均相似指数（SIMI_AM）、平均边缘对比度（ECON_MN）、连通性（CONNECT）、平均回旋半径（GYRATE_MN）、平均相关外接圆（CIRCLE_MN）、分散指数（SPLIT）、最大斑块面积（LPI）和占地比例（AR）。该指标体系涵盖了面积/密度/边缘指标度量、主要形状指标度量、核心面积指标度量、独立/邻近指标度量、主要对比度指标度量、蔓延度与离散度指度量标、连通性指标度量等 7 类指标，只缺少了多样性指标度量这一类指标，说明指标选取覆盖面较广。本章在传统二维景观指数的基础上，融合纵向楼层高度类型数据，增加了代表斑块类型破碎度，横向纵向占地比重以及转移过程方面的指数，构建新的三维景观指数体系，全面地分析城市景观演变过程。

11.5.2 进行了济南市中心城区景观格局分析

本章构建的三维景观指数体系含 12 个指标，并对 2001 年和 2011 年济南市中心城区地籍数据进行了计算并分析。总体来看，景观指数的结果都是在规定取值范围之内，进一步验证了指数选取的合理性。

2011 年与 2001 年进行景观指数对比，得出如下结论：边缘密度、平均分维数、聚合度、面积加权平均相似指数、平均相关外接圆指标、分散指数这些指标在 2011 年的数值都有所增加，核心面积指数、平均边缘对比度、平均回旋半径、连通性、最大斑块面积这些指标在 2011 年的数值都有所减少。说明：2011 年中心城区范围有所扩展；地类斑块之间相似性更高，城市规划更加合理；斑块更加紧实，用地的集约率更高；2011 年楼层较低的建筑占总建筑中的比例更少，楼层较高的建筑比例有所增长；低楼层有向多中高楼层转换的趋势；2011 年三维类型的数据聚集呈现长条线状斑块；纵向楼层景观的变化较大，整体斑块情况更加复杂。

从占地比例指数来看，2001 年和 2011 年的住宅用地比例都较高，并且在 2011 年还有大幅度的增加，说明济南市中心城区发展速度较快，人口增长较快。然而农业用地类型都有不同程度的减少，在城市扩张过程中，忽略了农业发展。低楼层的占地比重不断减少，多楼层的占地比例不断增加，揭示了在城市扩张过程中建筑纵向景观趋于垂直向上的空间发展，重视城市土地利用向集约化发展。

11.5.3 进行了济南市中心城区景观转移分析

根据城市景观横向土地利用类型矩阵的转换和楼层高度矩阵的转换结果，揭示了城市景观土地和楼层的转换。结论如下：住宅用地转入贡献率最大，教育用地景观类型相对稳定，工业用地转出率较高，符合近些年济南市中心城区正在进行“棚户区改造”的结果，根据济南市中心城区城市规划，将工业用地迁到旧城区外围。

总的来说，济南市中心城区建筑横向景观变化主要体现在工业工地、住宅用地、耕地、林地、园地等。纵向景观变化主要体现在低层、多层、中高层，尤其的是低层的调整幅度较大，由低层转换为多层或中高层。

参 考 文 献

何晓群. 2012. 多元统计分析. 北京: 中国人民大学出版社

鲁春阳, 齐磊刚, 桑超杰. 2007. 土地利用变化的数学模型解析. 资源开发与市场, 23(1): 25-27

谢花林, 刘黎明, 李波等. 2006. 土地利用变化的多尺度空间自相关分析——以内蒙古翁牛特旗为例. 地理学报, 61(4): 389-400

杨振山, 蔡建明, 文辉. 2010. 郑州市 2001～2007 年城市扩张过程中城市用地景观特征分析. 地理科学, 30(4): 600-605

张培峰, 胡远满, 熊在平等. 2012. 铁西区城市改造过程中建筑景观的演变规律. 生态学报, 32(9): 2681-2691

Fan C, Myint S. 2014. A comparison of spatial autocorrelation indices and landscape metrics in measuring urban landscape fragmentation. Landscape and Urban Planning, 121: 117-128

Herold M, Scepan J, Clarke K C. 2002. The use of remote sensing and landscape metrics to describe structures and changes in urban landuses. Environment and Planning A, 34(8): 1443-1458

Yang X, Zheng X Q, Chen R. 2014. A landuse change model: Integrating landscape pattern indexes and Markov-CA. Ecological Modelling, 283: 1-7

第 12 章　综合景观指数划定城市增长边界

以济南市为例，根据 2006 年、2011 年、2016 年三期土地利用数据，结合生态约束条件、道路因子条件、行政中心因子条件、坡度因子条件、综合景观指数因子条件对上述基于综合景观指数的城市增长边界（urban growth boundary，UGB）模型进行验证。

12.1　研究区概况

12.1.1　自然地理概况

济南是山东省省会，位于 36°01′N～37°32′N、116°11′E～117°44′E（图 12.1），南北分别呈现依山（泰山）傍水（黄河）的格局，整体的地势呈现出南高北低的特征。地形可分为三带，南北中带分别为：丘陵山区带、临黄带、山前平原带。主要水系有黄河、海河、小清河，大明湖、白云湖等著名湖泊也是济南所拥有的先天自然资源优势。

图 12.1　研究区地理位置（于莱芜区并入济南市前）

12.1.2　社会经济概况

济南市，又称“泉城”，是山东省公路、铁路、航空的交通枢纽，良好的交通条件为济南市的经济发展提供了支撑作用。济南市 GDP 从 2006 年到 2016 年稳步增长（图 12.2）。2017 年 GDP 总量为 7021.96 亿元，较 2016 年增长 10.19%。2018 年，全市地区生产总值 7856.56

亿元，实现了 7.4%的增长，经济总量在全省跃居第二位，并且第一次进入“亚洲城市 50 强”。济南市 2006～2016 年 10 年间 GDP 一直处于稳步上升的状态，从 2006 年的 2161.53 亿元，增加到 2016 年的 6536.12 亿元，较 2006 年增长了 2 倍多。2006 年人均 GDP 为 33480 元，2016 年为 90999 元，年均增长率为 17.18%。

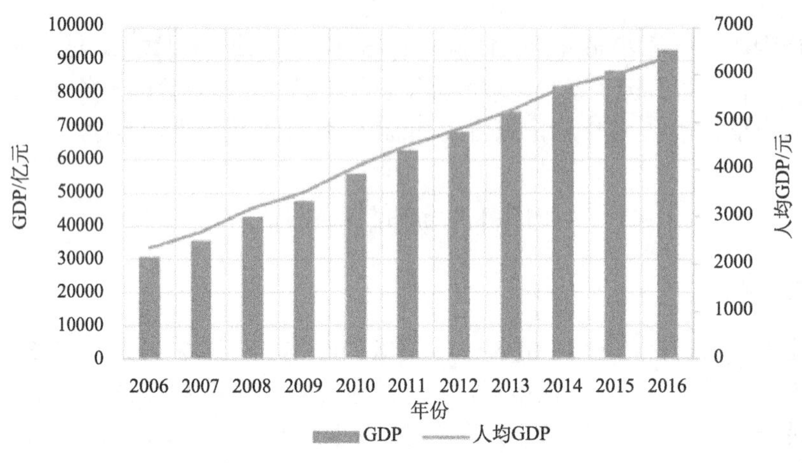

图 12.2　济南市 2006～2016 年 GDP

12.1.3　城市空间发展格局

济南的城市发展总体战略是“东拓、西进、南控、北跨、中优”，重点从整体和区域的角度把握城市空间发展格局，优化空间资源的配置，主动对接国家战略，引领区域实现协调发展。济南的城镇空间结构是“一心、三轴、十六群”，关注经济圈和城市体系，带动周边的发展；以聚合轴连接城镇，三条轴均聚焦中心城市，将中心城市放在中心位置，选择适宜的工业空间分布布局方式，向东形成济青城镇聚合轴、向西形成济郑聚合轴、向北形成济盐城镇聚合轴，改善产业空间集群，带动周边城镇发展，十六个城镇组群将促进城镇的协调发展。

12.2　济南城市扩展与景观变化

本章通过利用夜间灯光数据、POI 数据和土地利用数据对济南市的城市扩展变化进行时空上的定性和定量分析，了解城市的发展规律。利用斑块类型上选取的 6 个指标与景观尺度上选取的 5 个指标，对济南市的景观格局变化进行探讨。在已有土地利用数据的基础上，引入夜间灯光数据和 POI 数据，是为了从多源数据视角下分析研究区内的城市扩展情况，只有对城市的扩展情况及城市的功能进行更加深入的分析，才能更好地理解城市增长边界的变化情况。

12.2.1　夜间灯光数据与城市扩展

DMSP/OLS 数据是美国国防气象卫星计划（defense meteorological satellite program，

DMSP）运行的线性扫描系统（operational linescan system，OLS）采集夜间灯光影像，NPP-VIIRS 影像 SuomiNPP 卫星提供的夜间灯光数据。DMSP/OLS 夜间灯光影像能反映一些社会经济综合信息和城市发展的信息，如人口规模等。卫星传感器在夜间工作，可以探测到城市夜间的灯光、火光、偏远地区的小规模居民地等产生的辐射信号。DMSP/OLS 数据的时间分辨率和空间分辨率，适用于对城市的动态扩展进行变化监测。采集到的灯光亮度值（DN 值）范围为 0～63。其中，灯光值越大，表明区域发展程度越高，相应的城市化水平也越高。目前，DMSP/OLS 数据已广泛应用于 GDP 估计（Cao et al.，2016）、战争检测（Li et al.，2017）、城市化（Lu et al.，2018）、能耗估计（Xiao et al.，2018）、碳排放估计（Liu et al.，2018）、环境检测（Ji et al.，2019）、港口货物吞吐量估计（Liu et al.，2019）等方面。同时 NPP-VIIRS 数据也因为更高的数据精度而被应用于中社会经济估计中（刘沼辉等，2019）。

支持向量机（support vector machine，SVM）是一种基于学习理论的非参数方法。在遥感影像分类上具有很大的潜力，且分类精度高（Foody and Mathur，2006）。它是一个无参数的面向知识算法，在缺少足够训练样本的情况下具有较大的优势，是一种二分类法。主要是通过度量待分向量与训练数据中的支持向量间的相似程度来进行分类，对于相似程度的度量，则通过向量的内积来实现（吕佳等，2013）。

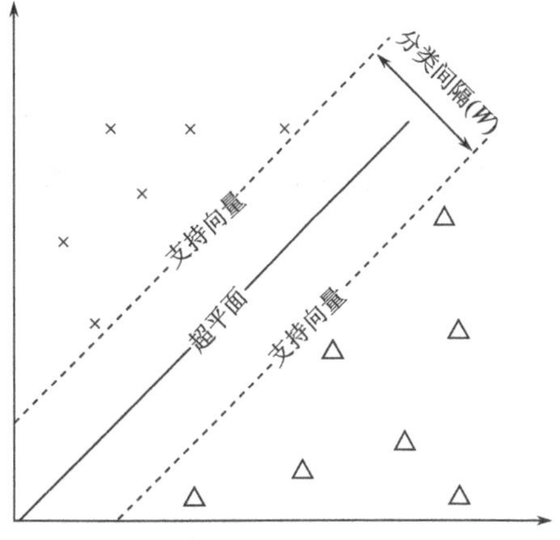

图 12.3　支持向量机分类原理

支持向量机的基本训练过程是选择训练样本并重组为 $M \times N$ 维向量，映射到高维空间，得到一个能够最大化两组训练样本间隔（W）的超平面，利用超平面分割所有未分类像元并判定其最终类别（图 12.3）。

本章采用基于支持向量机方法的区域生长算法，利用夜间灯光数据对济南市 2006 年和 2011 年的城镇建成区进行提取（图 12.4 和图 12.5）。采取阈值法对 2016 年的 NPP-VIIRS 数据进行分类（图 12.6）。以灯光亮度值高的点作为种子点，叠加 NDVI 数据，确定建成区与非建成区样本，将选取的训练样本使用径向基函数，参与分类过程中。根据种子单元相邻像元的亮度值确定待分类像元的类型，经数次迭代后，当没有新的城镇建成区被分出时，即得到分类结果。

DMSP/OLS 数据的截止时间是 2013 年，2014 年之后延用 NPP-VIIRS 数据。由于城市灯光亮度远大于农村地区，因此夜间灯光数据提取的建成区主要是城镇中心的建成区。市中区、历下区、历城区、槐荫区、天桥区、章丘区等城区中心地带的灯光亮度值高，提取为建成区，2006～2011 年，中心城区建设用地的变化均是在已有建成区的基础上向外扩展。2016 年的基础数据是 NPP-VIIRS 夜间灯光数据，该数据对于一些乡镇建设用地也能有所表达。结合 2016 年 POI 数据，将餐饮、风景、公司、购物、交通、金融、科教、商务、医疗、政府、体育和住宿这 12 类数据进行核密度分析（图 12.7），密度最高的是中心城区范围内，具有最强烈的城市功能，能最大程度地发挥其城市主体功能区的作用。章丘区是除主城区外，密度第二大的区域，POI 密度最小的是最靠北的商河县，说明其城市功能的特征最不明显。

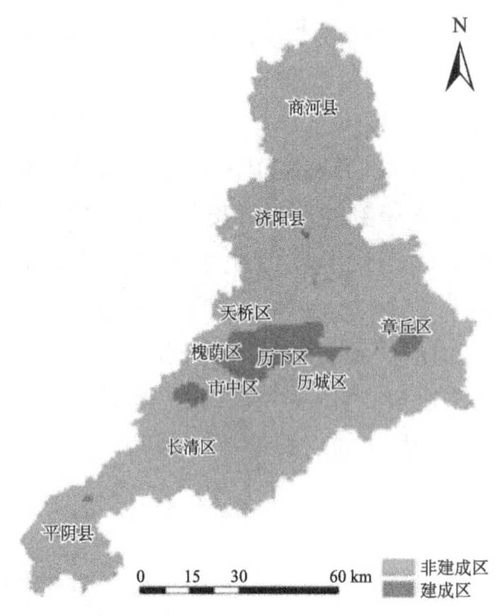

图 12.4　2006 年 DMSP/OLS 提取数据建成区

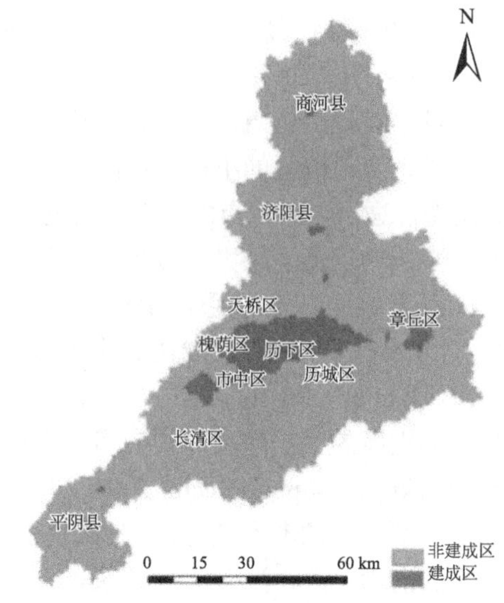

图 12.5　2011 年 DMSP/OLS 提取数据建成区

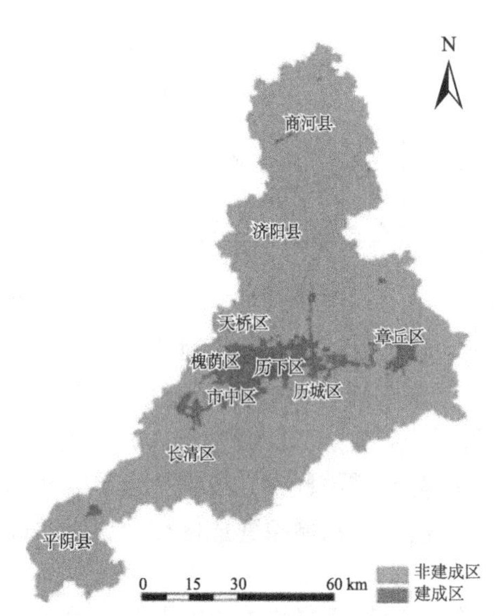

图 12.6　2016 年 NPP-VIIRS 数据提取建成区

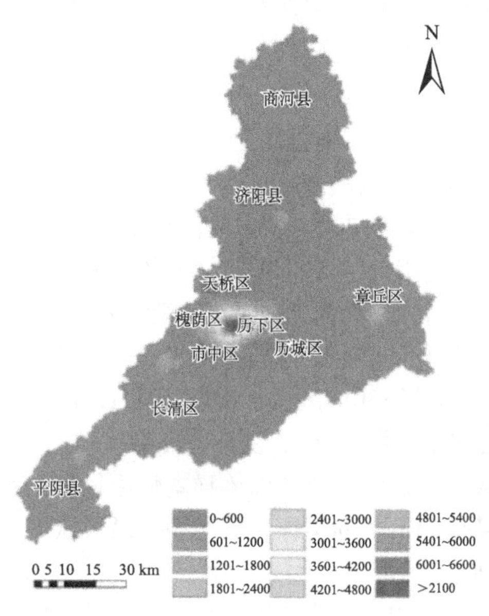

图 12.7　2016 年 POI 数据核密度图

12.2.2　济南市土地利用变化

通过对三期土地利用数据进行重分类，统计研究时间内各类用地的土地利用结构变化（表 12.1）。耕地是济南市的主要土地利用类型，2006 年耕地占比超过 50%，至 2016 年低于济南市土地总面积的一半。耕地数量呈现出逐年递减的趋势，但减少量大大降低。建设用地的占比位列第二，并且保持着上升的趋势。2006～2011 年，建设用地增加 5547.38hm^2，2011～2016 年，建设用地增加 7257.6hm^2，随着经济发展的需要，建设用地的增加量也呈增长趋势。2006～2011 年林地的变化幅度较大，增加 6.63%，而 2011～2016 年则表现为微弱的下降。

表 12.1　济南市 2006～2016 年土地利用结构变化

土地利用类型	2006 年		2011 年		2016 年	
	面积/hm^2	比例/%	面积/hm^2	比例/%	面积/hm^2	比例/%
耕地	428681.79	53.59	400291.09	50.05	397391.42	49.68
建设用地	153394.2	19.25	159541.58	19.95	166799.18	20.85
林地	108081.06	13.51	115243.41	14.41	113090.99	14.14
水域	27575.74	3.45	44649.22	5.58	44333.03	5,54
草地	57456.37	7.18	59031.35	7.38	57807.98	7.23
未利用地	24208.99	3.03	21101.96	2.64	20436	2.55

水域 2011 年的占比与 2006 年相比，上升了 2 个百分点左右，是增长率最大的地类，主要是因为 2006 年的一些农田水利用地，在 2011 年划分为沟渠，归类为水域。这与生态保护政策息息相关。未利用土地的数量在不断下降，表明济南市对于一些未利用土地采取积极的措施，进行有效的利用。

12.2.3　济南市景观格局变化

通过对景观指数进行主成分分析、聚类分析和相关性分析，选择 6 个斑块类型尺度表和 5 个景观尺度指标，分析济南市的景观格局变化特征（表 12.2）。

表 12.2　斑块类型尺度景观指数

用地类型	年份	NP	AREA_MN	ED	AI	LPI	CONNECT
耕地	2006	4640	92.38	41.84	90.16	8.73	0.21
	2011	12980	30.83	52.08	86.90	4.52	0.16
	2016	26631	14.92	52.23	86.76	1.97	0.13
建设用地	2006	10324	14.92	25.53	83.50	4.86	0.09
	2011	13110	12.17	26.38	83.56	8.02	0.08
	2016	21217	7.86	27.32	83.70	7.75	0.08
林地	2006	12015	8.99	23.75	77.91	0.92	0.08
	2011	24292	4.75	34.20	70.24	2.49	0.07
	2016	17898	2.48	14.13	67.68	0.78	0.10
水域	2006	2433	11.33	6.19	76.92	1.06	0.25
	2011	6351	3.32	7.12	66.10	0.16	0.15
	2016	37795	2.99	33.69	70.11	0.84	0.07
草地	2006	4503	12.76	13.55	76.42	0.34	0.17
	2011	12213	3.66	14.38	67.35	1.69	0.10
	2016	22835	2.53	19.42	66.33	0.24	0.14
未利用地	2006	4309	5.61	6.48	72.95	0.11	0.13
	2011	12967	4.55	19.72	66.52	0.27	0.14
	2016	9233	2.21	7.00	65.62	0.15	0.17

耕地一直是区域内的优势景观，2006 年、2011 年、2016 年耕地的斑块数量分别为 4640 块、12980 块、26631 块，说明耕地在发展过程中部分转换为其他用地类型，导致斑块数量增大，同时，耕地面积的减少使平均斑块面积骤减。在经济发展建设过程中，占用部分耕地，使耕地斑块的最大斑块指数成倍下降，聚合度也相应降低。由于耕地转化成其他用地类型，耕地的连接度也呈逐年下降的趋势。在耕地被分割的过程中，耕地类型的边缘密度反而增大了，说明部分耕地的内部结构变得更加紧凑。

建设用地的斑块数量由 2006 年的 10324 块增加到了 2016 年的 21217 块。2006～2011 年增长速度较慢，2011～2016 年的增长量约为上一周期的 3 倍。直接反映出 2011～2016 年间城市化进程远远快于 2006～2011 年这一阶段。建设用地斑块的平均面积下降，但是斑块之间的连接度和聚合度没有显著的变化，表明建设用地的斑块数量在增加的过程中，也保持着与增加前较为一致的连通程度。建设用地斑块的最大斑块指数出现先上升后下降的趋势，表明在 2006～2011 年间新开发建设用地的单个斑块面积较大，而 2011～2016 年新增建设用地斑块数量多，但是面积较小。

林地的斑块数量在 10 年以来先增加后减少，斑块边缘密度也保持着和数量相同的变化趋势，表明林地的破碎程度先降低后升高。林地斑块的最大斑块指数先增加后减少，但是平均斑块面积一直呈下降趋势。2006～2011 年林地连接度呈下降趋势，2011～2016 年反而升高，这与济南市实施的一系列退耕还林政策相关。

水域的斑块数量变化与林地相反，先减少后迅速增加。平均斑块密度处于不断下降的趋势。由于 2011～2016 年间水域斑块数量的急剧增加，其聚合度、最大斑块指数和连接度都呈现下降趋势。

草地的斑块数量一直在上升，平均斑块面积不断下降。边缘密度有所增加，但是聚合度越来越小，最大斑块指数与连接度都先下降后上升，2016 年的总体值均低于 2006 年初始年份的值。

未利用地在 2011 年的斑块数量剧增，表明未利用地得到了较多的开发与利用，转换成了其他类型的用地。2011～2016 年，未利用地的斑块数量下降，平均斑块面积也下降，表明这 5 年间未利用地继续在转化为其他类型的用地。其聚合度也一度呈现下降趋势。

将济南市作为一个景观整体，进行分析，其景观尺度的指数值见表 12.3。

表 12.3　景观尺度指数

年份	PAFRAC	CONTAG	IJI	COHESION	SHDI
2006	1.401	46.501	78.167	99.179	1.333
2011	1.446	40.950	82.420	98.882	1.397
2016	1.361	41.023	82.097	98.014	1.395

济南市景观指数分维数从 2006 年的 1.401 增加到 2011 年的 1.446，然后在 2016 年下降到 1.361。说明城市化进程对于景观的分维数影响是多样的，可以增加景观斑块形状的复杂程度，也可能降低其复杂程度。蔓延度指数先大幅降低，后微量增加，表明区域的整体连通度降低，景观之间的连通性有所下降。散布与连通性指数降低，表明 2011 年较 2006 年的景观破碎度明显增加，到 2016 年有些微回升趋势。斑块内聚力指数没有明显的变化，表明廊道之

间的相交趋势没有大的变化。Shannon's 多样性指数的变化幅度极小，2006～2011 年指数值的增加，表明景观水平的异质性在减小，景观格局区域均衡发展；2011～2016 年下降了 0.002，说明区域的景观均匀分布出现了微小的波动，但是整体相对均匀。

12.3 城市增长边界划定

12.3.1 CA-Markov 模型的应用

根据 CA 的组成要素，对各要素进行具体的定义。元胞定义为济南市土地利用类型的栅格数据，大小为 50m×50m；元胞状态是一个有限、离散的集合，元胞状态为土地利用类型，即耕地、建设用地、林地、水域、草地和未利用地，并依次赋值为 1、2、3、4、5、6；元胞空间选择四边形网；元胞邻域选择 5×5 扩展摩尔型邻域模型；以 MCE 模型生成的土地适宜性图集和马尔可夫模块生成的土地利用类型转移概率矩阵作为本模型的转换规则；时间上，基准年为 2006 年，通过 2006 年和 2011 年的数据预测 2016 年，模型迭代次数为 5，最后通过 2016 年的数据，模拟 2021 年的数据，时间周期为 5 年。

12.3.2 MCE 模型与适宜性图集

CA-马尔可夫模型构建中，核心内容是转化规则的确定，适宜性图集是其中的一部分 MCE 生成。MCE 模型中对于影响因子的划分分为约束条件和因子两种类型。约束条件时一种布尔类型的取值，图像为 0 和 1 的二值图像，0 表示条件受限，不能转化，而 1 则表示可以转化；因子条件与约束条件不同，是在特定的地理区域范围内用连续适宜性来进行定义的，具有连续的特征，并且需要进行标准化。MCE 包括三种标准化方法：布尔方法（boolean intersection）、加权线性合并（weighted linear combination，WLC）法和顺序加权平均（order weighted average，OWA）法。

1. 布尔方法

布尔方法是最简单的一种标准化的方法。其原理是两种类型的影响因子均标准化为布尔值 0 和 1（不适宜为 0，适宜为 1），然后由布尔交集合并。该方法只是简单地将约束条件和因子条件分为适宜与不适宜，未考虑因子在多个环境下的适中问题，无法体现适宜性这种渐变的过程与现实情况。这就要求因子的选择必须有较高的限制条件，如不能妥善地选择指标，便不能得到合理的结果。

2. 加权线性合并法

WLC 法的评价标准包括因子与权重，包括因子条件与约束条件两种。约束条件明确地定义适宜区域为 1，不适宜区域为 0，因子条件标准化是将因子标准化为 0～255，从不适宜到最适宜进行拉伸，再对拉伸后图像进行加权线性合并。WLC 法能够保持因子连续可变性，同时具有削峰填谷的作用，用较高适宜性因子弥补较低适宜性因子，并且通过权重来体现各因子的不同重要性程度，使标准化结果更加科学可行。

3. 顺序加权平均法

OWA 法与 WLC 法类似，该方法可以赋予各个因子顺序权重，通过顺序权重控制因子之间的平衡程度，根据主观意愿得到风险级别，对因子进行适宜性判读。

选择 WLC 法进行适宜性图像分析，并使用 IDRISI 中的建模工具标准化约束和因子条件。因子条件的标准化之后需要在 IDRISI 的 AHP 模块中确定各个因子的权重，然后将两种类型的条件进行叠加分析，得到适宜性图集。

1）约束条件

本章选取的约束条件包括建设用地、水域和生态敏感区，将这三个条件作为硬性指标来限制建设用地的扩展。根据 2006 年土地利用数据，制作 2011 年的建设用地适宜性图像。其中，建设用地与水域的约束图像可以直接通过重分类得到（图 12.8 和图 12.9），生态敏感区图像则通过软件的宏建模工具进行建模（图 12.10），结果见图 12.11。

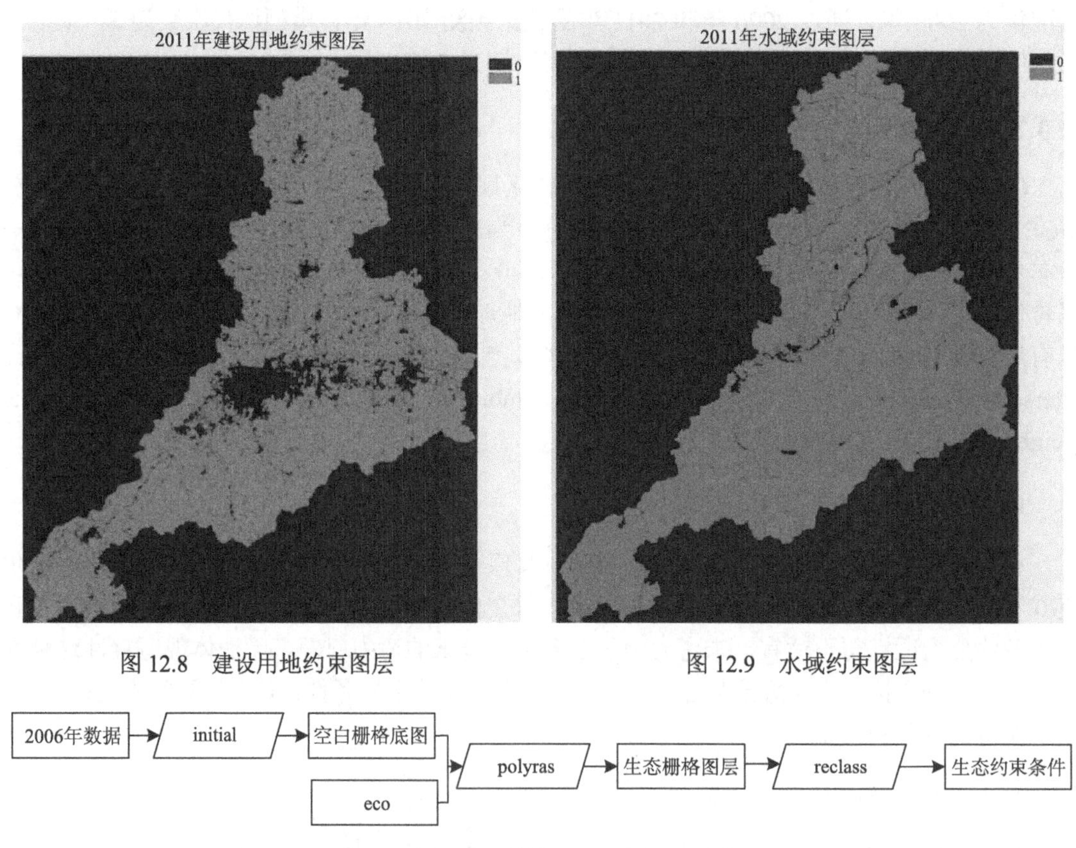

图 12.8　建设用地约束图层　　图 12.9　水域约束图层

图 12.10　生态敏感区约束图层建模流程

2）因子条件

结合以往研究，本章选取的因子条件主要包括自然因子条件（坡度、斑块尺度景观指数）和社会经济因子（道路交通、行政中心）两大类。在因子标准化过程中，利用软件中的模糊（fuzzy）模块，对各个因子进行标准化，使其值在 0～255 的连续变化范围内。对于不同的因子，选择不同的函数进行定义，模糊模块中提供四种具有标准化功能的函数，单调递增或递减的 Sigmoid 函数（S 形函数）、单调递增或递减的 J 形函数、线性函数和自定义函数。根据因子对用地转换的影响机理，选择不同的增减函数进行定义。

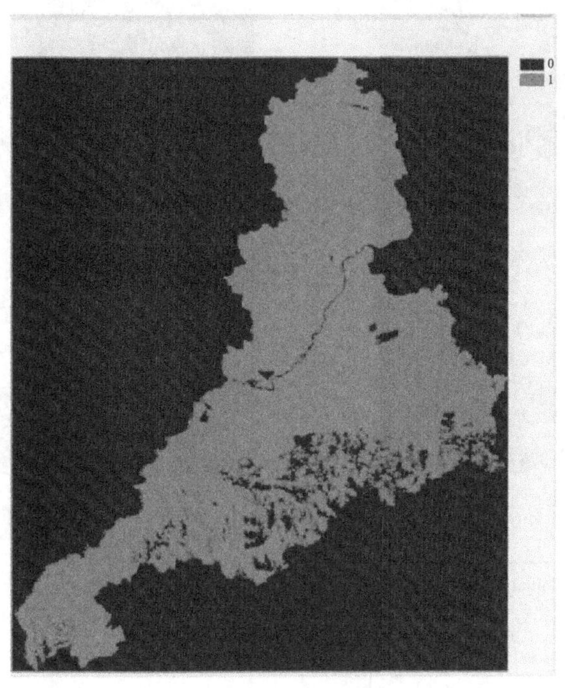

图 12.11　生态敏感约束图层

坡度是由 DEM 数据转换而来的栅格图层，可以直接通过重分类进行定义。《城乡建设用地竖向规划规范》（CJJ83-2016）中的规定，坡度小于 15°为建设用地，超过 15°的临界点适宜性越来越差（唐鹏，2016）。因此坡度值与建设用地的适宜性之间存在着密切联系。在标准化的 fuzzy 模块中，选择单调递减的 S 形函数对坡度值进行 0～255 的拉伸，标准化结果见图 12.12。斑块尺度景观因子是根据综合景观指数 CLI 的取值，结合不同用地类型的特征，对城市的发展产生影响。对其进行 fuzzy 标准化（图 12.13）。

道路交通是关键因子，道路对建设用地具有强有力的吸引作用，一般情况下，与道路的距离越近，转化为建设用地的可能性越大，选择 J 形曲线递减函数对道路交通因子进行定义。区域内距离行政中心最近的地方，适宜性最高，随着距离加大，吸引力逐渐降低，一定范围之外的距离，行政中心的吸引力可以忽略不计，因此选择 S 形单调递减函数，对行政中心图层进行标准化。利用 DIRISI 的宏建模软件对道路因子和行政中心因子进行建模（图 12.14 和图 12.15），结果见图 12.16 和图 12.17。

本章对因子条件各图层的权重应用层次分析法（AHP）来确定。层次分析过程是使用定性和定量综合分析方法将与决策相关的要素对目标、准则和方案进行层层分析，确定各层级元素的权重（张远翼等，2018）。根据重要性关系，对因子之间的重要性程度进行赋值，构建判别矩阵，利用 IDRISI 平台的 AHP 权重计算模块，对各影响因子的权重进行计算分析。结果见表 12.4。

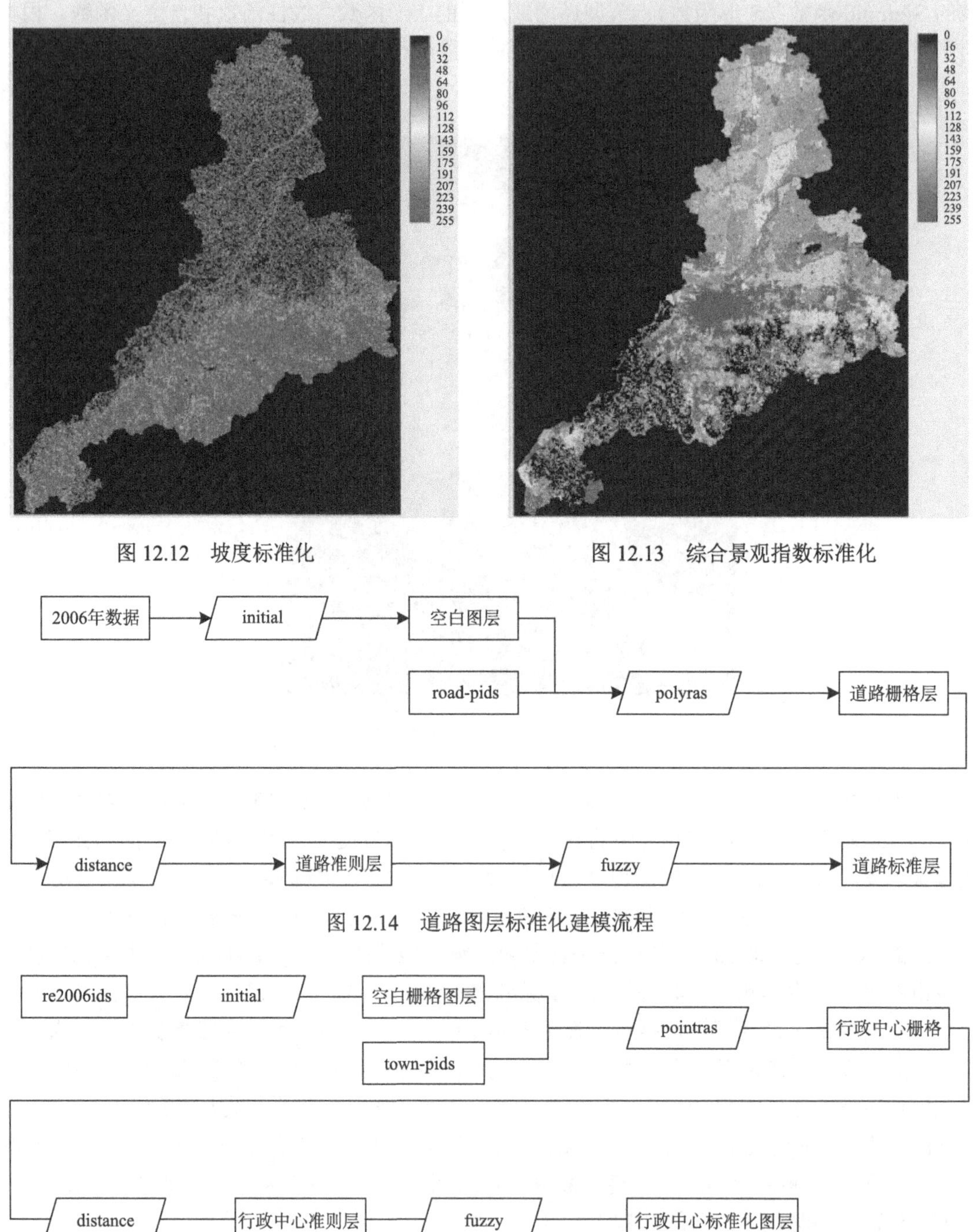

图 12.12　坡度标准化

图 12.13　综合景观指数标准化

图 12.14　道路图层标准化建模流程

图 12.15　行政中心图层标准化建模流程

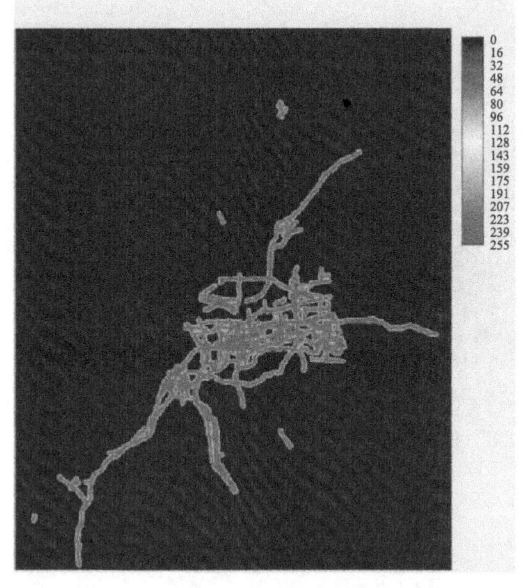

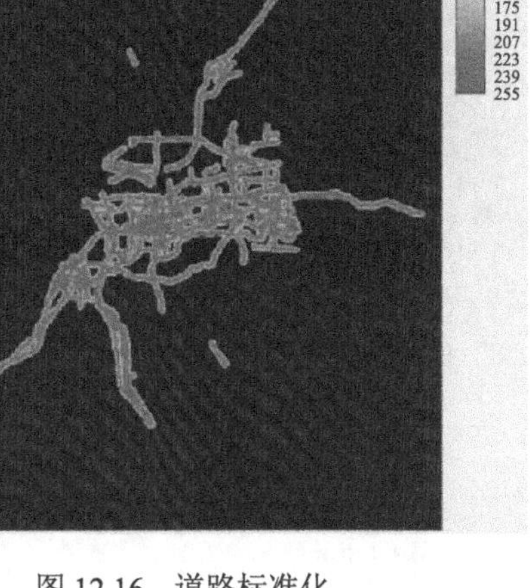

图 12.16　道路标准化

图 12.17　行政中心标准化

表 12.4　各因子权重表

因子	道路	行政中心	坡度	景观指数
权重	0.3708	0.0921	0.4052	0.1319

将标准化的约束图层和有权重的因子图层导入 MCE 模块中，选择 WLC 法，制作适宜性图集。

12.3.3　模型预测与精度验证

以 2011 年为基础数据，对 2016 年的用地进行模拟（图 12.18），通过变化模型参数，调整转换规则，不断对模型进行调试，将模拟结果与 2016 年的土地利用数据进行对比验证，获取最佳的模型参数，达到预测的精度要求。

本章利用 Kappa 系数来衡量分类精度，Kappa 系数的计算是基于混淆矩阵，其计算公式为

$$k = \frac{p_0 - p_e}{1 - p_e} \tag{12.1}$$

式中：p_0 为每一个分类的类别中正确分类的样本数量之和除以总样本数。

设样本总量为 n，每一类的真实样本个数分别为 $a_1, a_2, \cdots, a_c$，预测的每一类样本个数分别为 $b_1, b_2, \cdots, b_c$，则有

$$p_e = \frac{a_1 \times b_1 + a_2 \times b_2 + \cdots a_c \times b_c}{n \times n} \tag{12.2}$$

式中：Kappa 系数的取值范围为–1～1，通常<0.4 表示一致性很低，0.41～0.6 表示中等的一致性，0.61～0.8 表示高度的一致性，0.81～1 表示一致性很高，可以视为模型的精度通过检验。

不加入景观指数因子的 CA-马尔可夫模型预测的 2016 年济南市土地利用的总体精度为 90.37%，Kappa 系数为 0.84，加入景观指数的模型总体精度为 93.21%，Kappa 系数为 0.89，

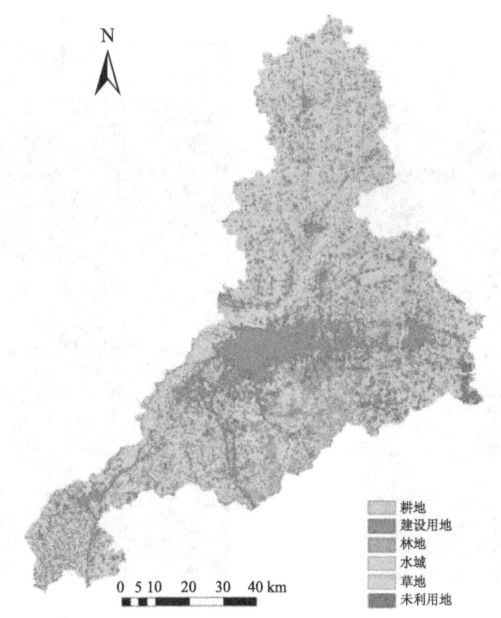

图 12.18　2016 年土地利用模拟图（彩图见图版）

其中建设用地的分类精度提高了 3.1%。由此可见，基于景观指数进行建模能更好地模拟城市用地的空间拓展变化。所有用地类型中，建设用地的分类误差最小，为 2.85%。水域的分类误差较大，主要是由于 2006 年的土地利用分类未将农田与沟渠分离，而 2011 年的土地利用分类数据将沟渠单独分出来，按照分类标准将其划分为水域。2011 年与 2016 年的土地利用分类标准相同，故可以排除水域在空间演变过程中的突变情况。

12.3.4　基于景观指数的城市增长边界划定

以 2011～2016 年为上一周期，利用 IDRISI 制作土地利用转移矩阵；利用 2016 年的景观模型求取综合景观指数 CLI，并对其进行标准化；将景观指数、坡度、道路、行政中心四个因素作为因子条件，并利用层次分析法求取各因子的权重；将生态保护区、水域图层、建设用地图层作为约束条件，综合因子条件和约束条件制作适宜性图集，提供模型的转换规则。设置模型参数，预测 2021 年济南市土地利用变化（图 12.19）。各类土地面积模拟结果见表 12.5。

表 12.5　2016 年与 2021 年土地利用情况

土地利用类型	2016 年		2021 年	
	面积/hm^2	占比/%	预测面积/hm^2	占比/%
耕地	397391.42	49.68	392601.75	49.11
建设用地	166799.18	20.85	178261.5	22.3
林地	113090.99	14.14	114285	14.29
水域	44333.03	5.54	43607	5.46
草地	57807.98	7.23	52199.25	6.53
未利用地	20436	2.56	18496.75	2.31

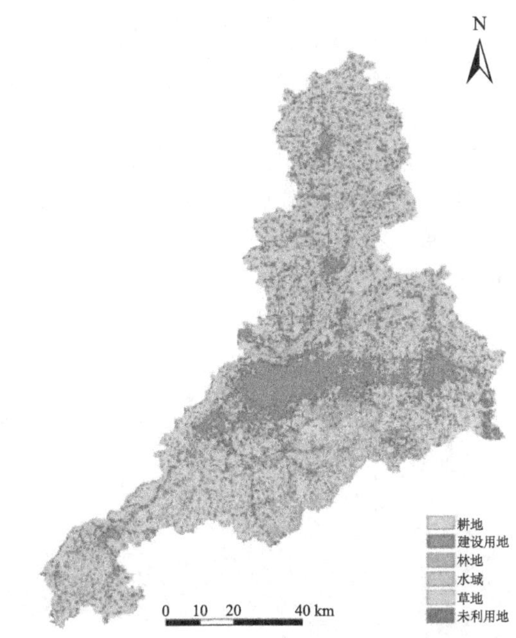

图 12.19　济南市 2021 年土地利用预测图（彩图见图版）

将 2016 年的土地利用情况与 2021 年的进行对比，耕地、水域、草地、未利用地面积减少，建设用地、林地面积增加。建设用地增加面积为 11462.32hm^2，其中贡献最大的地类为耕地和草地，水域的变化幅度最小，占比减少 0.08%，林地作为生态保护用地，面积增加 1194.01hm^2。

以济南市 2010～2020 年规划的中心城区为边界，分析研究时间段内，中心城区内的建设用地的扩展变化（图 12.20）。在 2006～2021 年，2006～2011 年建设用地的增长最为迅速，且主要是将中心城区内部的非建设用地发展为建设用地，提高了建设用地的集约程度，市中心

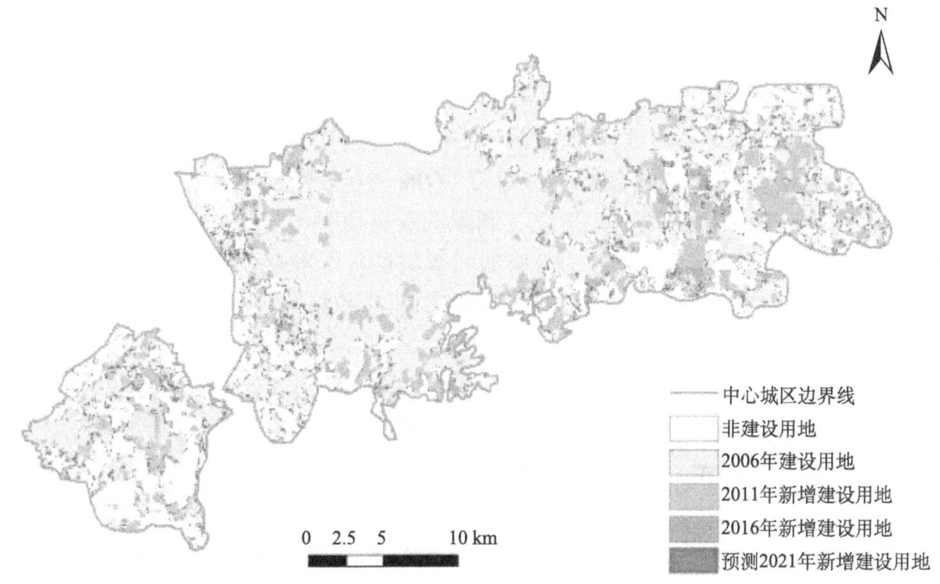

图 12.20　2006～2021 年建设用地扩展图（彩图见图版）

地带已经高效利用状态，完全成为建设用地；2011～2016 年城市扩张速度下降，主要是在 2011 年新增建设用地周围进一步拓展城市建设用地范围；2021 年模拟结果显示，2016～2021 年的新增建设用地主要分布在建成区的周围，范围较广。

根据中心城区的范围，结合 2021 年模拟的建设用地图，划定济南市中心城区的城市增长边界（图 12.21）。对于建设用地密度较低的区域，不纳入城市增长边界，对于分离的两块主城区范围，通过建设用地的发展，将其连为整体的一片。与现行 2020 年规划相比较，济南市 2021 年城市增长边界总体与规划较为一致。

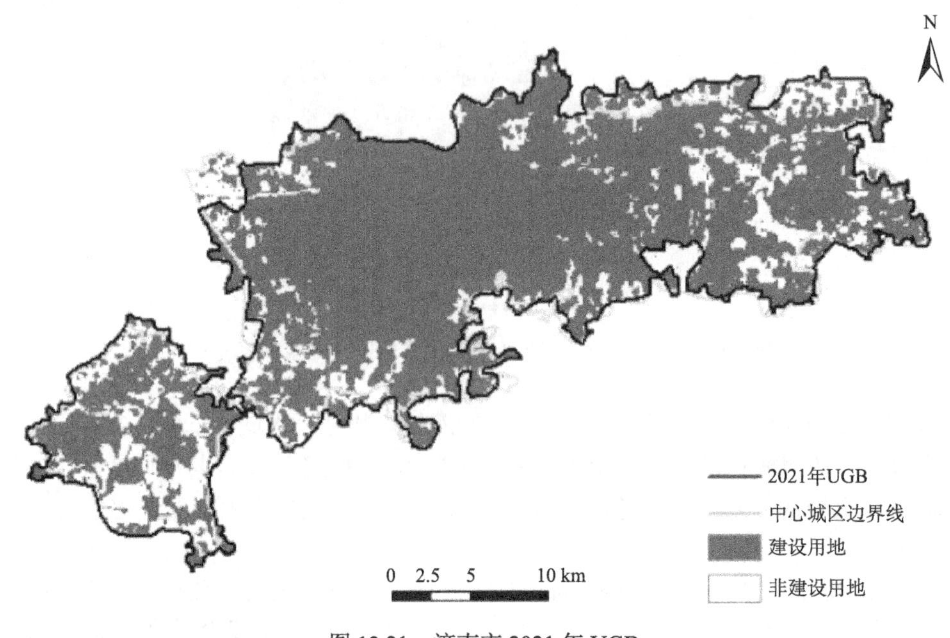

图 12.21　济南市 2021 年 UGB

12.4 结　论

本章以济南市为例，对基于景观指数的 UGB 模型进行验证。首先介绍了研究区概况，并利用夜间灯光数据和 POI 数据分析了济南市 2006～2016 年的城市扩展；通过土地利用分类数据，探讨济南土地利用结构变化情况；利用选取斑块类型尺度和景观尺度的指数分析景观格局变化。然后计算综合景观指数，对模型的数据进行标准化，建立转换规则，基于 2011 年的数据模拟济南市 2016 年的土地利用变化情况，并检验精度；最后将通过验证的模型用于 2021 年的中心城区城市增长边界预测。

参考文献

刘沼辉，柳林，邹健. 2019. 基于 NPP-VIIRS 数据的山东省县级 GDP 分级空间建模. 测绘通报，(1): 114-117, 122

吕佳，邓乃扬，田英杰，等. 2013. 局部学习半监督多类分类机. 系统工程理论与实践, 33(3): 748-754

唐鹏. 2016. 基于 CA-MARKOV 模型的 LUCC 机制与模拟研究. 重庆交通大学硕士学位论文

张远翼, 万博文, 曹浩然等. 2018. 基于 AHP 与 GIS 技术的 24h 便利店选址适宜性评价研究——以厦门市思明区为例. 福州大学学报(自然科学版), 46(4): 497-503

Cao Z Y, Wu Z F, Kuang Y Q, et al. 2016. Couplingan Intercalibration of Radiance-Calibrated Nighttime Light Image sand Land Use/Cover Data for Modeling and Analyzing the Distribution of GDP in Guangdong, China. Sustainability, 8(2): 108

Foody G M, Mathur A. 2006. The use of small training sets containing mixed pixels for accurate hard image classification: training on mixed spectral responses for classification by a SVM. RemoteSensing of Environment, 103(2): 179-189

Ji G X, Tian L, Zhao J C, et al. 2019. Detecting spatio temporal dynamics of $PM_{2.5}$ emission data in China using DMSP-OLS nighttime stable light data. Journal of Cleaner Production, 209: 363-370

Li X, Li D, Xu H, et al. 2017. Intercalibration between DMSP/OLS and VIIRS night-time light images to evaluate city light dynamics of Syria’s major human settlement during Syrian Civil War. International Journal of Remote Sensing, 38(21): 5934-5951

Liu A S, Wei Y, Yu B L. 2019. Estimation of cargo handling capacity of coastal portsin China based on panel model and DMSP-OLS nighttime light data.Remote Sensing, 11(5): 582

Liu X P, Ou J P, Wang S J, et al. 2018. Estimating spatio temporal variations of city-levelenergy-related CO_2 emissions: an improve disaggregating model based on vegetation adjusted nighttime light data. Journal of Cleaner Production, 177: 101-114

Lu H M, Zhang M L, Sun W W, et al. 2018. Expansion Analysis of Yangtze River Delta Urban Agglomeration Using DMSP/OLS Nighttime Light Imagery for 1993 to 2012. ISPRS International Journal of Geo-Information, 7(2): 52

Xiao H W, Ma Z Y, Mi Z F. 2018. Spatio-temporal simulation of energy consumption in China's provinces based on satellite night-time light data. Applied Energy, 231: 1070-1078

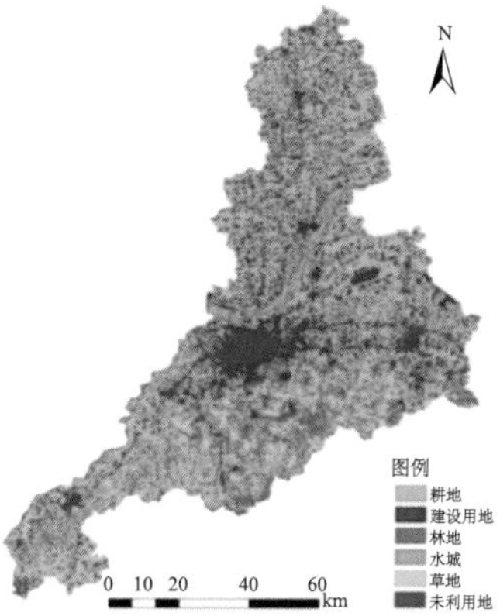

图 7.7　2006 年土地利用图 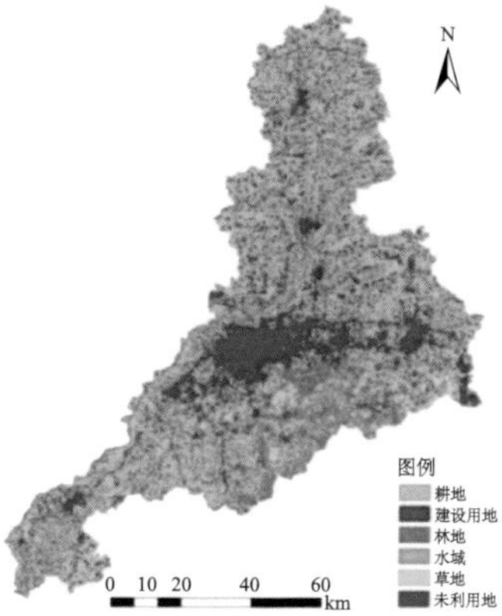　　图 7.8　2011 年土地利用图 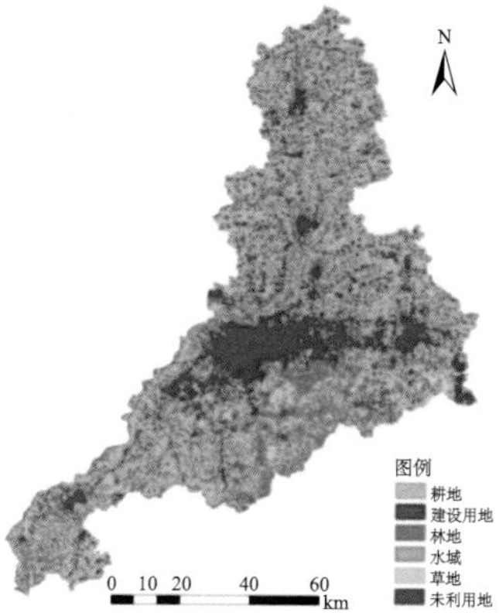　　图 7.9　2016 年土地利用图

图 10.1　济南市 2000 年、2005 年、2010 年景观格局图

1.耕地；2.林地；3.草地；4.水域及湿地；5.城镇用地；6.农村居民点；7.交通水利及工矿；8.未利用地

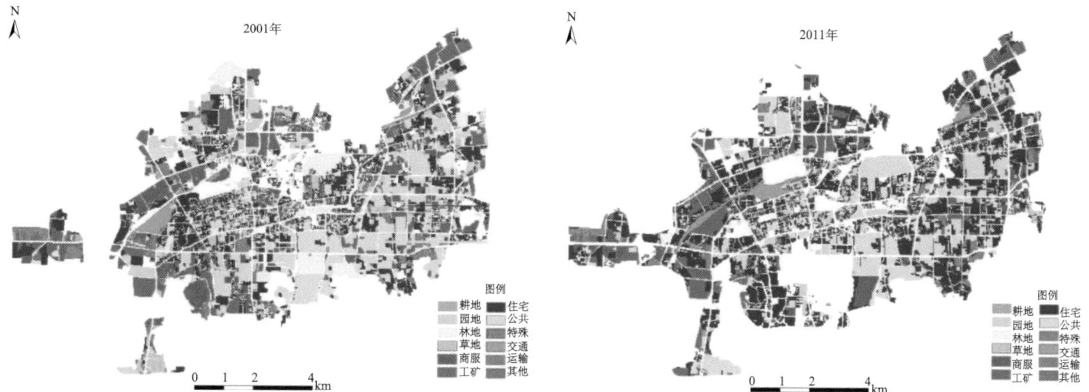

图 11.2　济南市中心城区土地利用类型图

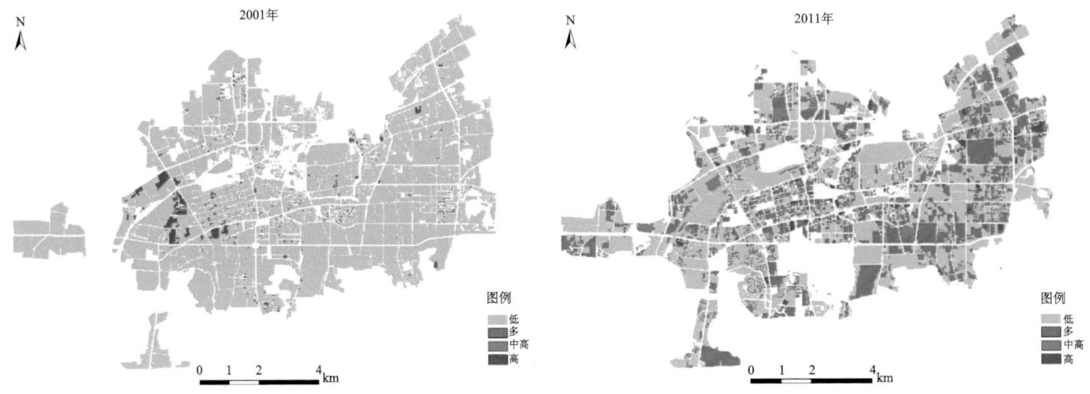

图 11.3　济南市中心城区楼层高度分类图

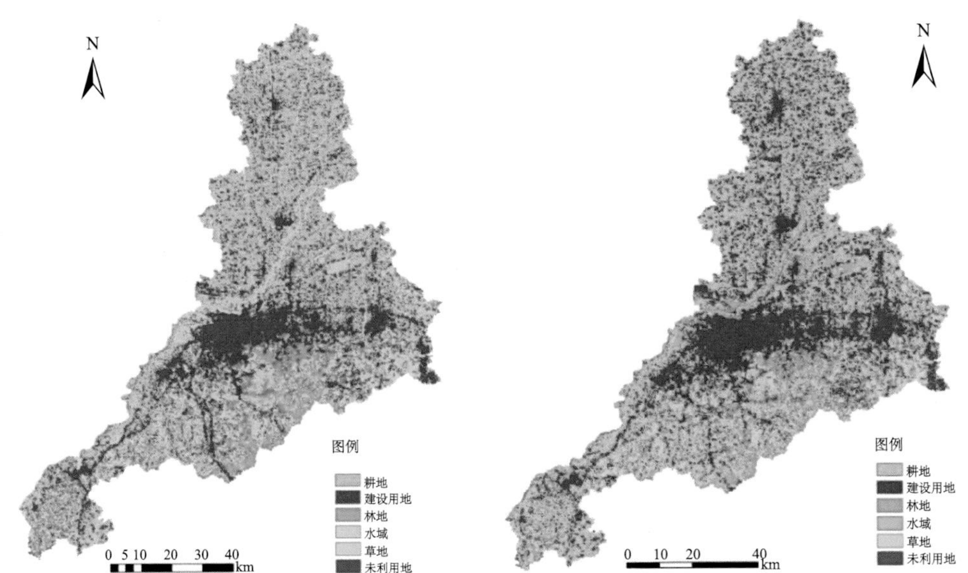

图 12.18　2016 年土地利用模拟图

图 12.19　济南市 2021 年土地利用预测图

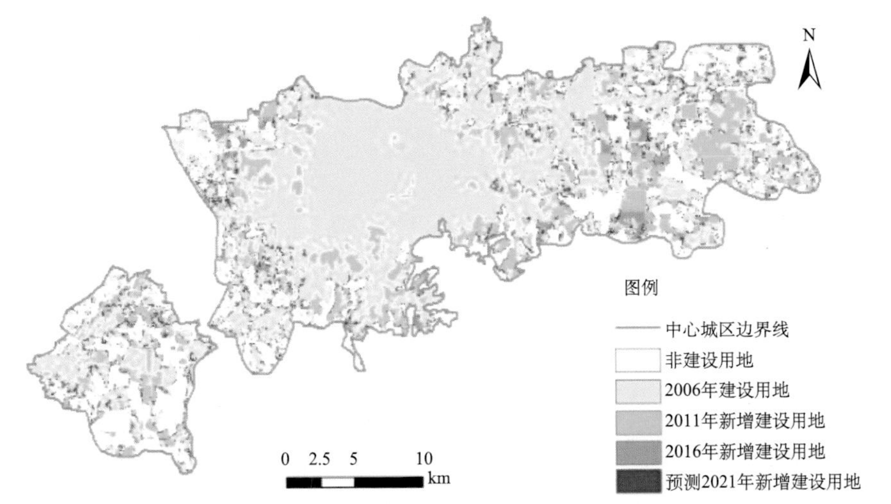

图 12.20　2006～2021 年建设用地扩展图